Klimasicher bauen und sanieren

Eva Bodenmüller

Inhalts-
verzeichnis

Das Klima bestimmt mit, wie wir bauen. Wandelt es sich, müssen wir auch unsere Bauweise anpassen. Was bedeutet das für Ihre Bestandsimmobilie? Wie können Sie Ihr Neubauvorhaben mit Blick auf die Folgen des Klimawandels zukunftsfähig planen?

→ **Wohnen mit dem Klimawandel:** Der Klimawandel wirkt sich auf alle Bereiche des Lebens aus. Auch darauf, wie wir wohnen. Sie können Ihr Haus vorbereiten, damit Sie vor großer Hitze und anderen extremen Wettereignissen geschützt sind.

Starkregen mit Überschwemmungen, Hitze und Dürre, Stürme, die ganze Dächer abdecken – Naturkatastrophen wie diese werden infolge des fortschreitenden Klimawandels häufiger auftreten. Die Gefahr, dass die eigene Immobilie dadurch geschädigt wird, ist nicht unerheblich. Es gibt aber auch Mittel und Wege, sich zu schützen. Sie können Ihr Haus mit verschiedenen Maßnahmen ertüchtigen und auf die veränderten klimatischen Bedingungen vorbereiten. In diesem Buch zeigen wir Ihnen unterschiedliche Möglichkeiten dafür auf. Nicht alles ist dabei für jede Immobilie gleich sinnvoll, nicht alles genau so umsetzbar. Sie müssen Ihre Bestandsimmobilie individuell anpassen, zugeschnitten auf ihre Lage, Ausrichtung und Bausubstanz. Bei Neubauten sollten geeignete Maßnahmen bereits in die Planung einfließen. Auch hierauf wird das Buch eingehen. Die Verbesserung der Immobilie, die geschickte Planung des Neubaus hat im Idealfall eine positive Wirkung über die eigenen vier Wände hinaus.

Welche Maßnahmen sind sinnvoll?

Das Szenario der zukünftigen Extremwetterereignisse ist erschreckend. Doch nicht jede Region und jede Immobilie ist gleich stark gefährdet. Daher sollten Sie sich zunächst über die Gefahrensituation Ihres Hauses und Ihres Grundstücks informieren. Mehr dazu erfahren Sie in den Kapiteln „Klimatische Bestandsaufnahme" (S. 17) und „Den Handlungsbedarf ermitteln" (S. 24). Mithilfe der Fragen in diesen Kapiteln finden Sie heraus, worauf Sie bei Ihrem Neubauvorhaben achten sollten oder welche Schwachstellen Ihr Haus in Bezug auf das sich ändernde Klima aufweist. Nutzen Sie außerdem die umfangreichen Checkliste am Ende des Buches (S. 196).

Fehlt der Schutz vor Hitze, beispielsweise weil die Fenster nicht verschattet sind oder das Dach nicht ausreichend gedämmt ist, finden Sie Lösungsvorschläge in den Kapiteln „Der Hitze konstruktiv begegnen" (S. 47), „Nachträglicher außen liegender Sonnenschutz" (S. 61) und „Gut eingepackt gegen die Hitze" (S. 54). Den Sinn oder Unsinn von Klimageräten (S. 75) und die Vorteile von Wärmepumpen

(S. 67) und Sommerbypass zur Kühlung des Hauses (S. 72) können Sie in den entsprechenden Kapiteln nachlesen. Ein besonderes Augenmerk sollten Sie auf Ihren Garten legen. Er dient Ihnen als Erholungsort und Abstandhalter zur Nachbarschaft. In Bezug auf die Abmilderung der Folgen des Klimawandels steckt hier aber noch mehr Potenzial drin.

„Der Garten als kühle Oase" (S. 80), wie ein Kapitel heißt, wirkt ebenso gegen Hitze, wie gegen Starkregen. Wobei auch die Versickerungsleistung von Gründächern nicht zu verachten ist, siehe Kapitel „Versickern über die Dachbegrünung" (S. 133). Gegen extreme Niederschläge und nachfolgende Überschwemmungen helfen vor allem Barrieren aller Art. Das Spektrum reicht hier von Dammbalken und Sandsäcken bis zu speziellen Türen und Fenstern (S. 111). Vor allem, wenn Sie neu bauen, sollten Sie gut überlegen, ob Sie einen Keller brauchen. Wie Sie einen dichten Keller, auch in Ihrer Bestandsimmobilie, bekommen, erfahren Sie im Kapitel „Unterrum dicht: der Keller" (S. 99) und in „Gegen das Wasser aus der Kanalisation" (S. 106) können Sie sich über Rückstausicherungssysteme informieren. Mit „Entwässerungssysteme planen und warten" (S. 117) und „Niederschlagsmanagement auf dem Grundstück" (S. 123) bekommen Sie eine Anleitung an die Hand, wie Sie mit Niederschlagswasser sinnvoll umgehen können. Auch nachträglich lässt sich hier noch einiges verbessern, wiederum vor allem mit Blick auf den Garten.

Der Schutz vor Sturm, Blitz und Hagel wird bei der Diskussion um die Klimaanpassung von Immobilien oft vernachlässigt. Tatsächlich sind die meisten Häuser in Deutschland so gebaut, dass sie Windlasten gut standhalten. Allerdings treten immer häufiger kurzfristig starke Böen oder sogar Tornados auf. Gut, wenn dann vor allem das Dach ausreichend gesichert ist. In den Kapiteln „Konstruktive Möglichkeiten der Sturmsicherung" (S. 149), „Robuste Dacheindeckung" (S. 155) und „Klammern gegen Windsog" (S. 162) erfahren Sie, wie Sie Ihr Haus auf stürmischere Zeiten vorbereiten. Welche Möglichkeiten Sie nutzen sollten, hängt allerdings stark davon ab, in wel-

Sommerliche Hitze wird zunehmend zur gesundheitlichen Belastung. Wer im Dachgeschoss wohnt, ist besonders gefährdet.

cher Windzone Ihr Haus steht oder stehen wird (mehr dazu auf S. 13). Schützen sollten Sie Ihr Haus auch vor Blitzschlag (mehr dazu im Kapitel „Blitzschlag abwehren", S. 167). Und vor allem bei Flachdächern sollten Sie auf Schneelasten vorbereitet sein (mehr dazu im Kapitel „Schneesicherung", S. 173).

Eine Übersicht der Maßnahmen mit ihren Vor- und Nachteilen, ihrer Machbarkeit bei Bestandsgebäuden sowie zu ihren Kosten finden Sie am Ende des Buches ab S. 199.

Expertise hinzuziehen oder selbst machen?

Haben Sie Ihre Immobilie genau überprüft und haben Sie dabei festgestellt, dass eine Anpassung recht aufwendig sein wird, sollten Sie einen Experten oder eine Expertin hinzuziehen. Auch wenn Sie sich nicht ganz sicher sind, ob und was getan werden muss, ziehen Sie einen Bausachverständigen oder eine Architektin zurate. Wo Sie die finden? Fragen Sie im Freundes- und Bekanntenkreis nach Empfehlungen oder schauen Sie ins (virtuelle) Telefonbuch. Eine Suchmaschinenabfrage bringt Ihnen sicher schnell viele Ergebnisse auch in der Nähe.

Schauen Sie sich die Projekte und Erfahrungen der Büros an und wählen Sie danach aus, was am besten zu Ihrem Anliegen passt. Wichtig bei Ihrer Auswahl ist auch, dass Sie Vertrauen zu der Person haben, die Sie mit einer Expertise beauftragen. Empfehlenswert ist ebenfalls, dass Sie mit jemandem aus der näheren Umgebung zusammenarbeiten. Denn häufig bringen die Profis für nachfolgende Arbeiten auch gleich die von ihnen geschätzten und erprobten Handwerksbetriebe mit. Wenn die aus der näheren Umgebung stammen, hat das einige Vorteile, nicht zuletzt zahlen Sie weniger für die Anfahrtswege.

→ Stellen Sie Ihre Wünsche auf den Prüfstand: Passen Platzbedarf und Fenstergröße, Kubatur und Gestaltung zu den klimatischen Herausforderungen vor Ort?

Es gibt auch Maßnahmen, die Sie selbst ausführen können – ein wenig handwerkliches Geschick vorausgesetzt. Im Dachgeschoss eine Zwischensparrendämmung anbringen, eine Rückstauklappe in der Abwasserleitung einbauen oder eine Markise montieren ist für versierte Heimwerkerinnen und Heimwerker möglich. So sparen Sie Geld, da keine Arbeitsleistung bezahlt werden muss. In den Übersichtstabellen ab S. 199 erfahren Sie auch, was Sie eventuell selbst machen können.

Allerdings sollten Sie auch bedenken, dass Sie bei Eigenleistung keine Gewährleistung für die Montage haben und dass oft auch die Garantie für die Produkte selbst erlischt. Sprechen Sie also besser mit Profis, bevor Sie selbst Hand anlegen. Die können Ihnen auch genau sagen, wo es sich lohnt, selbst tätig zu

werden. Angesichts der hohen Auslastung der meisten Betriebe müssen Sie nicht befürchten, dass Ihnen grundsätzlich von Eigenleistungen abgeraten wird.

Welche Profis Sie ansprechen, hängt davon ab, was Sie machen wollen. Fragen Sie zudem beim Kauf der Produkte, also beispielsweise der Rückstauklappe oder der Markise, im Fachgeschäft nach. Auch einen geeigneten Handwerksbetrieb finden Sie über Empfehlungen aus dem Bekanntenkreis oder eine Suchmaschinenabfrage. Über die einschlägigen Portale können Sie ebenfalls Handwerker finden. Achten Sie vor einem Auftrag ganz besonders auf die Qualifikation und bei der Auftragsvergabe auf ein genaues Angebot.

Wenn Sie neu bauen wollen, werden Sie sich genauer mit dem Grundstück beschäftigt haben. Das Kapitel „Klimatische Bestandsaufnahme" (S. 17) sowie die umfangreiche Checkliste am Ende des Buches (S. 196) helfen Ihnen dabei, auf die wesentlichen Details zu achten. Mit den Hinweisen im Abschnitt „Neubau: Klimaanpassung als Planungsposten" (S. 25) können Sie auf das von Ihnen beauftragte Bauunternehmen oder Architekturbüro zugehen. Fragen Sie dort nach, wie sie die individuellen Gegebenheiten bei Ihrem Bauvorhaben berücksichtigen werden. Gute Planerinnen und Architekten reagieren ohnehin mit ihrem Entwurf auf die Umgebung, das Gelände und die klimatischen Bedingungen vor Ort. Stellen Sie auch Ihre Wünsche an Ihre künftige Immobilie auf den Prüfstand: Passen Platzbedarf und Fenstergröße, Kubatur und Gestaltung zu den klimatischen Herausforderungen vor Ort? Diese Fragen können Sie mit den Planern diskutieren und die Entwürfe entsprechend ausarbeiten lassen. Bedenken Sie dabei, dass es Ihre Wünsche sind, die das Architektur- oder Planungsbüro umsetzt.

Kosten der Klimaanpassung

Die gute Nachricht für alle, die neu bauen: Wenn Sie schon bei der Planung darauf achten, dass Ihr Neubau mit den sich verändernden klimatischen Verhältnissen umgehen kann, fällt das bei den Gesamtbaukosten nicht zu

FRAGEN, DIE SIE IHREM ARCHITEKTUR- ODER PLANUNGSBÜRO STELLEN SOLLTEN

→ Passt sich das Haus den Besonderheiten des Grundstücks an?

→ Geht die Grundrissplanung auf die Gegebenheiten vor Ort, vor allem die Sonneneinstrahlung, ein?

→ Sind besondere Gegebenheiten berücksichtigt, wie etwa alte Bäume, ein naher Fluss oder ein hoher Grundwasserspiegel?

→ Ist der Sonnenstand über das ganze Jahr berücksichtigt?

→ Welche Maßnahmen gegen Hitze sind im Entwurf berücksichtigt?

→ Welche natürlichen Kühlmöglichkeiten sind vorgesehen?

→ Welche Verschattungsmöglichkeiten sind vorgesehen?

→ Welche Lüftungsmöglichkeiten sieht der Entwurf vor?

→ Welches Baumaterial oder welche Kombination schützt am besten vor Hitze?

→ Wie gut sind die Materialien für die Fassadengestaltung auf künftige Wetterverhältnisse abgestimmt?

→ Was ist für den Umgang mit Niederschlagswasser vorgesehen?

→ Gibt es Auffang- und Nutzungsmöglichkeiten für Regenwasser?

→ Ist die Kubatur des Hauses an die Windzone angepasst?

→ Wie soll das Haus gegen Sturm geschützt werden?

→ Ist die Gartenplanung Teil des Entwurfs?

→ Wird bei der Gartenplanung Hitze, Trockenheit und Starkregen berücksichtigt?

→ Lässt sich unter den gegebenen Umständen mein Wunschhaus realisieren?

---

sehr ins Gewicht. Setzen Sie Ihr Budget sinnvoll ein und bauen Sie lieber kleiner und mit weniger Technik. So sparen Sie mehr, als wenn Sie beispielsweise auf Verschattung oder eine gute Dämmung des Daches verzichten. Überlegen Sie auch, ob Sie wirklich einen Keller benötigen, der in hochwassergefährdeten Gebieten besonders gut abgedichtet werden muss und generell für Feuchtigkeitsprobleme anfällig ist. Nicht zuletzt sparen Sie Kosten für den Aushub, wenn Sie ohne Keller bauen.

Haben Sie ein Bestandsgebäude, das Sie anpassen müssen, hängen die Kosten davon ab, welche Maßnahmen notwendig sind. Darauf wird in den einzelnen Kapiteln genauer eingegangen. Grundsätzlich sind die Preissteigerungen am Bau in den letzten Jahren enorm. Das betrifft insbesondere die Materialien, weniger die Kosten für Arbeitsstunden. Holen Sie für eine Leistung Angebote von unterschiedlichen Handwerksbetrieben ein. Die darin genannten Preise sind verbindlich, sofern nicht explizit der Zusatz „Angebot freibleibend" oder „unverbindliches Preisangebot" gemacht wird.

Vorsicht: Anders sieht es bei Kostenvoranschlägen aus. Hier können die tatsächlichen Kosten bis zu 20 Prozent über dem genannten Preis liegen. Vor allem, was die Kosten für das Material betrifft, werden viele Handwerksbetriebe angesichts der kurzfristigen Steigerungen keine Preisgarantie geben können oder nur in einem zeitlich eng befristeten Rahmen. Das heißt, Sie müssen sich in kurzer Zeit entscheiden, oft in weniger als einer Woche. Wenn Sie sich also Kostenvoranschläge einholen, sollten Sie bereits genau wissen, dass Sie die Maßnahme umsetzen möchten und auch schnell entscheiden können.

Die folgenden Kapitel helfen Ihnen bei der Bestandsaufnahme der klimatischen Situation Ihres Hauses und Grundstücks. Damit haben Sie eine individuelle Basis dafür, wie Sie Ihre Immobilie oder Ihren Neubau an Klimaveränderungen anpassen können. Mehr dazu erfahren Sie dann in den Kapiteln zu Hitze, Starkregen sowie Sturm- und Hagelschäden, bevor wir im letzten Teil zu Versicherungen und Finanzierungsmöglichkeiten kommen.

→ Klima und Extremwetterereignisse in Deutschland: Es gibt verschiedene Klimazonen, die sich regional nochmals differenzieren lassen. Extremwetterereignisse stellen Ausnahmen dar, die mit dem Klimawandel immer häufiger auftreten werden.

Deutschland erstreckt sich auf einer Fläche von 357 000 Quadratkilometern. Die Landschaft reicht von der Norddeutschen Tiefebene mit ihren Küsten und vorgelagerten Inseln über die Mittelgebirgszone bis zum Alpenrand. Wenngleich Deutschland global betrachtet einer Klimazone zugeordnet wird, unterscheiden sich die klimatischen Bedingungen innerhalb dieses Rahmens durchaus voneinander. Mit dem menschengemachten Klimawandel werden sich zudem Extremwetterereignisse häufen, die ebenfalls nicht in allen Regionen im gleichen Ausmaß und in gleicher Ausprägung auftreten werden. Wie ist der Stand heute und mit welcher Häufung welcher Wetterereignisse ist künftig wo zu rechnen?

Was sind Klimazonen?

Schnee, Regen, Dürre, Hitze, Stürme – Wetterereignisse wie diese treten weltweit auf. Aber nicht überall in gleichem Ausmaß. Messbare Unterschiede etwa bei der Temperatur, der Niederschlagsmenge oder der Verdunstung haben zu einer Einteilung in fünf unterschiedliche Klimazonen geführt. Ob eine Region den Tropen oder Subtropen, der gemäßigten Zone, den Subpolar- oder Polargebieten zugeordnet wird, hängt zudem noch davon ab, wie viele heiße Tage oder wie viele Frosttage es gibt, welche Grenz- und Schwellenwerte für die Lufttemperatur erreicht werden und wie sich Mittel- und Extremwerte über die Monate und das Jahr betrachtet verteilen. Diese effektive Klimaklassifikation bezieht sich auf gesammelte, messbare Daten. In wenigen Regionen, für die keine quantitativen Daten vorliegen, können auch Luftmassen, Luftströmungen und Wetterfronten herangezogen werden, um sie einer Klimazone zuzuordnen.

Bei der Unterscheidung verschiedener Klimazonen wird zudem auf die Auswirkungen der gemessenen und beobachteten Klimawerte auf die Verhältnisse vor Ort geachtet. Beispielsweise wird berücksichtigt, welche Pflanzen wo und zu welcher Jahreszeit wachsen oder wie feucht oder trocken der Boden in der Region ist.

Klimaverhältnisse in Deutschland

Deutschland liegt in der gemäßigten Klimazone. Das heißt, es gibt ausgeprägte Jahreszeiten mit Temperaturen, die im Sommer auch über 30 Grad Celsius und im Winter unter dem Gefrierpunkt liegen können. Ursprünglich ist die Vegetation in dieser Zone von Nadel-, Laub- und Mischwäldern geprägt und es gibt meist deutliche Temperaturunterschiede zwischen Tag und Nacht.

REGIONALE UNTERSCHIEDE

Über die Gesamtfläche Deutschlands verteilt lassen sich regional durchaus bemerkbare Unterschiede feststellen. Es ist also nicht unwesentlich, wo Ihr Haus steht. Großen Einfluss auf das Wetter in Deutschland hat der Golfstrom, der bis in die Kölner Bucht teilweise mediterranes Klima verbreitet. Weiter Richtung Osten nimmt sein Einfluss ab. Das bedeutet, dass sich über die 640 Kilometer, die sich Deutschland von West nach Ost erstreckt, die klimatischen Verhältnisse immer mehr dem kontinentalen Klima angleichen, mit heißeren Sommern und kälteren Wintermonaten.

Auch in der noch längeren Ausdehnung von Norden nach Süden, die an der längsten Stelle 876 Kilometer misst, gibt es beachtliche klimatische Unterschiede. In der Norddeutschen Tiefebene und an den Küsten herrscht ein milderes Klima vor als am Alpenrand, mit nicht zu heißen Sommern und nicht zu kalten Wintern. Im Süden hingegen machen sich die Unterschiede zwischen den Jahreszeiten generell mit extremeren Werten bemerkbar. Dazwischen liegt die Mittelgebirgszone. Sie ist von räumlich sehr kleinteiligen klimatischen Verhältnissen geprägt, bedingt durch schmale Tallagen und exponierte Gipfel. Die vom Atlantik beeinflussten Wetterlagen führen meist dazu, dass es an den Westseiten der Mittelgebirge zu mehr Regenfällen kommt. Das sollten Sie bei der Planung Ihres Neubaus beachten.

Stürmisch wird es überwiegend in den Herbst- und Wintermonaten, und dann vor allem an den Küsten. Allerdings sind generell die exponierten Lagen der Mittelgebirge von stärkeren Winden geprägt als die Ebenen. Insgesamt herrscht in Deutschland bislang ein milder Westwind vor, wobei vor allem in den Wintermonaten der eisige Ostwind bis an die Nordseeküste reichen kann.

WINDZONEN

Eine differenziertere Einteilung bieten die Windzonen, die in der DIN 1055-4 und dem Eurocode 1 (EN 1991-1-4) beschrieben sind. Sie tragen der Beobachtung Rechnung, dass Stürme regional unterschiedlich stark auftreten und Bauwerke daher unterschiedliche Anforderungen erfüllen müssen. Insgesamt gibt es in Deutschland vier Windzonen. Die gleiche Anzahl gibt es auch an Geländekategorien, die in denselben Normenwerken definiert sind. Beides, Windzonen und Geländekategorien, werden zur Berechnung der Windlast für Gebäude herangezogen. Die vier Geländekategorien sind unterteilt in

→ **KATEGORIE I:** offene See und Seen mit mindestens fünf Kilometern freier Fläche in Windrichtung bzw. flaches Land ohne Hindernisse.

KLIMA UND WETTER

Beim Begriff „Klima" geht es um eine Typisierung von Wetterereignissen. Dafür werden aus Wetterbeobachtungen über einen längeren Zeitraum, meist 30 Jahre, Durchschnittswerte ermittelt. Hinzu kommt eine räumliche Eingrenzung, die aber durchaus ein größeres Gebiet umfassen kann. Bei sehr kleinen Gebietsbegrenzungen wird von „Mikroklima" gesprochen, beispielsweise einem Straßenzug oder auch der direkten Umgebung eines Hauses oder auf einer Terrasse. Landstriche werden im „Mesoklima" beschrieben, während sich das „Makroklima" auf kontinentale oder globale Zusammenhänge bezieht.

Als „Wetter" dagegen wird ein Zustand der Atmosphäre an einem bestimmten Ort zu einem bestimmten Zeitpunkt bezeichnet, der in Form von Regen, Schnee, Sonnenschein, Bewölkung etc. auftritt. Gemessen werden hierfür etwa Lufttemperatur und -druck, Strahlung, Luftfeuchtigkeit oder Wind. Im Gegensatz zum Klima ist Wetter die kurzfristige Beschreibung eines Zustands.

→ **KATEGORIE II**: Gelände mit Hecken, einzelnen Gehöften, Häusern oder Bäumen (beispielsweise landwirtschaftliche Gebiete).

→ **KATEGORIE III**: Vorstädte, Industrie- oder
Gewerbegebiete, Wälder.

→ **KATEGORIE IV**: Stadtgebiete, bei denen mindestens 15 Prozent der Fläche mit Gebäuden bebaut sind, deren mittlere Höhe
15 Meter überschreitet.

→ Hinzu kommen noch **ZWEI ÜBERGANGSBE-
REICHE**: Das „Mischprofil Küste" beschreibt
den Übergang zwischen Kategorie I und II
und das „Mischprofil Binnenland" den
Übergang von Kategorie II und III.

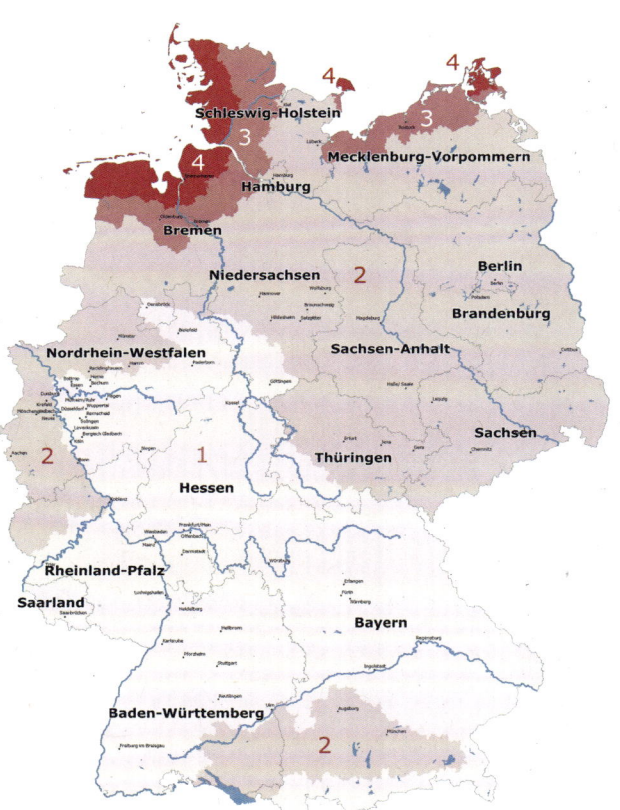

Ein Großteil West- und Süddeutschlands gehört zur Windzone 1. Der Süden Bayerns und Ostdeutschland sind in der Windzone 2 verortet. Die Ostsee-küste und das Hinterland der Nordsee gehören zur Windzone 3, während die direkte Nordseeküste mit den Nordseeinseln und die Ostseeinseln wie Fehmarn und Rügen zur Windzone 4 und damit der windreichsten Region in Deutschland gehören. (Kartengrundlage GfK GeoMarketing, Stand 2009)

Wichtig ist diese Einteilung, da die Geländebe-
schaffenheit die Windgeschwindigkeit beeinflusst. Eine rauere Oberfläche – und dazu gehören etwa Vorstädte oder Stadtgebiete –
bremst die Windgeschwindigkeit ab, gleichzeitig steigt aber die Gefahr von Böen. Sonderfäl-
le sind exponierte Lagen etwa auf den Gipfeln
oder Kämmen der Mittelgebirge. Von Bedeutung sind diese Erkenntnisse für die individuelle Berechnung von Windlasten an Gebäuden.
Behalten Sie dies im Hinterkopf für die Bewer-
tung Ihrer eigenen Immobilie oder Ihres Bau-
grunds. Mehr dazu im Abschnitt „Gut vorbereitet auf Stürme" (S. 29).

Der Klimawandel und seine Folgen

Durch die menschengemachte Erderwärmung
werden sich die Klimazonen weltweit verschie-
ben. Das führt zu weniger Gletschern und
mehr Wüsten. Der Meeresspiegel wird dadurch steigen, der Raum für Ansiedlungen und
Nahrungsmittelproduktion knapper werden. In
welchem Ausmaß dieser Wandel stattfinden
wird, hängt vor allem davon ab, ob es gelingt,
den Ausstoß von Treibhausgasen weltweit zu
reduzieren. Anstrengungen in diese Richtung
werden allerdings nicht mehr ausreichen, um
die klimatischen Verhältnisse auf dem derzeiti-
gen Stand zu halten. Schon jetzt ist klar, dass
sich das Klima verändert. Folgen sind höhere
Temperaturen und Trockenheit auf der einen,
eine Zunahme von Starkregenereignissen und
Überschwemmungen auf der anderen Seite.

Auf nahezu allen Gebieten führt der Klimawandel dazu, dass es einen erheblichen An-
passungsbedarf gibt – auch Gebäude sind davon nicht ausgenommen. Es werden bei
Bestandsgebäuden bauliche Maßnahmen notwendig sein, bei Neubauten muss von vornherein anders geplant werden. Die Krux dabei ist,
dass der Bausektor für einen erheblichen Anteil des CO_2-Ausstoßes verantwortlich ist.
Weltweit sind es rund 38 Prozent. Da die Anpassung an den Klimawandel und seine Bekämpfung gleichzeitig stattfinden sollten, muss
bei der Wahl der Anpassungsmaßnahmen
auch der CO_2-Ausstoß der Maßnahmen und
des dafür verwendeten Materials berücksich-

Die Versiegelung von Flächen verstärkt die Folgen des Klimawandels, auch und gerade in Einfamilienhaussiedlungen.

tigt werden. Generell sollten Sie gut überlegen, welche Maßnahmen auch aus Klimaschutzgründen sinnvoll sind. Ein großes Haus braucht generell mehr Baustoffe. Bauen Sie also besser kleiner, dafür mit einem durchdachten Raumkonzept. Und stellen Sie sich vor der Entscheidung für einen Neubau die Frage, ob Sie nicht ein bestehendes Haus sanieren können. Damit sparen Sie mindestens die Baustoffe für den Rohbau, versiegeln keine zuvor noch freie Fläche und können dennoch Wohnraum nach Ihren Wünschen gestalten. So können Sie schon bei der Entscheidung für Ihren Wohnraum auf Klimaschutz achten. Im Buch werden Sie an den entsprechenden Stellen zudem darauf hingewiesen, welche Materialien auch aus ökologischer Sicht besser sind als andere.

Die häufigsten Extremwetterereignisse

Global betrachtet wird durch die Erderwärmung mit mehr Hitzewellen und Trockenheit, mit mehr Stürmen, Starkregenereignissen und Hochwasser gerechnet. Begleitet werden diese Wetterereignisse oft von Hagel und Gewittern, die ihrerseits Auswirkungen auf die Umwelt und Gebäude haben. Dieser Trend zeichnet sich auch für Deutschland ab. Und darauf können Sie sich und Ihre Immobilie vorbereiten, gleich ob Sie einen Neubau planen oder Ihr Haus klimaangepasst sanieren wollen. Stürme und Starkregen mit ihren Begleiterscheinungen verursachen Schäden an Immobilien, Hitze gefährdet vor allem die Gesundheit.

HITZE
Hitze zu definieren, ist nicht ganz einfach. Der Deutsche Wetterdienst spricht ab 25 Grad Celsius von einem Sommertag, ab mindestens 30 Grad von einem heißen Tag. Für Hitzewellen müssen nach der Definition des Deutschen Wetterdienstes über mindestens drei aufeinanderfolgende Tage bestimmte Klimaschwellenwerte erreicht oder überschritten und zudem eine Temperatur von mindestens 28 Grad Celsius erreicht werden. Künftig wird es zu mehr Hitzetagen mit tropischen Nächten kommen. Die Temperaturen steigen dabei tagsüber auf mehr als 30 Grad Celsius und kühlen in den Nächten vor allem in größeren Siedlungsgebie-

ten nicht unter 20 Grad ab. Hitze wird zu Trockenheit führen, was in den letzten Jahren schon deutlich geworden ist. Wie Sie Ihre Immobilie fit für längere Hitzeperioden machen können, erfahren Sie in Kapitel 2 (S. 32).

STARKREGEN

Fällt innerhalb einer kurzen Zeitspanne sehr viel Regen, ist die Rede von Starkregen. Der Deutsche Wetterdienst präzisiert dies, indem er drei Stufen unterscheidet: Starkregen, heftiger Starkregen und extrem heftiger Starkregen. Ausschlaggebend für die Einstufung ist dabei die Wassermenge, die innerhalb einer Stunde oder innerhalb von sechs Stunden gemessen wird. Starkregen entsteht durch zirkulär aufsteigende warme Luft, die sich in höheren Schichten abkühlt und seitlich wieder absinkt. Bei der Konvektion bilden sich Wolkenmassen mit relativ großen Wassertropfen, die dann schlagartig auf relativ kleiner Fläche abregnen. Meist geschieht dies in Verbindung mit Gewittern, bei denen auch Sturm und Hagel auftreten. Eine Gefahr stellt Starkregen vor allem dar, weil die plötzliche, große Niederschlagsmenge zu Oberflächenwasser führt. Flüsse steigen sehr schnell an, die Kanalisation wird überlastet und das Erdreich weicht auf und erodiert. Es kommt zu Überschwemmungen, vollgelaufenen Kellern und abrutschenden Hängen. Wie Sie Ihre Immobilie vor extremen Niederschlägen und deren Folgen schützen, können Sie in Kapitel 3 (S. 92) nachlesen.

STÜRME

Von Stürmen spricht der Deutsche Wetterdienst bei einer Windstärke von mehr als 75 Kilometern pro Stunde. Sie lassen sich jahreszeitlich eingrenzen, da sie überwiegend in Zusammenhang mit bestimmten Luftströmungen über dem Atlantik auftreten. Meist sind es Winterstürme, die großen Schaden anrichten. Bäume stürzen um, Dächer werden abgedeckt, Fassaden beschädigt. Doch auch in Verbindung mit Sommergewittern können Sturmböen mit hohen Windgeschwindigkeiten entstehen, die in kurzer Zeit für große Verwüstungen sorgen. Zu Sturm und Blitzschlag kommt hier häufig Hagel hinzu. Die Größe der Hagelkörner

bestimmt, welchen Schaden sie beim Aufschlagen auf Haus und Garten anrichten. Die Menge des gefrorenen Wassers kann beim Schmelzen – ähnlich wie Starkregen – zu Überflutungen führen, vor allem, wenn noch nicht geschmolzene Körner Abflüsse verstopfen. So vielfältig die Folgen von Sturm und Hagel sind, so unterschiedlich sind auch die Schutzmaßnahmen. Mehr dazu in Kapitel 4 (S. 142).

Das Risiko einschätzen

Welche Extremwetterereignisse tatsächlich eintreten werden, lässt sich nicht exakt vorhersagen. Selbst wenn Sie die kalten Tage im Winter als äußerst unangenehm empfinden und Energiesparen sinnvoller ist denn je, Investitionen in Dämmung und regenerative Heizquellen staatlich gefördert werden, ist es die Hitze, die Expertinnen und Experten als eine der größten Gefahren des Klimawandels sehen. In Deutschland sterben jährlich mehrere Tausend Menschen an den Folgen der Hitze. Allein in den Jahren von 2018 bis 2020 waren es mehr als 19 000 Menschen, wie eine Auswertung des Robert Koch-Instituts, des Deutschen Wetterdienstes und des Umweltbundesamtes ergab. Gebäude in Deutschland sind im Allgemeinen eher auf kalte Winter als heiße Sommer vorbereitet. Starkregen wiederum tritt häufig räumlich sehr eng begrenzt auf, kann durch Folgewirkungen wie anschwellende Bäche und Flüsse aber auch in nicht direkt betroffenen Gebieten zu Schäden führen. Bei Gewittern und Stürmen wird ebenfalls eine Zunahme erwartet. Auch die Zahl an starken Böen, Windhosen und bislang sehr seltenen Tornados wird in Deutschland steigen. Die Gefahr bei diesen Wetterereignissen besteht in ihrer zerstörerischen Kraft, die sie in relativ kurzer Zeit ausüben. Bereiten Sie Ihre Immobilie also gut auf den Klimawandel vor.

→ **Klimatische Bestandsaufnahme:** Der Klimawandel ist eine globale Herausforderung. Die Anpassung daran geschieht aber vorwiegend vor Ort. Ihr Blick wandert deshalb nun vom großen Ganzen vor Ihre eigene Haustür.

Ein guter Gebäudeentwurf ist geprägt vom Grundstück, seiner Lage und Topografie – und den klimatischen Bedingungen vor Ort. Einfache Grundsätze, deren Einhaltung sich vor allem bei traditionellen Bauwerken beobachten lässt, sind etwa Dachüberstände oder geschützte Erdgeschosszonen. Bei vielen neueren Gebäuden hingegen scheinen diese einfachen Prinzipien in Vergessenheit geraten zu sein. Es wird Technik eingesetzt, um das auszugleichen, was der Entwurf nicht berücksichtigt hat. Beispielsweise führen großflächige Verglasungen zu mehr solaren Wärmeeinträgen und damit größerer Wärmeentwicklung im Innenraum. Eine umfangreiche Klimatechnik ist meist die Antwort, um dem im Sommer entgegenzuwirken.

Wenn Sie einen Neubau planen, sollten Sie daher von vornherein die klimatischen Bedingungen vor Ort mit einbeziehen. Achten Sie also nicht nur auf ein warmes Haus für den Winter, sondern ebenso auf Sturmsicherheit, Schutz vor Hitze und Starkregen. Auch nachträglich lässt sich hier noch einiges verbessern, wenn beim Bau auf die klimatischen Verhältnisse keine oder nur wenig Rücksicht genommen wurde. Vielleicht haben sich die Verhältnisse vor Ort aber auch über die Jahre geändert, weil Bäume größer geworden oder neue Nachbargebäude hinzugekommen sind. Dann lässt sich ebenfalls nachträglich noch einiges korrigieren. Eine Anpassung an das aktuelle Klima und die sich durch den Klimawandel vermutlich schnell ändernden Umstände setzt eine genaue Kenntnis des Ist-Zustandes voraus und sollte die erwarteten Änderungen vorausschauend einbeziehen. Machen Sie also zuerst eine Bestandsaufnahme, bei der Sie Haus, Grundstück und Umgebung betrachten und bewerten. Mit in die Bestandsaufnahme gehört auch, welches Mikroklima vorliegt, wie das Gelände Ihres Grundstücks verläuft und welche Einflussfaktoren in der Umgebung vorliegen, wie etwa ein kühlender Wald oder ein Fluss, der bei Regen über die Ufer treten könnte.

In welcher Region liegt mein Haus?

Vom Groben zum Feinen, so könnte die Bestandsaufnahme für Ihr eigenes Grundstück hinsichtlich der klimatischen Verhältnisse überschrieben sein. Es gibt zahlreiche Faktoren, die das Klima um ein Haus bestimmen. Eine grobe Einschätzung lässt sich mit der Positionierung innerhalb Deutschlands erreichen. Um genau abschätzen zu können, welchen klimatischen Einflüssen Ihr Haus ausgesetzt ist oder bei einem Neubau ausgesetzt sein wird, lohnt sich ein detaillierterer Blick. Eine exponierte Lage auf einem Bergrücken wirkt sich anders auf die Windverhältnisse aus als eine Tallage, ein Haus in einem geschlossenen Siedlungsgebiet muss anderen Herausforderungen begegnen als eines in einem kleinen Weiler. Und wenn ein Fluss nahe am Grundstück vorbeifließt, muss mit anderen Auswirkungen gerechnet werden, als wenn das Haus am Waldrand steht.

Der Deutsche Wetterdienst stellt mit seinem Klimaatlas aufbereitete Klimadaten zur Verfügung. Darin sind Aufzeichnungen seit 1950 enthalten, die mit dem Ist-Zustand des Klimas interaktiv verglichen werden können.

Zudem wird eine Fortschreibung der Daten bis ins Jahr 2100 prognostiziert. So wird die Entwicklung etwa von heißen Tagen, Tropennächten oder Niederschlag sichtbar.

Eigene Wetterbeobachtungen

Das Mikroklima auf einem Grundstück oder um ein Haus herum können Sie mit etwas Aufmerksamkeit gut selbst beobachten. Wenn Sie schon länger in Ihrem Haus wohnen, können Sie auf Erfahrungswerte zurückgreifen. Wiederkehrendes wie die große Hitzeentwicklung auf der Ostterrasse ab zehn Uhr morgens im Juni gehört hier ebenso dazu wie ein frischer Wind im September, der etwa den Aufenthalt auf der Westterrasse unangenehm macht. Auch Extremwetterereignisse, von denen Haus und Grundstück in der Vergangenheit betroffen waren, haben Sie sicher noch recht gut im Gedächtnis.

Doch neben diesen relativ eindeutigen Beobachtungen gilt es auch hier genauer hinzuschauen. Jenseits von Erfahrungswerten können Sie bislang unbebaute Baugrundstücke genauer auf ihre klimatischen Bedingungen hin untersuchen. Am besten geht das natürlich, wenn Sie Ihre Beobachtungen zu unterschiedlichen Tages- und Jahreszeiten machen. Der Sonnenstand ist beispielsweise um 13 Uhr im Januar anders als zur selben Uhrzeit im Juni, und nicht nur wegen des Wechsels von Sommer- und Normalzeit.

Schreiben Sie Ihre Beobachtungen bezüglich Temperatur, Sonnenscheindauer, Niederschlägen etc. über einen längeren Zeitraum auf, am besten über ein ganzes Kalenderjahr hinweg.

Nachgefragt beim Amt und in der Nachbarschaft

Wenn Sie neu bauen möchten und das Grundstück und seine Umgebung noch nicht so gut kennen, fragen Sie in Ihrer zukünftigen Nachbarschaft nach und sammeln Sie Informationen zu den Wetterbedingungen und klimatischen Verhältnissen. Das geht natürlich nur, wenn es sich um ein Grundstück in einem ge-

---

FRAGEN ZUR LAGE DES GRUNDSTÜCKS

→ In welcher Zone innerhalb Deutschlands liegt das Grundstück?

→ Liegt es an der Küste, am Alpenrand oder in einem Mittelgebirge?

→ Liegt es in einem städtischen oder ländlichen Gebiet?

→ Liegt es auf einem Berg, an einem Hang, im Tal oder in einer Ebene?

→ Gibt es Besonderheiten am Grundstücksrand oder in der Nähe, wie einen Wald oder ein Gewässer?

---

wachsenen Baugebiet und nicht in einem auf der grünen Wiese gänzlich neu geschaffenen handelt. Eine weitere Informationsquelle kann auch die örtliche Zeitung sein, in der vermutlich zumindest über extreme Wetterereignisse der Vergangenheit berichtet wurde.

Die Gemeinde oder die zuständige Bauaufsichtsbehörde kann Ihnen ebenfalls Auskunft darüber geben, welche Extremwetterereignisse es in der Region, vielleicht sogar auf dem entsprechenden Baugrund, gegeben hat oder ob es aufgrund von Hochwasserereignissen Baubeschränkungen gibt. Diese können auch nachträglich wirksam werden, wenn seit der Errichtung des Gebäudes eine Neueinteilung nach der Hochwassergefahrenkarte erfolgt ist.

Ein gutes Instrument zur Risikobewertung verschiedener Naturgefahren am Standort der eigenen Immobilie gibt das GIS-ImmoRisk Naturgefahren. Dieses geografische Informationssystem (GIS) wird vom Bundesinstitut für Bau, Stadt- und Raumforschung zur Verfügung gestellt und ist Teil des Aktionsplans II im Rahmen der Deutschen Anpassungsstrategie (DAS) an den Klimawandel. Je nach Datenverfügbarkeit wird die Risikolage für einen Standort aus in der Vergangenheit bereits eingetretenen Ereignissen berechnet. Für die Naturgefahren Sturm, Hagel, Hitze und Hochwasser sowie Waldbrand gibt es zudem Informationen zur Gefährdungslage, die sich aus den Folgen des Klimawandels ergibt. Teilweise werden hier auch erste konkrete Maßnahmen je nach Gefahrensituation vorgeschlagen.

Hochwassergefahrenkarten

Hochwassergefahrenkarten zeigen, wie es der Name vermuten lässt, Hochwassergefahren an. Sie sind ein Instrument der Raumplanung, das im 19. Jahrhundert aufgekommen ist, als vermehrt Flüsse reguliert wurden und Küstenschutz betrieben wurde. Digitalisiert sind sie in Geoinformationssysteme integriert. Mit der Hochwassermanagementrichtlinie der EU wird verstärkt auf Gefahrenkarten gesetzt. Damit sollen durch Hochwasser verursachte Schäden und Nachteile für Menschen, Umwelt, Wirtschaft und Kulturgüter minimiert werden.

ANHALTSPUNKTE FÜR IHRE WETTERBEOBACHTUNGEN

→ Wo gibt es auf dem Grundstück zu welcher Tageszeit Schatten?
→ Wo ist es besonders heiß im Sommer?
→ Wo muss ich den Garten bewässern, wo ist er eher feuchter?
→ Gibt es Pflanzen, die wegen des Windes in eine bestimmte Richtung gewachsen sind?
→ Gibt es Stellen auf dem Grundstück, die im Winter immer schnee- und eisfrei sind?
→ Wo bilden sich bei starken Regenfällen Pfützen?

In Deutschland werden die Karten von den Bundesländern erstellt, die sie für die Raumordnungs-, Flächennutzungs- und Bauleitplanung heranziehen sowie für Hochwasser- und Katastrophenschutz. Hochwassergefahrenkarten markieren die statistisch berechneten Wahrscheinlichkeiten, mit denen es auf der jeweiligen Fläche zu Überschwemmungen kommen kann. Dabei werden auch Wassertiefe und gegebenenfalls Fließgeschwindigkeit angegeben. So kommt es statistisch gesehen in Gebieten mit der Bezeichnung HQ10 alle zehn Jahre zu einem Hochwasser, was als häufig angesehen wird. HQ ist die wissenschaftlich-mathematische Abkürzung für Hochwasser, wobei H für Wasser und Q für Abflussmenge steht. Mit HQ100 sind entsprechend Gegenden markiert, in denen etwa alle 100 Jahre mit Hochwasser zu rechnen ist. Als seltene Hochwasserereignisse gelten diejenigen, mit denen nur alle 500 bis 1 000 Jahre zu rechnen ist.

Zusätzlich zu dieser Einteilung gibt es noch Markierungen für Gebiete, die trotz möglicher Schutzmaßnahmen überflutet werden könnten. Für Gebäude, die hier stehen, sollte über einen zusätzlichen Schutz nachgedacht werden. Ohnehin geben die Hochwassergefahrenkarten zwar einen guten Überblick über Wahrscheinlichkeiten oberflächlicher Überflutungen, berücksichtigen aber mögliche Überschwemmungen etwa durch Rückstau aus einer über-

lasteten Kanalisation oder durch einen steigenden Grundwasserspiegel nicht.

Bodenbeschaffenheit und Grundwasserverhältnisse

Vor allem mit Blick auf Starkregen oder Hitze
sind die Bodenbeschaffenheit und die Grund-
wasserverhältnisse wichtig. Sie können sich
mit diesen Fragen einen Eindruck verschaffen:

→ Wie durchlässig ist der Boden?
→ Wie gut speichert er Wasser?
→ Fließt das Wasser direkt ab?
→ Gibt es Probleme mit einem zu hohen
Grundwasserspiegel?

Selbst wenn bei Ihrem Neubauvorhaben für die
Baugrube ein Großteil des Bodens abgetragen
wird, bleiben doch die tieferen Schichten erhalten. Liegt beispielsweise eine Lehmschicht relativ nahe an der Oberfläche, wirkt sich das auf
die Saug- und Versickerungsfähigkeit aus. Ist
die gering, kann das bei Starkregen zu Problemen führen. In welcher Tiefe der Grundwasserspiegel verläuft, ist nicht nur für einen Keller
oder eine Grundwasserwärmepumpe wichtig.
Auch bei der Gartenplanung spielt es eine Rolle, wie tief Pflanzen wurzeln müssen, um sich
in Hitzeperioden noch selbst mit Wasser ver-
sorgen zu können. Mehr dazu erfahren Sie in
den Kapiteln „Der Garten als kühle Oase"
(S. 80) und „Untenrum dicht: der Keller" (S.
99). Bei der Gemeinde sollten Sie auch nachfragen, wie die kommunale Entwässerung aussieht und ob Rückhaltesysteme wie Mulden
oder Rigolen vorhanden oder geplant sind, die
an das Grundstück angrenzen. Dies wiederum
ist für die Entwässerung Ihres Grundstücks
wichtig, wozu Sie in den Kapiteln „Entwässerungssysteme planen und warten" (S. 117) und
„Niederschlagsmanagement auf dem Grundstück" (S. 123) mehr erfahren.

**Aus Hochwasserge-
fahrenkarten lässt
sich ablesen, wie
stark ein bestimm-
tes Gebiet durch
Überschwemmung
gefährdet ist.**

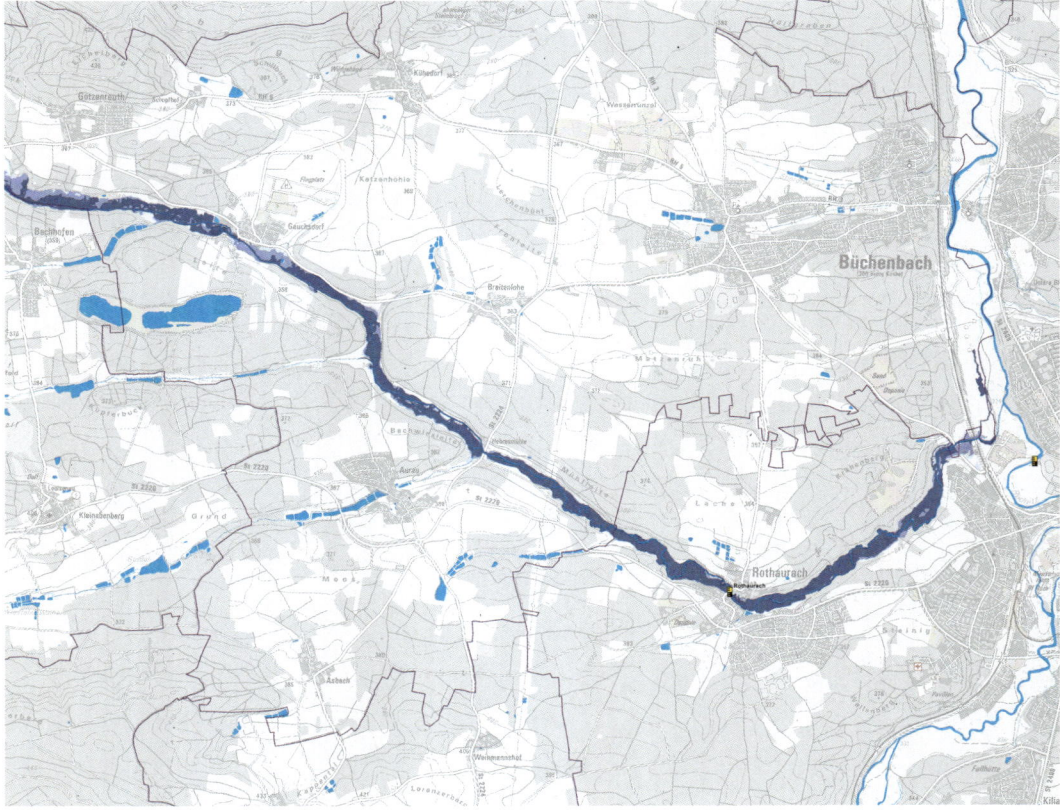

INTERVIEW MIT PROFESSORIN ELISABETH ENDRES, TU BRAUNSCHWEIG

→ Gebäude müssen sich anpassen können: Resilienz spielt bei Häusern mit Blick auf den Klimawandel eine zentrale Rolle.

Elisabeth Endres studierte Architektur und ist heute in der Geschäftsführung des Ingenieurbüros Hausladen. Seit 2019 ist sie darüber hinaus Professorin für Gebäudetechnologie an der TU Braunschweig und leitet das Institut für Bauklimatik und Energie der Architektur (IBEA). Kern ihrer Praxis- und Forschungsarbeit ist klimaneutrales Bauen und die Frage, wie viel Technik robuste Häuser wirklich brauchen.

Mit Blick auf klimatische Veränderungen wird der Zwang immer größer, auch Wohnhäuser anzupassen. In diesem Zusammenhang sprechen Sie immer wieder von Resilienz. Was bedeutet der Begriff bezogen auf Gebäude?

Allgemein wird davon ausgegangen, dass ein Haus 100 und mehr Jahre steht. Die darin verbaute Technik hat aber häufig eine wesentlich kürzere Lebensdauer von etwa 15 bis 20 Jahren. Sie muss dann erneuert oder komplett ausgetauscht werden. Das ist aber nicht immer möglich, wodurch der Bestand des Gebäudes an sich gefährdet ist. Das Haus wird unbrauchbar. Es ist so, wie es da steht, nicht weiter nutzbar und müsste umgebaut oder gar abgerissen werden. Ein resilientes Haus dagegen kann sich anpassen. Räume sind einfach umnutzbar durch eine gute Geometrie und Raumhöhe. Da gibt es vielleicht einen Raum, der künftige Technik aufnehmen kann oder durch Wegfall von technischen Anlagen ein guter Aufenthaltsraum wird. Die Erneuerung kann ohne großen Eingriff in den Bestand erfolgen. Es stellt sich also primär die Frage: Wie kann ein Gebäude aus seiner Struktur und der Anbindung an Licht und Luft dauerhaft funktionieren? Es muss sowohl verschiedene Nutzungen aufnehmen als auch auf verschiedene klimatische Verhältnisse reagieren können. Dafür braucht es Widerstandskraft und Anpassungsfähigkeit.

Wenn wir davon sprechen, Häuser an den Klimawandel anzupassen, auf welche Extremwetterereignisse müssen wir uns dann besonders einstellen?

Grundsätzlich wird uns der Sommer mehr umtreiben als der Winter. Die Sommer werden heißer, die Winter nicht mehr so kalt sein. Zudem haben wir uns 30 Jahre lang mit dem Winter beschäftigt. Und da beziehe ich die Baustoffindustrie mit ein. Starkregen

→ Der Sommer wird uns mehr umtreiben als der Winter. Die Sommer werden heißer, die Winter nicht mehr so kalt sein. Doch wir haben uns 30 Jahre lang vor allem mit dem Winter beschäftigt.

hingegen ist eher ein stadtplanerisches Thema, mit dem Fokus auf das Modell der Schwammstadt. Es geht um Regenrückhaltung und um Versickerung und um das Aufbrechen von Versiegelung. Damit sind wir letztlich wieder beim Thema Hitze. Der Ansatz der Stadtplanung lässt sich auch auf privaten Grundstücken im Kleinen umsetzen. Bereits über die Gestaltung von Oberflächen in der unmittelbaren Umgebung der Gebäude beeinflussen wir das Stadtklima.

Mit welchen klimatischen Bedingungen sind Häuser konfrontiert und können sie sich daran überhaupt anpassen?

Bei der Anpassungsfähigkeit ans Klima ist die Gutmütigkeit der Gebäude gefragt. Bereits im Tagesverlauf sehen wir große Schwankungen etwa zwischen Tag und Nacht. Über das Jahr betrachtet sind diese Unterschiede noch größer. Darauf müssen Häuser schon heute reagieren. Künftig kommen noch die Veränderungen hinzu, die der Klimawandel mit sich bringt. Ein Gebäude muss so funktionieren, dass es sich an seine Umwelt

anpasst, ohne dass ständige Eingriffe oder technische Erweiterungen notwendig sind. Gerade mit Blick auf Sturm oder Hochwasser werden wir aber nicht alle Schäden verhindern können. Auch nicht durch eine Anpassung der Gebäude. Daher kommt es auf ihre Reparaturfähigkeit an. Daraus resultiert die Forderung, einfacher zu bauen und zu konstruieren, mit robusteren Materialien. Zudem müssen wir den Blick stärker auf erneuerbare Energien lenken und die Sektorenkoppelung vorantreiben, statt nur innerhalb der Systemgrenze Haus zu optimieren.

Sind Smarthomes also letztlich gar nicht so smart? Sollten wir vielmehr auf Technik weitgehend verzichten?

Das ist ein schmaler Grat. Wir verlassen uns zu sehr auf die Technik, dabei übersehen wir den Einfluss der Nutzerinnen und Nutzer und den des Klimas. Damit ist das gut gedämmte Haus, das über die kontrollierte Wohnraumlüftung Energie sparen soll, nicht mehr robust. Denn wenn der Mensch einem ganz natürlichen Drang nachkommt und das Fenster öffnet, ist die

in der Theorie errechnete Performance der Anlage dahin. Eine einfache Heizung, wozu auch Wärmepumpen zählen, ist dagegen gut – solange nicht nur geheizt wird, weil das Haus wegen schlechter Dämmung auskühlt. Insgesamt sind wir aber, was die Wärmedämmung für den Winter angeht, mit dem Gebäudeenergiegesetz (GEG) gut aufgestellt. Jetzt muss es in Richtung ökologische Dämmung gehen, um auch den Umweltaspekt der Materialien stärker einzubeziehen. Zudem sollten wir Verschärfungen des aktuell geltenden GEG vor dem Hintergrund einfacher Konstruktionen und Details kritisch hinterfragen.

Sie haben zwei Punkte angesprochen, die wir genauer betrachten sollten. Zum einen den Punkt Energiesparen, zum anderen die Robustheit von Gebäuden. Zuerst zum Energiesparen. Wird das zu stark gewichtet? Kann das überhaupt zu stark gewichtet werden?

Nur auf einen Punkt, zum Beispiel das winterliche Verhalten, hin zu optimieren, führt zu einem Rebound, dann fällt auf der anderen Seite etwas runter, die Gebäude werden fragil. Beispielsweise ist beim Dämmstandard in heutigen Konstruktionen und der Wärmerückgewinnung von Lüftungsanlagen nahezu das Optimum erreicht. Es geht mittlerweile nur noch um die letzten zehn Prozent, die zugleich die teuersten sind. Wenn ich auf diese letzte Optimierungsstufe verzichte, spare ich und brauche weniger Technik. Ohnehin fühlt sich der Mensch vom System überwältigt. Ein gutes Beispiel ist das Optimieren des sommerlichen Wärmeschutzes. Hohe Verglasungsanteile in der Fassade bei gleichzeitig strengen Anforderungen an das Raumklima ziehen viel Technik nach sich, auch ohne aktive Systeme. Durch die Hitzeentwicklung bei Sonnenschein muss verschattet werden. Häufig geschieht das über Sonnenschutzsysteme, die automatisch gesteuert werden. Dabei lässt sich oft beobachten, dass der Mensch den Sonnenschutz nach oben fährt, das System aber anders programmiert ist, sofort reagiert und wieder verschattet. Alternativ könnten minimierte Verglasungsanteile und Sonnenschutzglas mit leichter Reflexion eingesetzt werden oder konstruktive Vorsprünge könnten die Fenster verschatten. Zudem sollten wir auch einfach unsere immer höheren Komfortansprüche wieder etwas reduzieren. Wir müssen wieder lernen, statt auf einen Punkt hin zu optimieren, in Korridoren zu denken. Statt im Sommer exakt 26 Grad und im Winter bis zu 24 Grad zu fordern, liegt die Raumtemperatur dann eben in einem Bereich von 20 bis 28 Grad. Oder sogar mehr – gleitend zur Außentemperatur. Adaptive Komfortmodelle sind bekannt, werden aber zu wenig in Planungen berücksichtigt.

Wenn die Optimierung auf einen Punkt hin Gebäude fragiler macht, was macht sie dann robuster?

Robustheit bedeutet eine Abkehr von dem Gedanken „Ich kann alles entwerfen, die Technik wird es dann schon richten". Hier geht es um Einfachheit. Ein gutes Beispiel ist das von Baumschlager Eberle Architekten entworfene Bürogebäude 2226 in Lustenau, das gänzlich ohne wassergeführte Systeme zum Heizen und Kühlen sowie mechanische Lüftung auskommt.

Einfachheit zeigt sich aber auch beim manuellen Lüften. Warum lüften wir über Fensterflügel, die noch dazu mit schweren Dreh-Kipp-Verschlüssen ausgestattet sind? Im Grunde reicht ein einfacher Holzflügel aus, der sich leicht öffnen lässt. Das Fenster ist dann als Festverglasung ausgeführt. Wir müssen weg vom übersteuerten Gebäude.

Danke für das Gespräch.

Das Bürogebäude 2226 in Lustenau: Berechnungen zum Einfallswinkel der Sonne und gelenkte Windströme machen aufwendige Technik überflüssig.

→ **Den Handlungsbedarf ermitteln:** Das Haus als Rückzugsort soll vor Witterungseinflüssen schützen. Doch die Häufung von Extremwetterlagen ist eine Herausforderung. Wie gut ist Ihr Haus darauf vorbereitet? Was sollten Sie bei einem Neubau beachten?

Wenn Sie wissen möchten, inwieweit Ihre Immobilie künftig erwarteten klimatischen Anforderungen entspricht und wo sie angepasst werden muss, sollten Sie nach der Betrachtung des örtlichen Klimas das Gebäude genauer unter die Lupe nehmen. Sicher hat Ihr Bestandsgebäude schon einigen extremen Wetterereignissen getrotzt. Manche davon werden Spuren hinterlassen haben. Und auch die eine oder andere altersbedingte Verschleißerscheinung wird mittlerweile sichtbar sein. Um ein genaues Bild zu erhalten, machen Sie eine Bestandsaufnahme. Die Checklisten, die Sie im Folgenden finden, helfen Ihnen einerseits dabei, sich einen Gesamtüberblick zu verschaffen, und erlauben es andererseits, einen Fokus auf den Schutz vor Hitze, Starkregen und Sturm zu setzen. Eine ausführliche Checkliste für die Bestandsaufnahme finden Sie außerdem am Ende des Buches ab S. 196. Diese Checklisten können Sie auch dann beachten, wenn Sie Ihr Haus erst noch planen. Für Neubauten gibt es darüber hinaus noch ein paar zusätzliche Hinweise.

Bestandsimmobilien: Verschaffen Sie sich einen Überblick

Wie gut können die Innenräume bei einer Hitzewelle, bei Starkregen oder Sturm geschützt werden? Wenn Sie schon länger in Ihrem Haus wohnen, haben Sie darauf vielleicht eine Antwort. Aber stimmt die auch? Und wenn Sie erst kürzlich in Ihre Immobilie eingezogen sind oder der Einzug erst noch kommt, wissen Sie vermutlich noch nicht, wie gut Ihr Haus bei Extremwetter schützt.

Begutachten Sie Ihre Immobilie einerseits unter dem Aspekt, ob sichtbare Schäden vorliegen. Die müssen dann möglichst rasch beseitigt werden. Andererseits sollten Sie besonders darauf achten, ob Ihr Haus einem Extremwetterereignis widerstehen könnte. Da-

Jede Immobilie hat ihre individuellen Eigenheiten und Schwachstellen, die es herauszufinden gilt. Dann kann darauf reagiert werden, mit dem Ziel, das Gebäude widerstandsfähiger gegen künftige Extremwetterereignisse zu machen.

bei geht es in erster Linie um Hitze, Starkregen und Sturm mit ihren Begleiterscheinungen wie Dürre, Hagel oder Blitzschlag. Notieren Sie vom Dach bis zum Keller, wenn es einen gibt, alles ganz genau.

Neubau: Klimaanpassung als Planungsposten

Bauen selbst ist durch Flächen- und Ressourcenverbrauch ein Treiber des Klimawandels. Wer sich dennoch für einen Neubau entscheidet, sollte dies mit in die Planung einbeziehen. Ein geringerer Flächenverbrauch und ein schonender Umgang mit Ressourcen ist daher der erste Planungsposten bei der Klimaanpassung. Konkret bedeutet das:

→ Wählen Sie möglichst unbehandelte Materialien, was bei Holz relativ gut geht.

→ Vermeiden Sie Verbundstoffe, die sich nach ihrem Lebensende nicht trennen lassen.
→ Greifen Sie zu natürlichen Materialien, etwa Dämmung aus Holzfaserplatten, Zellulose oder Stroh.
→ Achten Sie auf eine möglichst lange Haltbarkeit der Materialien und verwenden Sie wenn möglich recyceltes Material.
→ Wählen Sie möglichst regional verfügbare Produkte mit einem geringeren Anfahrtsweg, das spart CO_2 für den Transport.

Dennoch wird es heißer und stürmischer werden und es wird mehr Starkregenereignisse geben. Also beziehen Sie das in Ihre Planung zusätzlich mit ein. Scheuen Sie nicht die möglichen Mehrkosten etwa für eine Zisterne oder eine Brauchwasseranlage, die Dämmung des Daches von außen oder ein paar Sturmklammern mehr, die die Dacheindeckung halten. Dies sind Maßnahmen, die nachträglich zwar auch noch möglich, aber mit wesentlich größerem Aufwand und damit noch höheren Kosten verbunden sind. Wenn beispielsweise die Bagger die Baugrube ausheben, lassen Sie die Zisterne gleich mit eingraben und anschließen. Im Nachhinein müssen Sie nicht nur die Anfahrt des Baggers erneut bezahlen, sondern auch der dann schon eingewachsene Garten wird wieder umgegraben. In der Checkliste auf dieser Seite bekommen Sie einen Überblick, was Sie beim Neubau beachten sollten. Die Themen werden in den späteren Kapiteln detaillierter behandelt.

In den nun folgenden Abschnitten geht es vor allem um die Bestandsaufnahme schon gebauter Häuser. Sie werden aber dennoch einiges erfahren, was Sie auch bei Ihrem Neubau berücksichtigen können. Hinweise dazu sind hervorgehoben.

Gut vorbereitet auf Hitze

Hitze im Gebäudeinneren entsteht durch direkte Sonneneinstrahlung, durch Wärme aus der Umgebung und durch zu wenig Luftaustausch. Die Lage Ihres Hauses, seine Bausubstanz, aber auch seine Umgebung entscheiden mit

über die Hitzeentwicklung. Wenn Sie ein Haus in der Stadt haben, müssen Sie es anders anpassen als eines am Waldrand, eines aus Holz anders als eines aus Beton. Welcher der Faktoren am meisten auf einen Wohnraum einwirkt, hängt von den individuellen Gegebenheiten vor Ort ab. Gibt es etwa große, nicht verschattete Fensterflächen nach Osten, Süden oder Westen, kann die Sonneneinstrahlung den Wohnraum stark aufheizen. Direkt unterm Dach ist die Wärmeentwicklung häufig am größten, weswegen hier besonders auf Hitzeschutz geachtet werden muss.

Schauen Sie sich auch den Außenraum an. Denn Abkühlung der Innenräume geschieht auf natürliche Weise über die Lüftung. Und kühl wird es innen nur dann, wenn die warme Luft entweichen und kühlere Luft nachströmen kann. Sind die Freiflächen um das Haus jedoch versiegelt, gleicht der Garten mehr einer Steinwüste als einer grünen Oase, strömt durch geöffnete Türen oder Fenster eher mehr Wärme herein, als dass sich die Räume beim Lüften abkühlen.

Betrachten Sie deshalb Ihre Immobilie und stellen Sie sich die folgenden drei zentralen Fragen:
→ Gibt es ausreichend Verschattung?
→ Lässt sich das Haus gut lüften?
→ Kann die Temperatur durch nachströmende kühlere Luft reduziert werden?

Wenn Sie Ihr Haus daraufhin prüfen und anschließend verbessern möchten, müssen Sie die Möglichkeiten für Verschattung und Kühlung aus Ihrer individuellen Perspektive betrachten. Welche Maßnahmen letztlich dafür gewählt werden, hängt bei Bestandsgebäuden von dem ab, was schon da ist, dem tatsächlichen Nutzen und natürlich von einer neutralen Kosten-Nutzen-Betrachtung. Diese sollte sowohl die Kühlleistung als auch ökologische Aspekte berücksichtigen.

Die eine Lösung, um Wohnräume im Sommer kühl zu halten, wird es nicht geben. Vielmehr ist es eine Kombination aus Verschattung, richtiger Lüftung und einer zusätzlichen Kühlung, mit der die Raumtemperatur auch bei längeren Hitzeperioden angenehm gehalten

---

CHECKLISTE HITZESCHUTZ

→ Sind die Fenster verschattet?
→ Gibt es zusätzlichen Sonnenschutz um das Haus herum?
→ Sind ausreichend massive Flächen von Wand, Boden oder Decke vorhanden, um Hitze abpuffern zu können?
→ Ist das Dach oder zumindest die oberste Geschossdecke gedämmt?
→ Kann ich querlüften?
→ Gibt es einen Sommerbypass?
→ Kann ich über meine Wärmepumpe kühlen?
→ Gibt es eine Klimaanlage?
→ Gibt es im Garten viele Pflanzen?
→ Gibt es im Garten einen Teich?
→ Gibt es im Garten viel Schatten?

werden kann. Eine zusammenfassende Auflistung der möglichen Maßnahmen gegen Hitze finden Sie im Service-Teil am Ende des Buches auf S. 199.

Was bislang noch wenig berücksichtigt wird, ist die zunehmende Trockenheit, mit der durch länger anhaltende Hitzeperioden und auch durch die Veränderungen des Golfstroms zu rechnen ist. Die Trockenheit wird sich meist weniger auf das Gebäude selbst, wohl aber auf die natürliche Kühlung durch einen grünen Garten auswirken, der ohne Wasser nicht gut gedeihen kann. „Der Garten als kühle Oase" (S. 80) ist das Kapitel, in dem Sie mehr dazu erfahren werden, wie Sie Ihren Garten auch bei Trockenheit für die Kühlung Ihres Hauses nutzen können.

UND BEI NEUBAUTEN?

Auch für Neubauten gelten die eben beschriebenen Punkte. Sie haben den Vorteil, dass Sie Hitzeereignisse von Anfang an in die Planung einbeziehen können. Daher werden Sie sich beispielsweise zur Verschattung eher für konstruktiven Sonnenschutz als für Varianten wie Markisen oder Sonnensegel entscheiden. Die Herausforderung wird für Sie darin liegen, Ihre Wünsche an den künftigen Wohnraum mit den Gegebenheiten vor Ort und den Zwängen aus dem erwarteten Temperaturanstieg zu vereinbaren. Wenn Sie große, offene Wohnräume planen, sollten Sie vorher über den Nutzen von Bauteilen als Speichermasse nachdenken. Wie das funktioniert, lesen Sie im Kapitel „Der Hitze konstruktiv begegnen" (S. 47). Darin erfahren Sie auch, wie Sie verschiedene Möglichkeiten der baulichen Verschattung nutzen können, um direkte Sonneneinstrahlung aus den Wohnräumen fernzuhalten.

Gut vorbereitet auf Starkregen

Dach, Fassade und sämtliche Öffnungen sowie der Keller sind bei Starkregen besonders betroffen. Im Idealfall sind die Fenster und Türen dicht, das Dach ebenfalls. Aus der Bestandsaufnahme wird klar geworden sein, ob dieser Idealfall vorliegt oder ob gegebenenfalls rasch gehandelt werden muss. Es lohnt sich aber,

WAS SIE BEI DER PLANUNG IHRES NEUBAUS ÜBERLEGEN SOLLTEN

→ Wie viel Gewicht soll das Thema klimaangepasstes Bauen erhalten?

→ Wie groß muss das Haus sein?

→ Wie viel Fläche soll maximal versiegelt werden?

→ Welche alternativen Baumöglichkeiten gibt es?

→ Brauche ich wirklich einen Keller?

→ Wie kann das Regenwasser gespeichert und genutzt werden?

→ Wie kann ich meinen Garten so gestalten, dass er die Kühlung unterstützt?

→ Wie kann ich das Dach des Hauses möglichst sturmsicher gestalten?

→ Wie kann ich im Sommer direkte Sonneneinstrahlung in die Wohnräume verhindern?

→ Wie kann ich die Wohnräume im Sommer möglichst kühl halten?

→ Wie kann ich Überschwemmungen durch Starkregen verhindern?

→ Wie kann ich mein Dach zusätzlich vor Starkregen sichern?

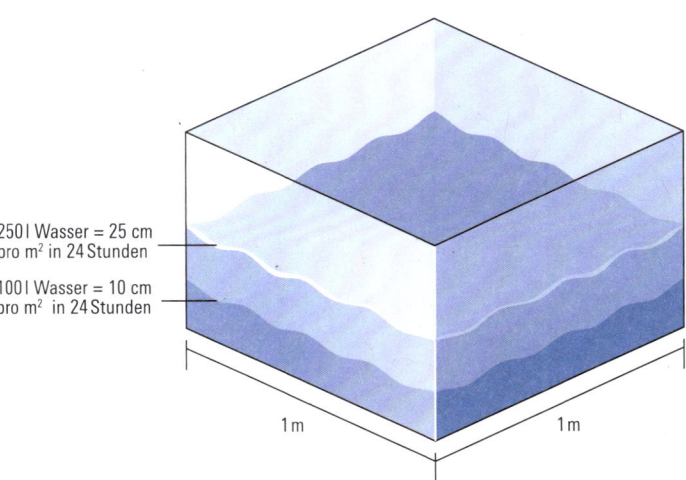

250 l Wasser = 25 cm pro m² in 24 Stunden

100 l Wasser = 10 cm pro m² in 24 Stunden

1 m   1 m

Bei Starkregenereignissen fällt in kurzer Zeit ungewöhnlich viel Regen. Bei einer Niederschlagsmenge von 100 Liter pro Quadratmeter innerhalb eines Zeitraums von 24 Stunden würde in einem Becken mit einer Fläche von einem Quadratmeter das Wasser in dieser Zeit um zehn Zentimeter steigen. Bei 250 Liter innerhalb 24 Stunden wären es bereits 25 Zentimeter.

CHECKLISTE STARKREGENSCHUTZ

→ Ist mein Keller trocken?

→ Besteht das Kellergeschoss aus einer Schwarzen oder Weißen Wanne?

→ Schließen die Kellerfenster wasserdicht?

→ Schließen die Kelleraußentüren wasserdicht?

→ Haben die Lichtschächte Abläufe?

→ Haben die Lichtschächte eine Abdeckung?

→ Gibt es eine Rückstauklappe oder ein Rückstauventil?

→ Ist das Dach dicht?

→ Schließen meine Dachfenster gut?

→ Schließen Fenster und Türen generell gut?

→ Steht das Haus erhöht im Gelände?

→ Hat das Haus einen Sockel, der das Erdgeschoss etwas höher legt?

→ Gibt es höhere Schwellen vor den Außentüren?

→ Gibt es bereits Hochwasserschutzvorrichtungen wie Dammbalken?

→ Gibt es ein funktionierendes Niederschlagsmanagement auf dem Grundstück?

→ Liegt ein Entwässerungsplan vor?

→ Läuft das Wasser immer vom Haus weg? Wie ist das Gefälle?

→ Sind die Dachrinnen und Fallrohre intakt?

→ Gibt es Laubfanggitter für die Dachrinnen?

→ Gibt es ein Drainagesystem rund um das Haus, das das Wasser ableitet?

→ Gibt es Regenrückhaltevorrichtungen wie Zisternen, Teiche oder Regentonnen?

→ Ist mein Garten bereit, bei starken Regenfällen viel Wasser aufzunehmen?

noch mal genau hinzuschauen und sich folgende Fragen zu stellen:

→ Wohin fließt das Regenwasser ab?

→ Kann das Regenwasser auf dem Grundstück versickern?

→ Wie kann das Regenwasser aufgefangen werden?

Naturgemäß sind tiefer liegende Gebäudeteile wie Keller am stärksten gefährdet. Aber auch im Erdgeschoss kann es zu Überflutungen kommen, beispielsweise wenn Türschwellen zu niedrig oder undicht sind. Überschwemmungen können kurzfristig und unerwartet auftreten, etwa durch eine Verstopfung am Abfluss oder einen fehlenden Abfluss an einer tiefer liegenden Stelle. Prüfen Sie also nicht nur, ob die Gebäudehülle tatsächlich dicht ist, sondern schauen Sie auch auf die Umgebung und stellen Sie die Funktionstüchtigkeit vorhandener Ablaufsysteme sicher.

Auch an der Fassadengestaltung können Sie erkennen, wie gut die Immobilie bereits auf die vermehrt erwarteten Starkregenereignisse vorbereitet ist. Dachüberstände und Auskragungen halten den Regen von der Fassade zumindest im oberen Bereich fern, eine durchgängige Fassadenbegrünung schafft dies über die gesamte Fassadenfläche.

Die Begrünung um das Haus, oder besser die Freiflächengestaltung, spielt ohnehin eine große Rolle dabei, wie gut ein Gebäude auf Starkregenereignisse reagieren kann. Auf stark versiegelten Flächen rund um das Haus kann das Wasser nicht versickern. Da es auf jeden Fall abfließen muss, wird es einen Weg finden. Durch die Gestaltung der Freiflächen können Sie den Abfluss lenken. Das Wasser sollte bewusst vom Haus weggeführt werden. Damit wird das Gebäude selbst weniger gefährdet. Noch besser ist es, wenn Sie Auffangmöglichkeiten für Regenwasser schaffen. Das mildert zudem eine mögliche Wasserknappheit in Zeiten ohne Niederschläge. Denn das aufgefangene Regenwasser können Sie dann zum Gießen verwenden. Mehr zu diesem Thema in den Kapiteln „Der Garten als kühle Oase" (S. 80) und „Niederschlagsmanagement auf dem Grundstück" (S. 123).

Auch die mit Starkregen häufig einhergehenden Gewitter sollten Sie mit in Ihre Vorsorge einbeziehen. Blitzeinschläge können unmittelbar zu Schäden führen, beispielsweise durch Brände im Dachstuhl. Überspannungen können aber auch durch weiter entfernt gelegene Blitzeinschläge verursacht werden. Daher sollten Sie überprüfen, ob Ihr Blitzableiter noch intakt ist, ob Sie einen benötigen und ob der Überspannungsschutz ausreichend ist. Mehr zum Thema erfahren Sie im Kapitel „Blitzschlag abwehren" (S. 167).

Ein kritischer Zeitpunkt in der Bauphase: Der Rohbau steht, aber die Außenhülle ist noch nicht geschlossen. Zieht ein Sturm auf, kann es zu großen Schäden kommen.

UND BEI NEUBAUTEN?

Auch Schutzmaßnahmen gegen Starkregen können Sie bei Ihrem Neubau gleich in die Planung integrieren. Das gilt für die Fassadengestaltung ebenso wie für die Materialwahl bei der Dacheindeckung oder die Planung des Entwässerungssystems. Vor allem aber können Sie bei Ihrem Neubau bewusst durch Dachüberstände, den Verzicht auf einen Keller oder durch eine geringe Versiegelung auf dem Grundstück den Folgen von Starkregenereignissen entgegenwirken. Damit profitieren Sie zudem von einer Wechselwirkung bei extremer Hitze, da Grünflächen zur Kühlung beitragen.

Gut vorbereitet auf Stürme

Wenn Sturm an Dach und Fassade rüttelt, zerrt und zieht, kommt es vor allem auf die Gebäudesubstanz an. Meist sind Gebäude in Deutschland so gebaut, dass sie entsprechend ihrer Windzone eine große Widerstandskraft gegen erwartete Windereignisse haben. Voraussetzung ist allerdings, dass alle Arbeiten normgerecht ausgeführt wurden. Wie gut Ihre Immobilie tatsächlich auf Stürme vorbereitet ist, bestätigt sich häufig erst im Nachhinein. Um den Zustand schon vorab einschätzen zu können, stellen Sie sich diese drei Fragen:

→ Wann wurde das Dach zuletzt gewartet?
→ Gibt es in der Umgebung Bäume, die bei Sturm zu einem Schaden führen können?
→ Lassen sich Fenster und Türen schnell und gut verriegeln?

Bereits beschädigte Dächer oder Dachaufbauten, lose Fassadenteile oder schlecht montierte Fensterläden ziehen häufig weitere, durch Sturm verursachte Schäden nach sich. Das Gefahrenpotenzial steigt, da Stürme oft von Starkregen, Schnee oder Hagel begleitet werden. Diese Mehrfachbelastungen können zu

CHECKLISTE STURMSICHERHEIT

→ Ist die Dacheindeckung in Ordnung?

→ Gibt es Dachaufbauten? Sind diese Dachaufbauten gut verankert?

→ Ist der Kamin unbeschädigt?

→ Womit ist das Dach gedeckt?

→ Verfügt mein Dach über eine zweite wasserführende Ebene?

→ Wie steil ist mein Dach?

→ Wie viele Dachflächenfenster gibt es?

→ Hat mein Flachdach eine Begrünung?

→ Komme ich an alle Fenster und Türen gut ran, um sie zu schließen?

→ Schließen Fenster und Türen gut?

→ Gibt es Läden vor den Fenstern, die schnell geschlossen werden können?

→ Sind Dachrinnen und Fallrohre stabil befestigt?

→ Gibt es Schneefangvorrichtungen?

Folgeschäden führen, wenn etwa durch den Wind das Dach beschädigt ist und so Regenwasser in den Dachstuhl eindringen kann.

Bei Sturm ist ebenfalls wichtig, dass Sie sämtliche Öffnungen in der Außenhülle schnell und gut verschließen können. Eindringender Wind kann einerseits Kräfte entwickeln, die die Gebäudesubstanz beschädigen, andererseits Niederschläge mitführen. Achten Sie daher darauf, dass alle Türen und Fenster – auch Dachfenster – gut schließen und sich leicht bedienen lassen.

Je mehr Aufbauten wie Kamine und Antennen Ihr Dach hat, umso mehr kann der Sturm abreißen. Auch hier sind es vor allem die Folgeschäden, die Kosten verursachen. Ein eingerissener Kamin löst beispielsweise einen Dominoeffekt aus, wenn dadurch die Dacheindeckung kaputtgeht, der Wind daraufhin das Dach abdeckt und nachfolgender Regen zumindest im Dachstuhl, häufig bis in tiefere Etagen, zu Schäden an der Bausubstanz führt.

Besonders gefährdet durch Windsog sind Flachdächer, die dadurch angehoben werden

können. Andererseits droht bei einem Flachdach bei Starkregen und Schneefall die Gefahr, dass die Last zu groß wird. Ist die Statik dafür nicht ausgelegt, kann es zum Einsturz kommen. Daher müssen Sie hier besonders auf die Abläufe achten und gleichzeitig die zulässige und bei Sturm notwendige Auflast ausbalancieren.

UND BEI NEUBAUTEN?

Gebäude im Bau sind besonders anfällig, solange ihre Außenhülle noch nicht geschlossen ist, Fenster, Türen oder Dach noch fehlen. Schäden durch Stürme nehmen insgesamt allerdings auch zu, weil der Flächenbedarf durch den Bauboom von Eigenheimen steigt. Damit werden auch weniger günstig gelegene Gebiete bebaut. Dadurch wächst die Zahl der Gebäude, die auf Grundstücken mit einer erhöhten Sturmgefahr stehen. Achten Sie also genau darauf, wo Ihr Grundstück liegt. Eventuell ist es dann besser, von einem Neubau abzusehen und besser in eine Bestandsimmobilie an einem bewährten Standort zu investieren. Allerdings werden auch in bisher weniger stürmischen Gebieten künftig mehr Stürme auftreten. Als Konsequenz daraus müssen Neubauten wie auch Bestandsgebäude noch besser auf die erwarteten stürmischeren Zeiten vorbereitet werden. Wie genau Sie vorgehen können, lesen Sie im Kapitel „Schutz vor Sturm- und Hagelschäden" (ab S. 142).

DAUERREGEN

Warnergebnis	Schwellenwert	Darstellung	Stufe
Dauerregen	25 bis 40 l/m^2 in 12 Stunden 30 bis 50 l/m^2 in 24 Stunden 40 bis 60 l/m^2 in 48 Stunden 60 bis 90 l/m^2 in 72 Stunden		2
Ergiebiger Dauerregen	40 bis 70 l/m^2 in 12 Stunden 50 bis 80 l/m^2 in 24 Stunden 60 bis 90 l/m^2 in 48 Stunden 90 bis 120 l/m^2 in 72 Stunden		3
Extrem ergiebiger Dauerregen	> 70 l/m^2 in 12 Stunden > 80 l/m^2 in 24 Stunden > 90 l/m^2 in 48 Stunden > 120 l/m^2 in 72 Stunden		4

STARKREGEN

Warnergebnis	Schwellenwert	Darstellung	Stufe
Starkregen	15 bis 25 l/m^2 in 1 Stunde 20 bis 35 l/m^2 in 6 Stunden		2
Heftiger Starkregen	25 bis 40 l/m^2 in 1 Stunde 35 bis 60 l/m^2 in 6 Stunden		3
Extrem heftiger Starkregen	> 40 l/m^2 in 1 Stunde > 60 l/m^2 in 6 Stunden		4

GEWITTER

Warnergebnis	Schwellenwert	Darstellung	Stufe
Gewitter	elektronische Entladung, auch in Verbindung mit Windböen		1
Starkes Gewitter	in Verbindung mit Sturmböen, schweren Sturmböen, Starkregen oder Hagel		2
Schweres Gewitter	mit Hagel, heftigem Starkregen, orkanartigen Böen o. Orkanböen, ggf. Tornadogefahr		3
Extremes Gewitter	mit Hagel, extrem heftigem Starkregen oder extremen orkanartigen Böen, Orkanböen, ggf. Tornadogefahr		4

Werden Wetterereignisse jenseits bestimmter Schwellenwerte prognostiziert, gibt der Deutsche Wetterdienst amtliche Warnmeldungen heraus. Abhängig von der erwarteten Gefahrenlage reicht die Einstufung von einer einfachen Wetterwarnung über Unwetterwarnungen bis hin zu Warnungen vor extremen Wetterereignissen. Diese Tabellen zeigen, wie vor verschiedenen Regenereignissen und Gewittern gewarnt wird. Es gibt außerdem noch Warnungen vor Sturm, Schnee, Glätte, Hagel, Wind, Nebel, UV-Strahlung und bestimmten Temperaturwerten.

Sommerliche Wärme sehnen viele Menschen herbei. Doch bei wochenlang andauernden Temperaturen von über dreißig Grad wird es zunehmend unangenehm. Ihre Wohnräume sollten dann möglichst kühlen Schutz bieten.

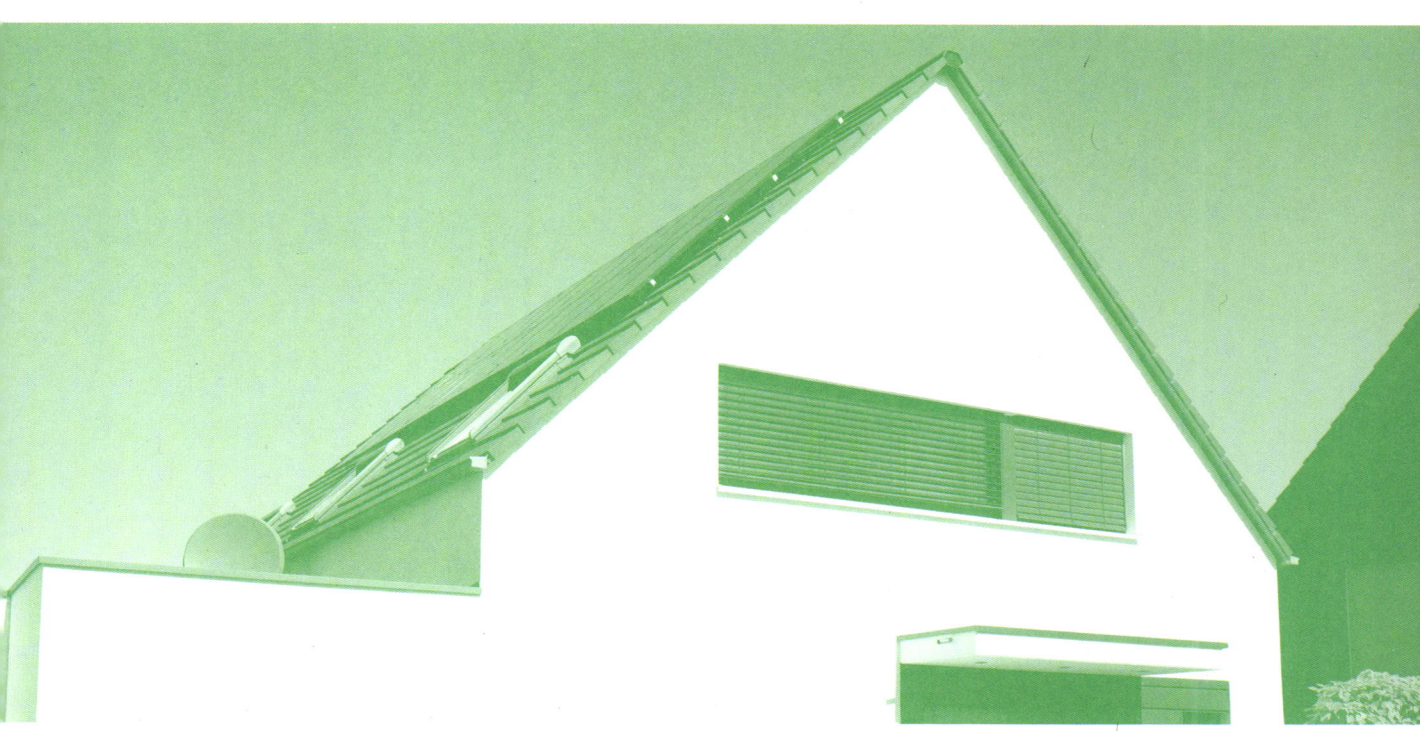

→ Bewahren Sie beim Hitzeschutz einen kühlen Kopf: Manche Maßnahmen gegen die Hitze können Sie ohne große Vorbereitung einfach umsetzen. Andere wiederum müssen Sie umfangreicher planen. Sinnvoll ist Hitzeschutz aber allemal.

Hitze macht träge. Das kann durchaus hilfreich sein, um übereifrigen Aktionismus zu bremsen. Eine kluge Planung allerdings entspringt meist einem kühlen Kopf. Und den können Sie in kühlen Räumen besser bewahren. Damit es die in Ihrem Haus ausreichend gibt, sollten Sie im Vorfeld abklären, wo sich die meiste Hitze entwickelt, welche konstruktiven Möglichkeiten sich bieten, ihr entgegenzuwirken, und welche Maßnahmen den größten Nutzen bringen. Die optimale Raumtemperatur können Sie an Hitzetagen vielleicht nicht immer erreichen. Doch bei hohen Außentemperaturen empfin-

den wir schon eine geringfügig niedrigere Temperatur in Innenräumen als angenehm kühl. Vieles, was sich für den Hitzeschutz als wirksam erweist, hat auch positive Effekte etwa bei Starkregen oder Hagel. Betrachten Sie die Anpassung an Extremwetterereignisse als Gesamtprojekt und nicht als singuläre Aspekte.

Was beeinflusst die Raumtemperatur?

Für die Temperaturentwicklung in Innenräumen gibt es einige bauliche Einflussfaktoren. Dazu gehören Größe, Orientierung, Energiedurchlässigkeit und Sonnenschutz der Fenster, der Aufbau der einzelnen Schichten der Außenhülle und die Wärmedämmfähigkeit der Bauteile der Außenhülle, ebenso die Wärmespeicherfähigkeit von Bauteilen im Gebäude sowie nicht zuletzt die Größe und Orientierung der Räume und der daran angeschlossenen Freiflächen.

Jedes Haus hat seine ganz individuellen Schwachstellen. Beim einen lässt die voll verglaste Westseite zu viel Sonnenlicht herein, beim anderen strahlen unbeschattete, mit Betonplatten versiegelte Terrassen Wärme ab, die über großflächige Öffnungen ins Haus dringt. Diese fast schon offensichtlichen Wärmetreiber können Sie recht gut erkennen. Schwieriger wird es, wenn Sie die Masse des Baumaterials betrachten. Bei Bestandsgebäuden ist die Außenhülle häufig wesentlich schlechter, als die Besitzerinnen und Besitzer meinen. Ist Ihr Haus beispielsweise gut gedämmt oder ist das Thema Dämmung auch bei Ihnen erst im Zuge der im Gebäudeenergiegesetz geforderten Energieeinsparmaßnahmen ins Bewusstsein gerückt?

Kühlung durch Luft und Schatten

Der beste Hitzeschutz ist der, der die Hitze erst gar nicht ins Haus lässt. Die Verschattung der Innenräume ist mithin eine der sinnvollsten Maßnahmen, die Sie ergreifen können. Wobei Sie außen liegenden Sonnenschutz innen liegendem vorziehen sollten. Denn das Spektrum der Sonnenstrahlen mit einer Wellenlänge von etwa 800 bis 2 500 Nanometer, sogenanntes nahes Infrarot, durchdringt normales Fensterglas relativ problemlos. Im Innenraum trifft es auf Oberflächen von Wänden, Böden und Einrichtung. Sie nehmen die Wärme auf und geben sie als Strahlungswärme wieder ab, die allerdings eine Wellenlänge zwischen 5 000 und 50 000 Nanometern hat. Als fernes Infrarot können diese langwelligen Strahlen nicht wieder durch das Fensterglas ins Freie dringen, die Wärme verbleibt im Raum. Es entsteht eine Wärmefalle, auch Treibhauseffekt genannt. Um diesen Effekt zu vermeiden, gibt es außen liegenden Sonnenschutz. Der reflektiert die Sonnenstrahlen teilweise, teilweise absorbiert er sie und heizt sich dadurch auf. Nur ein geringer Teil der Wärme dringt in den Raum. Innen liegender Sonnenschutz funktioniert im Prinzip gleich, nur dass die Wärmestrahlung den Raum dann eben nicht mehr durch das Fensterglas verlassen kann und sich aufstaut. Setzen Sie daher besser auf außen liegenden Sonnenschutz oder spezielles Sonnenschutzglas. Das ist in der Regel allerdings um bis zu 30 Prozent teurer als normales Glas (mehr zum Thema Sonnenschutzglas erfahren Sie auf der nächsten Seite).

Beziehen Sie bei der Verschattung auch die umstehende Bebauung in Ihre Planung mit ein. Das gilt vor allem bei Neubauten, da Sie sich gegebenenfalls noch mit Ihrer Nachbarschaft

Wie stark sich die Innenräume durch Sonneneinstrahlung aufheizen, hängt von ganz unterschiedlichen Faktoren ab. Ein guter Hitzeschutz besteht aus einem Mix verschiedener Maßnahmen, die individuell auf die jeweilige Immobilie und ihre Standortbedingungen abgestimmt werden sollten.

absprechen oder sogar gemeinsam planen können. Auch wenn Ihr Haus eine Baulücke füllt, wenn also die Position der Nachbargebäude schon feststeht, können Sie gut planen. Gerade nach Westen und Osten kann eine Verschattung durch umstehende Häuser von Vorteil sein. In einigem Abstand errichtet, verschatten sie die Fenster Ihres Hauses, ohne den Tageslichteinfall stark zu verringern.

Stoßlüften bringt einen weiteren natürlichen Kühlungsgewinn. Durchzug über offene Fenster und Türen ist aber mit kontrollierter Wohnraumlüftung nicht vereinbar. Überlegen Sie daher gut, ob Sie lieber auf natürliche Weise lüften wollen, oder über kontrollierte Wohnraumlüftung, was vor allem für Allergiker und lärmempfindliche Menschen ein Vorteil sein kann.

Sonnenschutz aus Glas

Mit Sonnenschutzgläsern kann die Sonneneinstrahlung in die Räume vermindert und die Temperatur dadurch um einige Grade niedriger gehalten werden. Das geschieht entweder durch Absorption oder durch Reflexion. Absorbierende Sonnenschutzgläser nehmen die Wärme der Sonneneinstrahlung auf und geben sie wieder nach außen ab. Nur ein geringer Wärmeanteil dringt dabei in die Innenräume. Für die absorbierende Wirkung wird das Glas mit Eisen- oder Kupferoxid eingefärbt, was dessen Lichtdurchlässigkeit mindert.

Fast ohne Verlust an Tageslicht sind reflektierende Gläser. Dafür wird während des Herstellungsprozesses flüssiges Metalloxid aufgesprüht oder nach der eigentlichen Produktion im Magnetron-Beschichtungsverfahren Edelmetall aufgetragen. Im Ergebnis wird ein Großteil der Wärmestrahlung reflektiert, während

das sichtbare Licht in den Raum dringen kann. Üblicherweise wird die Beschichtung auf der Innenseite der äußeren Scheibe angebracht. Liegt sie auf der Außenseite, spiegelt das Glas wesentlich stärker.

Ein Nachteil der Sonnenschutzgläser liegt darin, dass sie auch im Winter gut vor solarem Wärmeeintrag schützen – also dann, wenn eine Erwärmung der Räume durch die Sonne gewünscht ist. Diesen Mangel gleichen intelligente Fenstergläser, sogenannte „Smart Glasses" aus. Sie können ihre Farbe und Lichtdurchlässigkeit entweder durch Elektrochromie verändern, wobei Strom an die Scheibe angelegt wird, oder durch Thermochromie, wobei die Veränderung mittels Wärme gesteuert wird. Über die Haustechnik programmiert, passen sich die Systeme selbstständig der Witterung an. Besonders bei Dachflächenfenstern sind Sonnenschutzgläser eine lichtdurchlässige Alternative zu Sonnenschutzfolien. Allerdings sind sowohl Sonnenschutzgläser als auch ihre smarten Weiterentwicklungen ein erheblicher Kostenfaktor und daher meist eher für einzelne Fenster geeignet, die nicht anderweitig beschattet werden können.

Empfehlenswert ist Sonnenschutzglas vor allem dort, wo äußere Zwänge wie beispielsweise Denkmalschutzauflagen keinen außen liegenden Sonnenschutz erlauben. Zudem sollten Sie in Ihrer Kalkulation berücksichtigen, dass auch eine Verschattung etwa mit Markisen oder Rollläden ihren Preis hat und im Vergleich dazu die Mehrkosten für Sonnenschutzglas eventuell gar nicht so sehr ins Gewicht fallen. Innen liegenden Sonnenschutz sollten Sie allenfalls dann in Betracht ziehen, wenn Ihr Haus in einer sonnenarmen, windreichen Region liegt. Ansonsten eignet sich diese Variante des Sonnenschutzes eher als kostengünstige Übergangslösung.

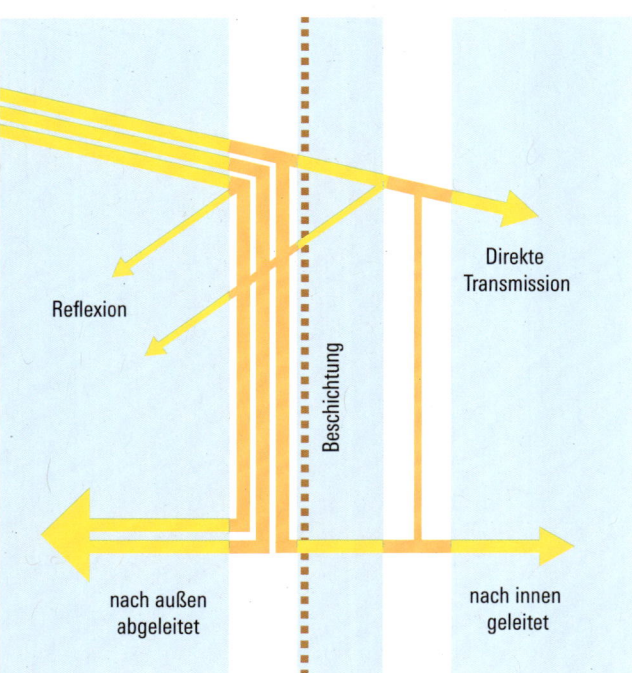

Reflexion und Absorption überwiegen bei Sonnenschutzgläsern. Die Transmission hingegen fällt gering aus. So dringt nur wenig Wärme durch das Glas hindurch. Die Beschichtung reduziert den Lichteinfall weniger als durchgefärbtes Glas.

Mit natürlichen Mitteln gegen die Hitze

Natürliche Materialien, Pflanzen und Wasserflächen können einen erheblichen Beitrag zur Kühlung und zur Vorbeugung gegen Hitze leisten. Zudem müssen Sie, wenn Sie natürliche

Mittel nutzen, nicht auf komplizierte Technik vertrauen und nebenbei tun Sie auch noch etwas für den Klimaschutz.

Betrachten Sie als Erstes die Umgebung Ihres Hauses. Sie spielt nicht nur für die Nachtabkühlung eine entscheidende Rolle. Schatten spendende Pflanzen, kühlende Wasserspiele und generell wenig versiegelte Fläche beeinflussen das Mikroklima rund um Ihr Haus positiv. Achten Sie also am besten schon beim Anlegen Ihres Grundstücks darauf, diese natürlichen Kühlelemente einzuplanen. Durch die Gestaltung einer kühlenden Umgebung in Kombination mit einer gut geplanten mechanischen Lüftung sparen Sie im Idealfall die Klimaanlage komplett. (Mehr zu kühlender Umgebung im Kapitel „Der Garten als kühle Oase", S. 80.)

Ein weiterer Punkt ist die Materialwahl. Mit ihr legen Sie den Grundstein dafür, wie kühl die Räume selbst an heißen Tagen bleiben. Es kommt dabei vor allem auf die Masse an. Denn sie ist für die Wärmespeicherfähigkeit von Baustoffen zuständig. Holz weist hier schlechtere Werte als etwa Ziegel oder Beton auf. Unter Berücksichtigung der CO_2-Bilanz der Baustoffe bietet sich eine Kombination, die sogenannte Hybridbauweise an. Bei Ihrem Holzhaus kann dann beispielsweise ein Betonkern das Treppenhaus oder auch Technikräume aufnehmen.

Nicht zuletzt ist das Material auch für die Dämmwirkung ausschlaggebend. Zahlreiche natürliche Materialien haben hier den großen Vorteil, dass sie sowohl vor Hitze als auch Kälte schützen. Mit einer Kombination verschiedener Materialien erhöhen Sie auch hier den Effekt. Beispielsweise können Sie für Ihren Neubau Lehm einsetzen, der mit Zuschlägen aus Holz, Stroh, Hanf oder ähnlichem gemischt wurde. Durch sein hohes Wärmespeichervermögen kann Lehm bei steigenden Temperaturen viel Wärme aus dem Raum aufnehmen, die zeitverzögert wieder abgegeben wird. Lehm führt also zu einem Temperaturausgleich und sorgt so für ein angenehmes Raumklima (mehr zu Dämmung als Hitzeschutz im Kapitel „Gut eingepackt gegen die Hitze", S. 54.).

Lehm hat eine temperaturausgleichende Wirkung. Werden Wände mit einer entsprechenden Stärke ausgeführt, kann das Material tagsüber Wärme aufnehmen und sie zeitverzögert während der kühleren Nachtstunden wieder abgeben.

Hitzeschutz als Planungsposten im Neubau

Wenn Sie auf klimaangepasstes Bauen Wert legen, werden Sie schon bei der Planung auf Hitzeschutz achten. Traditionelle Bauweisen heißer Weltregionen können dafür ein Vorbild sein, wie etwa die weiß getünchten Häuser im Mittelmeerraum mit ihren kleinen Fenstern. Oft verbergen sich in den einfachen Konstruktionen wahre technische Errungenschaften, die relativ simpel und doch sehr effizient funktionieren.

RÜCKSTRAHLEFFEKT NUTZEN

Manchmal sind es aber auch die kleinen, fast übersehenen Dinge, die den Unterschied machen, wie etwa ein weißer Fassadenanstrich oder gar eine Dacheindeckung ganz in Weiß. Die weiße Dachfläche reflektiert die auftreffenden Sonnenstrahlen so stark, dass nur wenig Wärme tatsächlich in das Haus dringt.

Das Prinzip dahinter: Trifft Sonnenlicht auf eine Oberfläche, wird ein Teil davon reflektiert,

KÜHLEFFEKT DER MASSE

Wer im Sommer einmal eine Burg von innen besichtigt hat, wird sich über die um einiges kühleren Temperaturen dort gefreut haben. Selbst bei hohen Außentemperaturen bleibt es innen meist kühl. Das liegt großteils an den dicken Mauern und den vergleichsweise kleinen Öffnungen. Bis die Wärme hier durchdringt, vergeht einige Zeit. Und selbst dann, wenn sie innen angekommen ist, trifft sie auf weitere Mauern, Böden, Decken, die erst einmal erwärmt werden müssen. Im Winter mag das unangenehm sein, im Sommer dagegen eine willkommene Kühlung. Was können wir daraus lernen? Es muss ja nicht gleich eine Burg sein, aber dickere Außenmauern halten die Wärme meistens eine ganze Weile fern. Im Zelt dagegen, selbst wenn es quasi zweischalig aus Innen- und Außenzelt besteht, gleicht sich die Innentemperatur wesentlich schneller der äußeren an. Es wird sogar noch wärmer, wenn die Hitze nicht in ausreichendem Maß entweichen kann und es zu einem Hitzestau kommt. Vergleichbar ist dies mit ungedämmten Dachböden. Dicke Steinmauern halten die Räume aber nicht allein wegen ihrer bloßen Wandstärke kühl. Es kommt auf die Rohdichte des Bauteils an. Je größer diese ist, umso besser speichert das Material die Wärme. Das klingt zunächst kontraproduktiv. Doch die Hitze, die durch Fenster und Türen ins Innere dringt, wird dort von den Wänden aufgenommen und die ansteigende Temperatur ausgeglichen. Wenn bei Nacht die Außentemperaturen sinken, kehrt sich der Wärmefluss um, die Wände kühlen wieder ab. Dieses Prinzip der Masse als Puffer gegen Hitze lässt sich nicht nur bei Burgen, sondern auch bei anderen Gebäuden nutzen. Selbst Holzhäuser, deren Baumaterial eine geringere Rohdichte besitzt, können in Hybridbauweise mit Betonkern, Stampflehmwänden oder Ziegelmauern im Hausinneren diesen Kühleffekt nutzen (mehr dazu im Kapitel „Gut eingepackt gegen die Hitze", S. 54).

ein Teil absorbiert. Bei Oberflächen, die selbst nicht leuchten und nicht spiegeln, wird dieses Rückstrahlvermögen auch Albedo genannt. Die Albedo gibt den reflektierten Anteil der einfallenden kurzwelligen Strahlung an. Je höher dieser Anteil ist, umso geringer ist der absorbierte Anteil der einfallenden Strahlung. Die Oberfläche heizt sich weniger auf, wenn mehr kurzwellige Strahlung reflektiert wird. Bei Neuschnee, der eine Albedo von 0,95 hat, also nur fünf Prozent absorbiert und den Rest reflektiert, wird sogar eine zunehmende Senkung der Lufttemperatur über der Fläche beobachtet. Umgekehrt reflektieren schwarze Flächen gar nicht, absorbieren also die komplette einfallende kurzwellige Strahlung und heizen sich dadurch auf. Je heller also eine Fläche ist, umso mehr kurzwellige Strahlung reflektiert sie. Wobei der Winkel, in dem die Strahlung auftrifft, auf die Albedo ebenso einwirkt wie die Trübung und der Wasserdampfgehalt der Atmosphäre. Dennoch lässt sich sagen, dass Oberflächen sich umso weniger aufheizen, je mehr Strahlung reflektiert wird.

Fassaden und Dächer weiß zu streichen oder Wege und Terrassen mit hellen Platten oder Kies zu belegen, kann daher die Temperatur um das Haus herum durchaus senken. Üppige Begrünung verstärkt diesen Kühleffekt und wirkt möglichen Blendeffekten entgegen. Ein effizienter Hitzeschutz also, wobei die Umsetzung in der Praxis manchmal nur bedingt möglich ist. So kann beispielsweise die Dachfarbe von der Kommune vorgegeben sein. Es lohnt sich aber, nachzufragen. Eventuell können Sie sich auch auf ein helles Grau einigen und damit bereits die Hitze auf der Dachfläche erheblich reduzieren.

SPEICHERFÄHIGE WÄNDE UND BÖDEN

Bauphysikalisch ebenfalls sinnvoll sind speicherfähige Wände und Böden. Massive Bauteile etwa aus Lehm, Ziegel oder Kalksandstein haben mehr thermische Speichermasse als in

THERMISCHE MATERIALKENNWERTE VON BAUSTOFFEN
(eine Auswahl)

Baustoff	Wärmespeicherzahl s in kJ/m³K	Spezifische Wärmekapazität c_p in J/kgK	Wärmeeindringzahl b in J/m² K s^{0,5}	Temperatur-leitfähigkeit a *10^{-3} (cm²/s)
Polystyrol	22,5	1 500	28	15,6
Zellulose	95	1 900	65	4,7
Holzweichfaser	399	2 100	134	1,1
Schilfrohr	247	1 300	117	2,2
Massivlehm	1 800	1 000	1 280	5,1
Gipsfaserplatte	840	840	476	3,3
Lehmbauplatte	570	1 140	282	2,4
Lehmputz	1 700	1 000	1 116	4,7
Kalksandstein	880	880	663	5,7
Ziegel	1 104	920	743	4,5
Porenbeton	420	1 050	205	2,4

Quelle: IBN / Forum Wohnenergie

WÄRMEDÄMMENDE UND WÄRMESPEICHERNDE BAUSTOFFE
(eine Auswahl)

Besonders gut wärmedämmende Baustoffe		Besonders gut wärmespeichernde Baustoffe	
Bezeichnung	λ in W/mK	Bezeichnung	s in kJ/m³K
Flachs- und Hanfdämmung	0,04	Sandstein	2 232
Holzweichfaserplatten	0,045	Massivlehm	1 800
Zellulose-Schüttung	0,045	Kalkputz	1 728
Korkplatten und Kokoswolle	0,045	Lehmputz	1 700
Strohballen	0,045	Strohlehm	1 200
Holzspäne	0,055	Ziegel	1 104
Schilfrohr	0,055	Kalksandstein	880

Quelle: IBN / Forum Wohnenergie

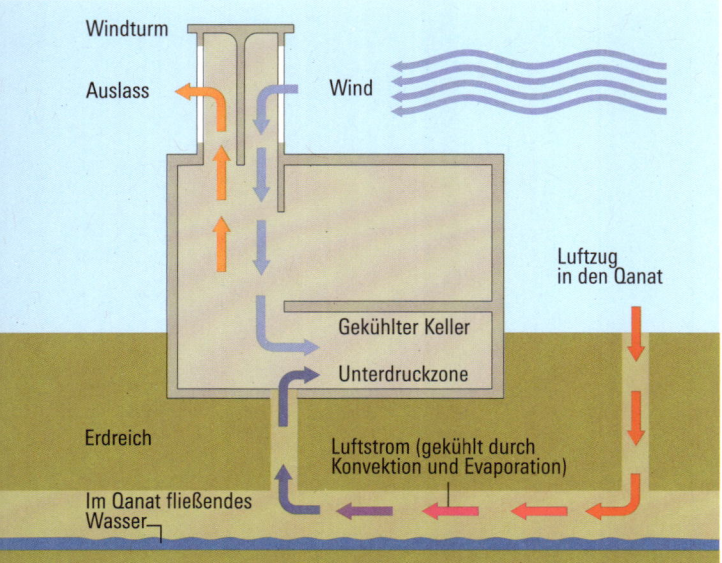

Der hier dargestellte Kamineffekt wird unter der Überschrift „Kamineffekt nutzen" im Text beschrieben.

Ein Badgir wurde zur natürlichen Lüftung traditionell in Persien, aber
auch im arabischen Raum und im weiteren westlichen Asien eingesetzt. Die massiv gebauten Windtürme haben bis zu vier Lüftungska-
näle, die sich einzeln öffnen und schließen lassen. Häufig wird ein
Badgir mit anderen Kühlelementen, wie etwa einem Wasserbecken
im Erdreich, kombiniert.

Leichtbau erstellte Wände. Da sie relativ gut
Wärme aus dem Raum aufnehmen können
und diese nur ganz langsam, zeitverzögert,
wieder abgeben, dienen sie quasi als Puffer.
Die über den Tag aufgenommene Wärme wird
dann bei Nacht wieder abgegeben. Zum Tragen kommt dabei das Prinzip, dass immer ein
Temperaturausgleich stattfindet. Das heißt,
Oberflächen streben immer die gleiche Temperatur wie ihre Umgebung an. Gebäude mit dicken Außenwänden puffern besser ab als jene
mit dünneren Wänden. Auch innerhalb des
Hauses helfen massive Bauteile, die Temperaturen an Hitzetagen niedriger zu halten. Das
sollten Sie beachten, wenn Sie bei einer Sanierung oder Ihrem Neubau große, offene Wohnräume planen. Es lohnt sich, die Hülle dicker
zu bauen und auch innen nicht gänzlich auf
massive Wände oder Fußböden zu verzichten
(mehr dazu im Kapitel „Gut eingepackt gegen
die Hitze" ab S. 54).

KAMINEFFEKT NUTZEN

Konstruktiv können Sie auch mit der Nutzung
des Kamineffekts gegen die Hitze angehen.
Das Prinzip macht sich die Sogwirkung von
schmalen Schächten zu eigen. Warme Luft
kann nach oben entweichen, kühlere Luft
strömt von unten nach. Um diese kühlere Luft
für die Hauskühlung auch bei höheren Außentemperaturen zu erzeugen, wird warme Luft
über ein kühles Kellergeschoss ins Haus geleitet. Die Luft kühlt ab, bevor sie durch das Haus
strömt. Dort nimmt sie die Wärme der Oberflächen auf, kühlt diese so ab, und entweicht
dann als wärmere Luft durch einen Abzug im
Dach. Auf diese Weise entsteht ein ständiger
Luftaustausch. Auch wenn Sie keinen Keller
haben oder planen, können Sie dieser Kühlme-
chanismus nutzen. Um sicherzugehen, dass
kühlere Luft nachströmt, lüften Sie erst, wenn
die Außentemperatur kühler als die Innentemperatur ist, beispielsweise nachts. Kühlend wirken auch Wasserbecken, die Sie vor den Fenstern anlegen können. Am besten nutzen Sie
dafür die im Norden Ihres Hauses gelegenen
Fenster, damit die Sonneneinstrahlung die
Wasserfläche nicht erwärmt. Die einströmende
Luft kühlt sich ab, während sie über das Was-

ser geleitet wird. Bei einem mehrgeschossigen Haus eignet sich auch das Treppenhaus, um den Kamineffekt zu nutzen. Dann sollten Sie aber für die kühlere Jahreszeit eine Möglichkeit einbauen, um den Luftzug zu unterbrechen.

RICHTIG LÜFTEN

Der Drang nach frischer und kühler Luft ist gerade bei hohen Temperaturen groß. Türen und Fenster einfach weit aufzureißen, hilft da nur bedingt, wenn die Räume gekühlt werden sollen. Gerade bei großer Hitze ist es besser, Türen und Fenster geschlossen zu halten und so die Hitze draußen zu lassen. Erst wenn die Temperaturen im Freien unter denen im Innenraum liegen, sollten alle Fenster und Türen zum Lüften weit geöffnet werden – und das in einer ganz bestimmten Reihenfolge, nämlich von unten nach oben. Also erst über den Keller oder das Erdgeschoss die kühlere Luft ins Haus einströmen lassen. Dann in jedem Stockwerk nacheinander die Fenster und Balkontüren öffnen, bis zum Schluss auch die Dachfenster offen sind. Ist es im Haus schön kühl, umgekehrt von oben nach unten wieder alles schließen. Das sollte spätestens dann geschehen, wenn die Temperaturen draußen wieder steigen, meist mit Sonnenaufgang. Denn die beste Zeit zum Kühlen liegt in aller Regel in den frühen Morgenstunden. Frühes Aufstehen lohnt sich also, um einen spürbaren Kühleffekt zu erreichen. Querlüften ist eine Alternative für alle, die entweder nur auf einer Etage wohnen oder sich nicht jeden Morgen durch das ganze Haus bewegen wollen. Bei der Nachtauskühlung kann die kontrollierte Wohnraumlüftung unterstützen – mehr zum Thema im Kapitel „Ein Sommerbypass reduziert die Raumtemperatur" auf S. 72.

WENIGER FENSTERFLÄCHE

Kleinere Fensterflächen sind für eine Überhitzung der Innenräume durch solare Wärmeeinträge weniger empfindlich, entsprechen aber nicht den Wünschen der meisten Bauenden. Hier gilt es, Kompromisse zu finden, die auch in einer geeigneten Verschattung großer Fensterflächen liegen können. Für die Planung als besonders hilfreich erweist sich ein Sonnenstandsdiagramm. Es weist für das Baugrundstück aus, wie die Sonne zu bestimmten Tages- und Jahreszeiten steht. So lässt sich

---

THERMISCHE GEBÄUDESIMULATION

Viele unterschiedliche Faktoren haben Einfluss auf die Temperaturentwicklung in und um ein Gebäude herum. Die thermische Gebäudesimulation ahmt die erwarteten Beeinflussungen etwa durch Lufttemperatur, Luftströme oder solare Wärmeeinträge und Verschattungen nach und simuliert ebenso Wärmelasten, die im Haus durch Personen, Beleuchtung und technische Anlagen entstehen. Dabei wird meist ein Zeitraum betrachtet, der den gesamten Jahreszyklus abdeckt. Diese dynamische Methode zur Berechnung von Wärme- und Kühllasten erleichtert die Planung energieeffizienter Gebäudetechnik. Auch sollen Modellrechnungen zu Investitions- und Betriebskosten zu mehr Transparenz im Entscheidungsprozess beitragen. Denn letztendlich können durch die Simulation verschiedene Alternativen durchgespielt werden, was zu einer Optimierung des Gebäudes hinsichtlich seiner Wärmelasten und Kühlerfordernisse beiträgt. Bei einem Neubauvorhaben können auch verschiedene Fenstergrößen und Sonnenschutzmaßnahmen simuliert und Entscheidungen hinsichtlich Materialwahl und Bauweise getroffen werden. Zudem kann der im Gebäudeenergiegesetz geforderte sommerliche Wärmeschutz mithilfe einer thermischen Gebäudesimulation einfacher nachgewiesen werden. Auch die Wirkungen von Extremwetterereignissen auf ein Gebäude können simuliert werden. Anhand der Ergebnisse lässt sich das Haus dann besser auf künftige Extremwetterereignisse vorbereiten. Eine thermische Gebäudesimulation führen spezialisierte Ingenieurbüros in Absprache mit Ihrem Architekten oder Ihrer Architektin durch.

schon beim Entwurf einplanen, wo Verschattungen notwendig sind. Und auch, wie die Sonneneinstrahlung am besten genutzt werden kann. Denn was im Sommer aufgrund der Hitzeentwicklung störend ist, kann im Winter durchaus als natürliche Wärmequelle gewünscht sein.

VORAUSSCHAUEND PLANEN

Wohnwünsche und klimaangepasstes Bauen können Sie durchaus unter einen Hut bringen. Ein wenig Flexibilität und Kreativität bei der Grundrissplanung müssen Sie dafür allerdings mitbringen. Das könnte etwa so aussehen:

→ Ein kühles Schlafzimmer liegt eher im Erdgeschoss und nach Norden als nach Westen im Dachgeschoss. Sie sparen sich die Klimaanlage.

→ Das Panoramafenster kann von einem Sonnenschutz beschattet werden.

→ Wenn die Fensterlaibung tiefer wird, weil die Dämmung aufträgt und das Fenster dennoch bündig zur Fassade sitzt, nutzen Sie die Fläche als Sitzfenster.

SONNENSTAND IM JAHRESVERLAUF

Im Sommer steht die Mittagssonne erheblich höher als im Winter. Die Illustration stellt beispielhaft die Sonnenstände für Frankfurt am Main zu den Zeitpunkten der **SOMMERSONNENWENDE** (21. Juni), der Tag- und Nachtgleiche und der **WINTERSONNENWENDE** (21. Dezember) dar. Die Sonne geht morgens im Osten auf und steht zunächst sehr niedrig am Himmel. Ihre Strahlen treffen dann flach auf die Erde und können daher durch Fenster tief in Räume eindringen. Über Mittag steht die Sonne im Süden steil am Himmel und kann durch Dachvorsprünge aus dem Haus ferngehalten werden. Nachmittags sinkt die Sonne kontinuierlich ab, bevor sie im Westen untergeht. Die tief stehende Abendsonne kann wiederum weit in die Räume eindringen und wird in ihrer Kraft oft unterschätzt.

Wie Sie den Außenraum gestalten, trägt maßgeblich dazu bei, ob Sie Ihr Haus mit natürlichen Mitteln kühlen können.

→ Ein Einfamilienhaus hat einen Garten. Nutzen Sie ihn mit üppiger Bepflanzung und Wasserflächen zur Kühlung.

→ Die Möglichkeit zum Querlüften funktioniert besonders gut, wenn Sie die Hauptwindrichtungen in Ihre Planung einbeziehen.

Nachbessern gegen den Temperaturanstieg

Bei Ihrem Bestandsgebäude liegt die Planung vielleicht schon eine Weile zurück, auf große Hitzeentwicklung haben Sie damals nicht unbedingt Rücksicht genommen. Doch Sie können nachbessern. Häufig profitieren ältere Häuser von den bereits angelegten, eingewachsenen Gärten. Bäume spenden schon Schatten, wo im Garten des Neubaus erst gepflanzt werden muss. Pflegen Sie die vorhandenen Anpflanzungen und überprüfen Sie, wo Sie eventuell nachbessern müssen. Gibt es versiegelte Flächen um Ihr Haus, die Sie renaturieren können? Können gepflasterte Wege mit durchlässigeren Steinen belegt oder eventuell ganz entfernt werden? Entstehen nützliche Schattenflächen, wenn Bäume und Büsche

nicht so stark zurückgeschnitten werden? Oder haben Sie eine Stelle in Ihrem Garten entdeckt, wo ein weiterer Schatten spendender Baum hinpasst? Eventuell finden Sie einen Platz in Ihrem Garten für eine zusätzliche Wasserfläche, die durch Verdunstung für Kühlung sorgt (mehr zum Thema Garten ab S. 80).

Sonnenschutz wie Markisen oder Überdachungen können Sie auch dort anbringen, wo er nicht von Anfang an geplant war. Doch selbst größere Maßnahmen lohnen sich, etwa nachträglich angebrachte Fensterläden. Vor allem aber bringt eine Nachbesserung der Dämmung mitunter einen großen Effekt beim Hitzeschutz. Was häufig nur in Bezug auf die kalte Jahreszeit gesehen wird, schützt auch an heißen Tagen. Dann geht es darum, statt der Wärme Kälte im Haus zu halten. Gerade wenn Sie Dämmung für den Hitzeschutz einsetzen, müssen Sie besonders genau hinschauen, womit gedämmt wird. Viele pflanzliche und mineralische Materialien erweisen sich als besser geeignet als Kunststoffe. Denn sie schützen im Vergleich zu Kunststoffen, die vorwiegend über Lufteinschlüsse gegen Kälte dämmen, aufgrund ihrer größeren Masse besser vor Hitze.

INTERVIEW MIT PROFESSOR THOMAS AUER, TU MÜNCHEN

→ **Die Masse machts:** Hitzeschutz funktioniert nach generellen Regeln, die individuell an das Gebäude angepasst werden müssen.

Thomas Auer hat an der Universität Stuttgart Verfahrenstechnik studiert und sich anschließend dem Themengebiet Energieeffizienz und Nutzerkomfort in Gebäuden zugewandt. Seit 2006 ist er Partner bei Transsolar Klimaengineering in Stuttgart, seit 2014 zudem Professor für Gebäudetechnologie und klimagerechtes Bauen an der TU München. Dort forscht er vor allem zu Auswirkungen des Klimawandels im urbanen Umfeld.

Wie beeinflusst der Klimawandel die Art, wie wir bauen?

Das Klima beim Bauen zu berücksichtigen hat eine jahrhundertealte Tradition. Vielfach ist das bei modernen Architekturströmungen wie beispielsweise dem Internationalen Stil mit seinen vorgehängten Glasfassaden nicht mehr erkennbar. Diese Architektur geht nicht auf das Klima ein, sondern gleicht etwa große Hitzeentwicklung mit Technik aus. Das widerspricht nicht nur dem Ansatz vernakulärer Architektur [historisch gewachsene, an die lokalen Bedingungen angepasste Architektur], sondern vernachlässigt eine weitere wichtige Komponente. Denn neben der Aufgabe, eine bessere Aufenthaltsqualität zu schaffen, müssen wir auch Ressourcen schonen.

Zudem müssen wir klimagerechtes Bauen im urbanen Maßstab sehen. Unsere Städte sind nicht für Hitze mit Temperaturen über 40 Grad ausgelegt. Straßen und Gebäude speichern Wärme, die sie nachts nur langsam abgeben. In der Stadt entstehen Hitzeinseln, die Luft kühlt sich nicht mehr ab. Dadurch erhalten wir beispielsweise in

München nachts eine um zehn Grad höhere Temperatur als im Umland. Unser Wärmeschutz lebt aber davon, dass wir nachts runterkühlen. Sommerlicher Wärmeschutz funktioniert nicht, wenn es nachts nicht kühl wird. In kleineren Ansiedlungen und auf dem Land ist das anders. Da kommt es meist zu einer Nachtabkühlung, weil weniger Fläche versiegelt ist und die Luft besser zirkulieren kann.

Wir müssen also etwas gegen Hitze tun. Wie kann ein Gebäude vor zu großer Hitzeentwicklung in den Innenräumen geschützt werden?

Ein Haus sollte ohne Klimaanlage funktionieren. Die Grundvoraussetzung dafür ist Sonnenschutz. Hinzu kommt passive Kühlung über die thermische Masse. Und erst an dritter Stelle sollte ein aktives Kühlsystem stehen, das etwa fehlende thermische Masse ersetzen kann. Dachgeschosse sind beispielsweise mehrheitlich in Leichtbau errichtet, also mit einem Holzdachstuhl. Selbst hochgedämmt wird es hier wärmer als in einem Normalgeschoss aus Beton oder Mauerwerk.

Anders als häufig vermutet, kommt die höhere Temperatur aber nicht über die Dachfläche, sondern davon, dass das Dach selbst über keine thermische Masse verfügt. Das ist auch eine der größten Einschränkungen des ansonsten sehr guten Holzbaus, wenn wir auf sommerlichen Wärmeschutz fokussieren. Der Massivholzbau ist im Vergleich besser als der Holzrahmenbau, aber eben nicht so gut wie ein Massivbau. Wegen seiner geringen Wärmeleitfähigkeit fließt die Wärme nicht schnell genug durch das Holz hindurch und dringt zudem in einem Tag-Nacht-Rhythmus nur ein bis zwei Zentimeter tief ein. Bei Beton ist das anders. Er hat eine höhere Wärmeleitfähigkeit, die Wärme fließt vor allem durch die ersten fünf Zentimeter schnell hindurch. Bei ungedämmten Außenwänden wäre das eine schlechte Eigenschaft. Es geht aber um die Zwischendecken, die oben und unten von Wärme umgeben sind. Dadurch wirkt sich die thermische Masse von Beton oder anderen schweren Baustoffen vorteilhaft aus. Um sowohl die Vorteile des Holzbaus als auch die thermische Masse optimal zu nutzen, empfiehlt sich eine Hybridbauweise.

Was müssen wir ändern? Was können wir beim Neubau ändern, wenn heute noch jemand neu bauen möchte? Was im Bestand?

Erst mal zum Neubau. Gegen Hitze hilft eine hohe thermische Masse, die aber normalerweise aus Material besteht, das selbst mit hohem Energieaufwand hergestellt wurde. Eine Lösung wäre eine Holzständerbauweise, die mit ungebrannten Lehmziegeln ausgefacht wird. Damit erreichen wir beide Ziele: ausreichend thermische Masse und Verwendung ökologischer Baumaterialien. Diese Art zu bauen ist nicht neu. In Italien etwa wurden traditionell Dächer aus Holzbalken konstru-

iert, die mit Ziegeln ausgefacht wurden. Die hybride Bauweise, Holz und ein weiteres Material, hilft beim passiven Hitzeschutz. Es gibt aber auch die Möglichkeit, aktiv starker Wärmeentwicklung entgegenzuwirken. Mit Geothermie lassen sich Räume über eine Solewärmepumpe aktiv unterstützend kühlen. Mit einem Bypass kann man die Wärmepumpe umgehen und die Geothermie im Sommer zur Kühlung von Bauteilen nutzen. Der Energieverbrauch für den Betrieb der Pumpe ist dabei zu vernachlässigen. Allerdings muss auf die Bauphysik geachtet werden, da sich Kondensat bilden kann. Im Vergleich zu einem Gebäude ohne Kühlung kann die Temperatur im Haus um etwa zwei Grad gesenkt werden. Das Erdreich erwärmt sich im Gegenzug. Allerdings kann dies bei einem Einfamilienhaus bei einer Kühlperiode von etwa einem Monat vernachlässigt werden, zumal sich das Erdreich im Winter regeneriert. Sinnvoll ist diese Kühlung aber nur mit Geothermie. Die

derzeit viel gebauten Luftwärmepumpen verbrauchen zu viel Energie, wenn sie zum Kühlen eingesetzt werden. Denn dann funktionieren sie wie ein Kühlgerät mit entsprechendem Stromverbrauch.

Es wird zwar immer noch viel neu gebaut. Doch fast 17 Millionen Ein- und Zweifamilienhäuser sind bereits gebaut, die meisten mehrere Jahrzehnte alt. Wie lassen sich diese Häuser vor Hitze schützen?

Vorweggesagt: Der Klimawandel rechtfertigt keinen Abriss. Der Großteil der Einfamilienhäuser im Bestand ist massiv gebaut. Daher gibt es kein Problem mit der thermischen Masse, die bei sehr alten Gebäuden häufig in den Wänden steckt, weniger in den Decken. Vor allem in mehrgeschossigen Altbauten wurden die leichten Geschossdecken mit Schlacke aufgefüllt. Die thermische Masse der Wände reicht für den sommerlichen Wärmeschutz aber in aller Regel aus. Vorausgesetzt, es gibt eine Nachtabkühlung,

→ Wir müssen eine bessere Aufenthaltsqualität schaffen und dabei Ressourcen schonen.

→ Auch das Temperatur-empfinden spielt eine Rolle. Bei passiv gekühlten Räumen akzeptieren Menschen höhere Temperaturschwan-kungen als bei aktiver Kühlung.

die zum Querlüften oder mithilfe eines Kamineffekts über mehrere Stockwerke genutzt werden kann. Eine Außendämmung, die dem winterlichen Wärmeschutz dient, beeinträchtigt die thermische Masse nicht. Bei der Innendämmung sieht das anders aus, aber die sollte ohnehin nicht die favorisierte Maßnahme sein. Eine aktive Kühlung lässt sich auch hier über das Erdreich erreichen. Voraussetzung dafür sind Flächenheizsysteme und Geothermie. Leider ist es aber häufig so, dass beim Heizungstausch im Bestand Luftwärmepumpen eingebaut werden. Sie sind ästhetisch nicht ansprechend, produzieren Geräusche im Außenraum und brauchen sehr viel Energie, wenn sie als sogenannte reversible Wärmepumpen zum Kühlen verwendet werden. Meist werden Wärmepumpen im Bestand daher nur zum Heizen eingesetzt, was bei einem Mindestwärmeschutz der Hülle auch mit größer dimensionierten Heizkörpern funktionieren kann. Dann ist es besser, die gefühlte Temperatur durch Luftbewegung zu reduzieren. Vor allem im

Dachraum lässt sich mit Luftbewegung der Komfort korrigieren. Wichtig dafür sind gute Ventilatoren, die energieeffizient sind und die Luft langsam bewegen. Sie sollten geräuschlos arbeiten, dann können sie auch nachts laufen, ohne zu stören. Der Strombedarf guter Geräte liegt bei ein paar Watt, wodurch auch ihr Wärmeeintrag im Raum vernachlässigbar ist. Es ergibt sich durch die bloße Luftbewegung zwar keine Temperaturänderung, aber die gefühlte Temperatur ändert sich. Dieses thermische Komfortempfinden lässt sich anhand von sechs Parametern berechnen: Lufttemperatur, Wärmestrahlung, Luftgeschwindigkeit, Luftfeuchtigkeit, Bekleidung und Aktivität. Der Mensch selbst produziert ja auch Wärme.

Wenn sich die gefühlte Temperatur messen lässt, gibt es dann auch einen optimalen Wert für den Nutzerkomfort?

Das ist nicht wirklich die Frage. Bei passiv gekühlten Räumen akzeptieren Nutzer höhere Temperaturschwankungen. 28 Grad werden da noch als an-

genehm empfunden. Die gleiche Temperatur fühlt sich bei aktiver Kühlung schon unangenehm an. Diese Differenzierung im Empfinden von Komfort findet im Unterbewusstsein statt und ist hinreichend wissenschaftlich bewiesen, sodass dies auch in die Normung eingeflossen ist. Die Frage ist also nicht, wie wir einen optimalen Nutzerkomfort schaffen, der sich individuell sehr unterscheidet. Vielmehr müssen wir raumklimatische Bedingungen schaffen, die die Menschen gesundheitlich nicht belasten.

Danke für das Gespräch.

→ **Der Hitze konstruktiv begegnen:**

Konstruktiver Sonnenschutz gehört wie selbstverständlich zur Architektur. Als gestalterisches Element kann er viel dazu beitragen, Ihre Wohnräume kühl zu halten – eine gute Planung vorausgesetzt.

„Einmal geplant, immer vorhanden" lautet das Motto bei konstruktivem Sonnenschutz. Unbeweglich in die Kubatur des Baukörpers integriert oder starr auf der Fassade angebracht, ist er Teil der Architektur. Vor allem in den dunkleren Wintermonaten soll er möglichst viel Licht in die Innenräume lassen und doch im Sommer die direkte Sonneneinstrahlung verhindern. Zwei auf den ersten Blick widersprüchliche Anforderungen, die nur mit einer guten Planung gleichermaßen erfüllt werden können. Fest mit dem Gebäude verbunden, können Sie konstruktiven Sonnenschutz weder einfach beseitigen noch leicht nachträglich hin-

zusetzen. Beim Neubau geschieht die Planung daher bereits in der Entwurfsphase. Doch auch bei Ihrem Bestandsgebäude ist es möglich, Vordächer, Balkone oder fest stehende Lamellen vor großflächigen Öffnungen in der Fassade anzubringen. Sie sollten diese meist recht umfangreichen Maßnahmen allerdings gegen andere Verschattungsmöglichkeiten abwägen. Schon aus Kostengründen kann es vorteilhafter sein, eine Markise anzubringen oder an der passenden Stelle einen Baum zu pflanzen, statt in den Baukörper des Hauses einzugreifen.

Vorteile von konstruktivem Sonnenschutz

Wenn Sie sich für konstruktiven Sonnenschutz entscheiden, setzen Sie damit auf eine dauerhafte Lösung. Die vorgebauten Elemente bleiben an Ort und Stelle, sommers wie winters, bei Sonne wie bei Regen. Die wetterfeste Beschattung wirkt dadurch ganz automatisch, ohne Ihr ständiges Zutun. Wenn Sie beispielsweise tagsüber nicht zu Hause sind, müssen Sie nicht morgens an den Sonnenschutz für die Innenräume denken oder bei stärkerem Wind und Regen einen Schaden befürchten. Die Räume sind vor Überhitzung geschützt, und das selbst dann, wenn Sie länger abwesend sind. Auch hinsichtlich der Wartung haben Sie durchaus Vorteile mit konstruktivem

Ein großer Dachüberstand schützt das Haus vor unterschiedlichen Witterungseinflüssen. Im Sommer hält er die Sonne von den Fenstern fern, bei Regen bietet er einen zusätzlichen trockenen Freiraum.

Sonnenschutz. Zwar muss er je nach Material gepflegt werden, und Sie sollten regelmäßig überprüfen, dass er keinen Schaden hat. Aber viel mehr müssen Sie nicht machen.

Darauf sollten Sie bei der Planung achten

Einmal gebaut, hilft konstruktiver Sonnenschutz beständig, die Innenräume kühl zu halten. Voraussetzung ist eine optimale Planung, die den konstruktiven Sonnenschutz dem Sonnenstand und dem Tageslichteinfall anpasst. Denn der Wechsel der Jahreszeiten bringt nicht nur unterschiedliche Temperaturen mit sich, sondern vor allem Unterschiede im Sonnenstand. Sie können dies einfach am Sonnenauf- und -untergang beobachten. Im Winter findet beides wesentlich weiter südlich, im Sommer weiter im Norden statt. Der Einfallwinkel der Sonne unterscheidet sich in Mitteleuropa im Jahresverlauf enorm. So liegt er im Sommer bei 60 bis 65 Grad, während die Sonne im Winter zur Mittagszeit gerade einmal einen Winkel von 13 bis 18 Grad erreicht. Zudem sind die Tage im Sommer länger, die Sonne

braucht für ihren Weg mehr Stunden, hat damit auch mehr Zeit, Luft und Erde zu erwärmen. Diese einfachen meteorologischen Erkenntnisse lassen gute Architektinnen und Architekten in ihre Planung des konstruktiven Sonnenschutzes einfließen. Scheuen Sie sich dennoch nicht, dies in der Entwurfsphase anzusprechen.

Von einem intelligent geplanten konstruktiven Sonnenschutz profitieren Sie ganzjährig. Im Sommer reduziert er die Wärmeentwicklung durch direkte Sonneneinstrahlung, während im Winter die niedriger stehende Sonne in die Wohnräume dringen und diese zusätzlich erwärmen kann. Die Umsetzung dieses Prinzips ist jedoch nicht ganz so trivial. Nach Süden hin, wo der Sonnenstand im Sommer fast senkrecht und im Winter wesentlich flacher ist, erscheint die Lösung relativ einfach. Hier kann eine Auskragung über den zu beschattenden Fenstern gute Dienste erweisen. Kniffliger wird es an der Ost- und Westseite. Hier ändert sich der Sonnenstand im Tagesverlauf stärker. Die aufgehende Sonne strahlt unter Umständen bereits in den frühen Morgenstunden in einem flachen Winkel tief in die Innenräume. Der

Winkel wird über den Vormittag zwar steiler, doch für die Planung des konstruktiven Sonnenschutzes wird es damit nicht einfacher. Denn der müsste eigentlich flexibel auf diesen Verlauf reagieren. Statt einer weiten Auskragung sind dann eventuell Lamellen vor den Fenstern eine Lösung. Die Planung ist hier durchaus herausfordernd. Das gilt auch für Westfassaden, die der Sonne ausgesetzt sind. Hier kommt hinzu, dass die Räume meist im Tagesverlauf ihre Nachtabkühlung verloren haben, die Temperaturen ohnehin schon hoch sind. Die Sonneneinstrahlung beschleunigt dann die Hitzeentwicklung zusätzlich. Auch hier erscheint es häufig einfacher, auf andere Methoden wie etwa Begrünung oder Markisen zurückzugreifen.

Baulich wohl die beste Möglichkeit, keine Sonne in die Innenräume zu lassen, ist, auf Fenster zu verzichten. Kein ganz ernst gemeinter Vorschlag und schon aus baurechtlichen Gründen nicht durchführbar. Bei Aufenthaltsräumen, zu denen etwa Wohnzimmer oder Küche, aber auch Schlafzimmer oder Esszimmer gehören, stellen die Landesbauordnungen Mindestanforderungen unter anderem an die Belichtung und Belüftung. In der Regel wird von einem Verhältnis der Fensterfläche zum Raum von einem Achtel bis einem Siebtel ausgegangen. Details dazu finden sich in den unterschiedlichen Bauordnungen der Länder.

Verhältnis Fensterfläche zu Raumgröße

Nach der Musterbauordnung muss ein Aufenthaltsraum „Fenster mit einem Rohbaumaß der Fensteröffnungen von mindestens 1/8 der Netto-Grundfläche des Raumes" haben. Bei einem Wohnzimmer von beispielsweise 20 Quadratmetern entspricht das einer Fensterfläche von 2,5 Quadratmetern.

In der heutigen Architektur sind große Fensterflächen beliebt und bodentiefe Fenster längst nicht mehr Büroetagen vorbehalten. Bei Neubauten werden sie gleich mitgeplant, bei Umbauten fallen reihenweise Brüstungen, um die Fenster bis zum Boden zu verlängern. Wenn Sie ebenfalls bodentiefe Fenster bei Ihrem Neubau oder Umbau planen, vergessen Sie nicht, dass Sie selbst bei gut isolierten Fenster-

flächen immer noch mit solaren Wärmeeinträgen rechnen müssen. Mit kleineren Fenstern haben Sie ein kleineres Problem. Bei großen Fenstern hilft außen liegender, am besten konstruktiver Sonnenschutz. Den können Sie selbstverständlich auch vor kleinen Fenstern anbringen, dort ist er aber in der Regel nicht ganz so notwendig. Achten Sie darauf, dass trotz der Verschattung noch ausreichend Tageslicht in den Raum fällt. Mit kleineren Auskragungen haben Sie in der Regel keine Probleme. Schwieriger wird es bei Lamellen, die vor dem Fenster verlaufen. Hier kommt es auf den richtigen Winkel und Abstand zwischen den Lamellen an. Eine Übersicht dazu finden Sie auf der nächsten Seite.

Mit konstruktivem Sonnenschutz können Sie Ihr Bestandsgebäude architektonisch durchaus aufwerten. Wie bei allem, was nachträglich hinzugefügt wird, sollten Sie darauf achten, dass Alt und Neu zueinander passen. Das kann durch fast unmerkliches Hinzufügen geschehen oder durch einen bewusst gesetzten Kontrast. Es kommt aber nicht nur auf die Optik an. Eventuell werden durch die Veränderung auch Bauteile verschattet, die zuvor in der Sonne lagen und daher trocken waren. Wie aber verändert sich ihr Zustand, wenn sie nun verschattet werden? Wie harmoniert das Mate-

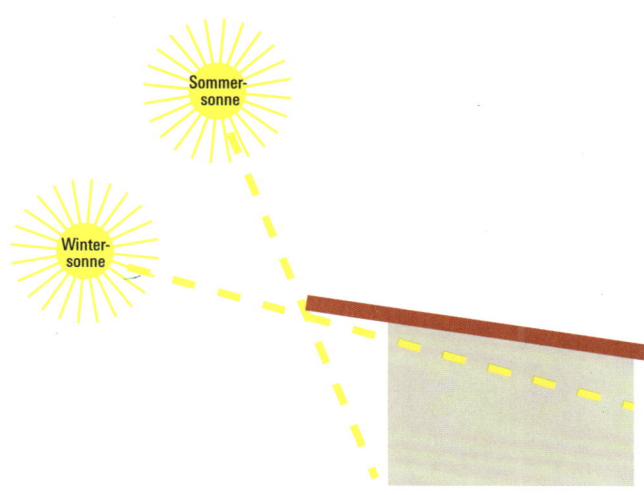

Im Sommer verschatten kleine Vorsprünge große Fensterflächen. Die tiefer stehende Wintersonne kann weit in die Wohnräume strahlen.

rial des nachträglich angebrachten Sonnenschutzes mit dem Bestand? Besteht die Gefahr von Wärmebrücken oder Feuchtigkeit? Und wie sieht es mit der Statik aus? Können die vorhandenen Außenwände und Dachflächen gegebenenfalls eine zusätzliche Last tragen? Das sind Fragen, die Sie im Vorfeld mit einem Architekten oder einer Bauphysikerin abklären sollten. Suchen Sie sich hier Fachleute, die bauvorlageberechtigt sind. In der Regel sind das Architekten oder Bauingenieurinnen, die für Sie einen möglicherweise erforderlichen Bauantrag stellen können. Denn je nach Bundesland und Bauvorhaben kann Ihr neuer konstruktiver Sonnenschutz genehmigungspflichtig sein. Informationen dazu erhalten Sie bei Ihrer örtlichen Bauaufsichtsbehörde.

Achten Sie bei der Materialwahl auf die Wärmeleitfähigkeit. Der Sonnenschutz sollte nicht selbst zur Wärmequelle werden. In diesem Sinne ist Holz relativ gut geeignet, da es eine geringe Wärmeleitfähigkeit besitzt. Beton hingegen nimmt Wärme tagsüber auf und gibt sie zeitverzögert in der Nacht wieder ab, was die Nachtabkühlung beeinträchtigen könnte.

Denn die kühlere Luft, die dabei eigentlich ins Haus strömen sollte, könnte sich über den konstruktiven Sonnenschutz erwärmen. Ebenso sollte das Material möglichst UV-beständig, sturm- und hagelfest sein. Dann haben Sie weniger Aufwand mit der Wartung und Pflege. Holz sollte so angebracht werden, dass Oberflächenwasser ablaufen und das Holz schnell wieder trocknen kann. Bei Metallen, etwa für Lamellen oder Auskragungen, sollten Sie auf deren Korrosionsbeständigkeit achten. Denn konstruktiver Sonnenschutz ist ganzjährig den Witterungseinflüssen ausgesetzt. Daher ist bei Kunststoffprodukten Vorsicht geboten, da sie bei extremen Temperaturschwankungen schneller spröde und brüchig werden können.

Arten von konstruktivem Sonnenschutz

Baulicher Sonnenschutz lässt sich auf vielfältige Weise gestalten und damit an jeden Baustil anpassen. Ein Blick auf traditionelle Bauweisen zeigt etwa weit heruntergezogene Dächer, die vor dem Haus eine geschützte, überdachte

KONSTRUKTIVER SONNENSCHUTZ

Art	Vorteil	Nachteil
Auskragung wie Balkone, Vordächer und Dachüberstände	▪ unverstellter Ausblick ▪ tiefer stehende Wintersonne kann solare Einträge bringen ▪ Tageslicht kommt trotz Sonnenschutz rein ▪ bei breiter Auskragung Schutz auch vor Regen ▪ zusätzliche Freifläche	▪ tiefer stehende Sonne im Osten und Westen kann dennoch hereinscheinen und im Sommer zu großen Wärmeeinträgen führen
Über die Fenster laufender Sonnenschutz wie Lamellen	▪ ganzjähriger Sonnenschutz ▪ Sichtschutz	▪ beeinträchtigt die Sicht ▪ geringerer Tageslichteintrag
Vertikale Vorbauten	▪ guter Sonnenschutz ▪ unverstellter Ausblick nach vorne ▪ Schutz vor Wind zumindest auf einer Seite	▪ Schutzwirkung stark von Sonnenstand abhängig ▪ eingeschränkter seitlicher Ausblick
Rückspringende Fassadenöffnungen	▪ guter Schutz auch auf West- und Ostfassaden ▪ ungehinderter Ausblick	▪ geringerer Tageslichteintrag ▪ seitlich eingeschränktes Sichtfeld

Traditionelle japanische Häuser sind von einem Engawa umgeben. Diese den Wohnräumen vorgelagerte, überdachte Freifläche schützt die empfindliche Fassade aus mit Reispapier bespannten Wänden vor Schlagregen und die Räume vor zu starker Sonneneinstrahlung.

Freifläche bilden, oder Veranden, die an das Haus angebaut sind. Überstände, die ohne zusätzliche Stützen ausgeführt sind, werden auch als Auskragungen bezeichnet. Das kann etwa ein Teil des Obergeschosses sein, ein hängender Balkon oder eben ein weit hinausragender Dachüberstand. Gleich welche Variante Sie wählen, Sie verschatten mit einer breiten Auskragung nicht nur Fensterflächen, sondern bekommen auch eine überdachte Freifläche, die Sie bei Regen und Sonne gleichermaßen nutzen können. Für geringe Mehrkosten für das Material erhalten Sie eine zumindest in den wärmeren Monaten nutzbare Erweiterung des Wohnraums, der nur zu maximal 50 Prozent, meist jedoch 25 Prozent, auf die Grundfläche angerechnet wird.

Für den Hitzeschutz sind sehr weite Auskragungen häufig gar nicht notwendig. Bereits mit kleinen Vorsprüngen über den Fenstern können Sie direkte Sonneneinstrahlung aus den Räumen fernhalten. Dabei müssen diese Vorsprünge nicht aus einem Stück sein, sie können beispielsweise auch aus Gittern oder

einzelnen Lamellen bestehen. Der Vorteil dabei: Es dringt mehr Licht in den Innenraum und Wasser kann einfach abfließen.

Es müssen auch nicht immer gerade Linien sein. Mediterrane Bauweisen beispielsweise machen vor, wie verspielt Verschattungen sein können. Lücken in einer Backsteinwand oder Ausfräsungen in Fassadenblechen, die vor Fenstern angebracht sind, lassen interessante Lichtspiele im Innenraum entstehen. Derartige Verschattungen können als Bauteil nur vor den Fenstern aus der übrigen Fassadengestaltung herausstechen oder in eine vorgehängte hinterlüftete Fassade integriert sein. Vorgehängte Fassaden verkleiden in erster Linie die Fassade und sparen dabei normalerweise die Öffnungen aus. Laufen sie aber über die Fensterflächen hinweg, können sie als konstruktiver Sonnenschutz angesehen werden. Gestalterisch haben Sie die Wahl. Beachten Sie dabei immer: Je kleiner die Lücken sind, je dichter der Sonnenschutz ist, umso weniger Licht fällt in Ihre Räume. Und das gilt auch für die dunklere Jahreszeit, den Winter. Das Material sollte deshalb so transparent sein, dass Licht hindurch-fällt, nicht aber die für die Erwärmung der Räume verantwortliche Strahlung.

Mit Blick auf die schwierige Situation von nach Osten und Westen ausgerichteten Fenstern können tief in die Fassade zurückgezogene Fenster eine Lösung sein. Die Sonneneinstrahlung wird damit zum Großteil von der breiten Laibung abgefangen. Extravaganter gestalten sich Fenster, die nicht parallel zur Fassade eingesetzt sind, sondern leicht verdreht dazu. Sie wenden sich so von der Sonneneinstrahlrichtung ab. Das kann so weit gehen, dass ein Fenster an der West- oder Ostseite des Gebäudes nach Süden oder Norden zeigt.

→ Konstruktiver Sonnenschutz wirkt sich auch bei anderen Wetterverhältnissen positiv aus. Etwa wenn ein wind- und regengeschützter Freibereich entsteht.

Zusatznutzen von konstruktivem Sonnenschutz

Klug geplanter konstruktiver Sonnenschutz bringt beides – Kühle im Sommer und Wärme im Winter. Dafür ausschlaggebend ist seine Positionierung, die die Strahlen der hoch stehenden Sommersonne von den Wohnräumen fernhält und so eine Überhitzung in den warmen Monaten mit den langen Tagen verhindert. Gleichzeitig dringt die tiefer stehende Wintersonne weit in die Wohnräume ein und erwärmt diese. Dadurch können Sie zumindest an sonnigen Wintertagen einiges an Heizkosten sparen. Voraussetzung dafür ist allerdings auch, dass die Fenster den solaren Wärmeein-

trag zulassen. Sie müssen abwägen, welche Art der Verglasung für Ihre Immobilie energetisch am sinnvollsten ist. Wollen Sie eine Verglasung, die vor allem dem sommerlichen Wärmeschutz dienen soll, und damit einen hohen Wärmedurchgangskoeffizienten (U-Wert) verbunden mit einem niedrigen Energiedurchlassgrad (g-Wert) aufweisen sollte? Oder wollen Sie mit den solaren Wärmegewinnen die Heizleistung im Winter unterstützen? Dann sind ein niedriger U-Wert und ein höherer g-Wert besser. In diesem Fall sollte der sommerliche Hitzeschutz aus breiten Auskragungen bestehen. Hingegen sollten Fenster in der nach Norden liegenden Fassadenseite immer den höchst möglichen Wärmeschutz bieten, da Sie hier keine solaren Wärmeeinträge haben werden.

Wie bei der Beschreibung von Veranden schon erwähnt, kann der konstruktive Sonnenschutz auch für andere Wetterlagen als Sonne und Hitze von Vorteil sein. Auskragungen, die beispielsweise den Balkon umrahmen und ihn so zur Loggia werden lassen, dienen auch als Windstopper. Gleiches gilt für Wandscheiben, die den Einfall des Sonnenlichts hindern. Und breite Überstände schützen die Fassade vor Schlagregen und bieten Ihnen bei fast jeder Wetterlage eine nutzbare Außenfläche.

Verläuft Ihr Sonnenschutz vor Verglasungen, erfüllt er einen zusätzlichen Dienst als Sichtschutz. Während Sie von innen durch die Zwischenräume etwa von längs oder quer verlaufenden Lamellen schauen können, verhindern die gleichen Lamellen schon bei einer geringen Entfernung Einblicke von außen. Sie wirken mit diesem Sonnenschutz also tiefen Einsichten in das Haus entgegen und schützen Ihre Privatsphäre.

Mit einer vorgehängten Fassade können Sie neben dem Sonnenschutz auch die Dämmung des Hauses unterstützen. Als zusätzliche Hülle hält sie im Winter die Wärme länger im Haus und schützt die Außenwände des Gebäudes. Zudem kann durch den Spalt zwischen vorgehängter Fassade und Gebäudeaußenwand ein Kamineffekt entstehen, der im Sommer für die Kühlung genutzt werden kann. Wenn Sie die vorgehängte Fassade als Sonnenschutz auch über die Fenster laufen lassen, achten Sie darauf, dass trotzdem eine natürliche Lüftung möglich ist.

Nicht nur neu: die Kostenfrage

Planen Sie konstruktiven Sonnenschutz bei Ihrem Neubau gleich mit, schlägt vor allem das dafür notwendige Material zu Buche. Weitere Holzlatten vor den Fenstern, eine größere Fläche der Dacheindeckung oder mehr Kubikmeter Beton kosten eben zusätzlich. Wie hoch die Kosten im Einzelfall sind, hängt vom Arbeitsaufwand, der Ausführung und der zu verschattenden Fläche ab. Da Sie bei großen Glasflächen immer einen Sonnenschutz benötigen, sollten Sie die Kosten für den konstruktiven Sonnenschutz nicht absolut, sondern in Relation zu anderen Möglichkeiten der Verschattung sehen. Mit niedrigerem Wartungsaufwand und weniger Verschleiß amortisieren sich Mehrkosten schon in wenigen Jahren.

Auch wenn Sie nachträglich konstruktiven Sonnenschutz anbringen lassen, hängen die Kosten von der Art der Konstruktion ab, dem Material und den dafür erforderlichen Planungs- und Handwerksleistungen. Eventuell fallen Nebenkosten an, wenn etwa durch den neuen Sonnenschutz Ihre Fassade neu verputzt oder gestrichen werden muss.

Rein rechnerisch können Sie die Kosten für konstruktiven Sonnenschutz senken, wenn damit Zusatznutzen verbunden sind. So kann der schon geplante Balkon als verschattendes Element für die darunterliegenden Fenster dienen. Oder die neue Dämmung wird mit einer Lattung verkleidet, die mit größeren Lücken über die Fenster läuft und so in Form von Lamellen vor starker Sonneneinstrahlung schützt. Damit verbinden Sie gleich mehrere Verbesserungen an Ihrem Haus, was die Kosten der einzelnen Maßnahmen senkt. In Ihrer Kostenrechnung sollten Sie auch berücksichtigen, welche Energieeinspareffekte Sie erzielen, wenn Sie aufgrund des konstruktiven Sonnenschutzes auf eine zusätzliche Kühlung verzichten können.

Für einen konstruktiven Hitzeschutz können Sie eventuell eine Förderung erhalten. Mehr dazu lesen Sie in Kapitel 5, Seite 189.

Bei Atriumhäusern gruppieren sich die Wohnräume um einen Innenhof und sind darauf ausgerichtet. Nach außen meist fensterlos geschlossen, benötigen sie in der Regel keinen zusätzlichen Sonnenschutz. Je nach Höhe des Gebäudes und der Größe des Innenhofes fällt nur wenig direktes Sonnenlicht in die Räume. Durch eine intensive Begrünung der Hoffläche kann zusätzlich ein Kühleffekt genutzt werden.

DAS SOLLTEN SIE SICH BEI DER WÄRMEDÄMMUNG IHRER FENSTER FRAGEN:

Sind solare Wärmegewinne im Winter zu erwarten?

JA → dann Fenster mit niedrigerem U-Wert und höherem g-Wert auswählen

NEIN → dann Fenster mit höherem U-Wert und niedrigem g-Wert wählen

Beachten Sie: Sie können auch unterschiedliche Verglasungen für die verschiedenen Seiten Ihres Hauses wählen.

→ Gut eingepackt gegen die Hitze:

Dämmung dient vor allem als Schutz vor Kälte. Doch auch beim sommerlichen Hitzeschutz kann sie wertvoll sein. Insbesondere, wenn Sie Ihre Wohnräume unterm Dach gut dämmen, sperren Sie die Hitze aus.

Dämmung wurde lange Zeit nur als Mittel gegen winterliche Kälte gesehen. Doch ist Dämmung wirklich nur wichtig für die kalte Jahreszeit? Nicht unbedingt. Denn was im Winter die Wärme im Haus hält und so Heizenergie spart, kann im Sommer helfen, die Wärme von draußen aus den Innenräumen fernzuhalten. Vorausgesetzt, die Wärme dringt nicht über unverschattete Fensterflächen in den Raum. Denn in diesem Fall hilft auch die beste Dämmung nichts.

Bei der Dämmung selbst müssen Sie einiges beachten, um Bauschäden zu vermeiden und einen möglichst guten Hitzeschutz zu erreichen. Vor allem bei Dachgeschossen lohnt es sich, gegen die Hitze anzudämmen. Dann benötigen Sie keine Klimageräte, um gegen zu hohe Temperaturen in der Dachgeschosswohnung vorzugehen.

Wo Sie die Dämmung bei Ihrem Bestandsgebäude anbringen, hängt von der Substanz und unter Umständen auch den Anforderungen des Denkmalschutzes ab. Meist wird die Dämmung außen an Außenwänden und Dachflächen aufgebracht, aber auch die Zwischenräume von zweischaligen Außenwänden oder den Raum zwischen den Dachsparren können Sie mit Dämmmaterial ausfüllen. Bei der Innendämmung der Räume sollten Sie beachten, dass diese für den winterlichen Kälteschutz eine Lösung sein kann, wenngleich mit geringerer Wirkung. Für den Hitzeschutz ist sie dagegen komplett nutzlos und eher kontraproduktiv, weil innen verkleidete Wände die Wärme aus dem Raum nicht aufnehmen und so für Kühlung sorgen können.

Wenn Sie bei der Sanierung Ihres Hauses selbst Hand anlegen möchten, können Sie das teilweise machen, häufig beispielsweise beim Anbringen von Zwischensparrendämmungen im Dach. Holen Sie sich zuvor aber fachlichen Rat von einer Bauphysikerin, einem Energieberater oder der Architektin Ihres Vertrauens. Die können Ihnen auch sagen, welche Arbeiten Sie selbst machen können und was Sie dabei beachten müssen

Prinzipien der Dämmung gegen Hitze

Abgesehen vom Dach, wo die Sonneneinstrahlung im Sommer in der größten Hitze des Tages fast senkrecht auf die Fläche trifft, leistet Dämmung im Vergleich zu anderen Maßnahmen nur einen geringen Beitrag zum Hitzeschutz. Aber auch den sollten Sie nutzen. Achten Sie für eine gute Dämmung gegen Hitze zum einen darauf, wo die Dämmung angebracht ist, und hier gilt das Prinzip: je weiter außen, desto besser. Zum anderen kommt es auf die Wärmeleitfähigkeit, Wärmespeicherfähigkeit und Rohdichte des verwendeten Dämmstoffs an.

ROHDICHTE

Die Rohdichte ist die Dichte eines porösen Materials, einschließlich seiner eingeschlossenen Hohlräume. Wobei die Dichte selbst mit Masse durch Volumen definiert ist. Je geringer die Rohdichte ist, desto besser dämmt das Material, je größer sie ist, desto besser ist seine Wärmeleitfähigkeit. Materialien mit einer hohen Rohdichte und spezifischen Wärmekapazität haben meist schlechte Dämmeigenschaften. Daher kommt es auf ein ausgewogenes Verhältnis aller drei Eigenschaften an.

WÄRMELEITFÄHIGKEIT

Bei der Wärmeleitfähigkeit geht es um einen Temperaturausgleich. Wenn ein Bauteil auf zwei Seiten unterschiedlichen Temperaturen ausgesetzt ist, gibt es einen Wärmefluss von der wärmeren zur kälteren Seite. Etwa wenn auf eine Gebäudewand im Sommer außen direkt die Sonne scheint, während im Innenraum niedrigere Temperaturen herrschen. Die Wärmeleitfähigkeit ist bei jedem Material unterschiedlich. Je geringer die Wärmeleitfähigkeit ist, desto langsamer gelangt die Wärme durch das Material hindurch, desto besser ist es als Dämmstoff geeignet.

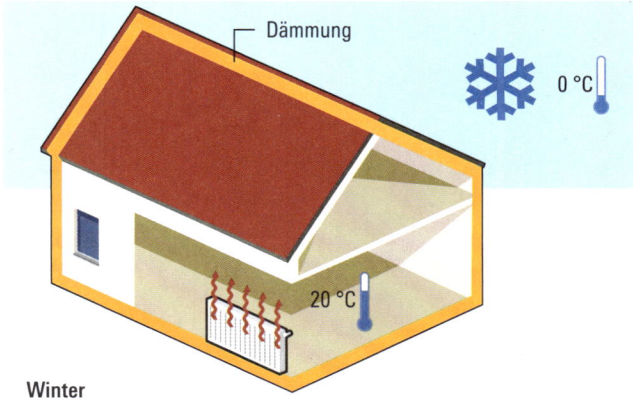

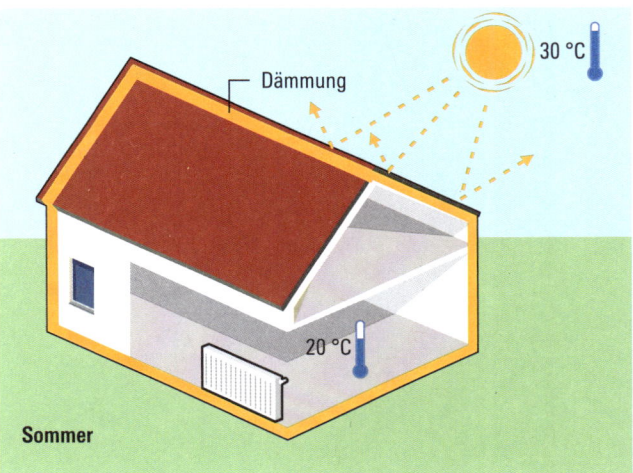

Gute Dämmung leistet sommers wie winters einen Beitrag zu angenehmen Temperaturen im Innenraum.

WÄRMESPEICHERFÄHIGKEIT

Die Wärmespeicherfähigkeit eines Bauteils ergibt sich aus seiner spezifischen Wärmekapazität und seiner Rohdichte. Ist die Wärmespeicherfähigkeit hoch, bedeutet dies, dass das Bauteil weniger schnell auskühlt oder sich aufheizt. Das hat großen Einfluss auf den Heiz- und Kühlbedarf eines Gebäudes. Bauteile mit einer hohen Wärmespeicherfähigkeit können Temperaturspitzen ausgleichen, indem sie viel Wärme aufnehmen und mit langer Verzögerung wieder abgeben, was als Phasenverschiebung bezeichnet wird.

Worauf es beim Hitzeschutz ankommt

Bei Hitze kommt es vor allem auf die Masse und Wärmespeicherfähigkeit der Bauteile im Innenraum an. Sie nehmen die über den Tag zunehmende Wärme aus den Innenräumen auf und gleichen so die Temperatur aus. Bei der Nachtauskühlung findet dann der umgekehrte Wärmefluss statt, die Wände geben die Wärme wieder ab. Ihre Temperatur senkt sich. So können sie am nächsten Tag wieder Wärme aufnehmen. Um die Phasenverschiebung im Gebäude nutzen zu können, sollte Ihr Haus zumindest einige Wände haben, die eine hohe Wärmespeicherfähigkeit besitzen. Das sind etwa massive Wände aus Ziegel, Beton, Lehm und Sandstein, aber auch Lehm- oder Kalkputze nehmen über den Tag Wärme aus der Raumluft auf. Das funktioniert aber nur, wenn Sie die Wände nicht durch eine innen liegende Dämmung abgeschirmt haben. Auch massive Böden oder Decken aus Beton oder Ziegel können durch ihre Masse zu einer kühleren Raumtemperatur beitragen.

→ Beim Hitzeschutz kommt es vor allem auf ein gut gedämmtes Dach an. Sie können auch nachträglich eine Dämmung anbringen.

Dämmen von außen nach innen

Grundsätzlich lässt sich Dämmung in Außendämmung, Innendämmung und Kerndämmung unterscheiden. Bei der Außendämmung kommt die Dämmschicht auf die Fassade. Die gängigste Variante ist das Wärmedämmverbundsystem, kurz WDVS. Dämmplatten werden dabei auf die bestehende Hauswand aufgeklebt oder mit Dübeln daran befestigt und dann verputzt.

Eine andere Möglichkeit der Außendämmung ist die vorgehängte hinterlüftete Fassade. Dabei wird zunächst eine Unterkonstruktion auf die Außenwand geschraubt, zwischen der die Dämmung angebracht wird. Abschließend wird die Dämmung verkleidet, beispielsweise mit Holzlatten oder Platten aus Holz, Metall oder anderen wetterfesten Materialien. Zwischen Verkleidung und Dämmung bleibt ein Luftspalt, in dem anfallendes Kondenswasser abtrocknen kann.

Bei der Innendämmung wird das Dämmmaterial an der Innenseite der Außenwände angebracht. Mit dieser Methode verkleinern Sie aber Ihren Wohnraum und es besteht die Gefahr von Wärmebrücken an den Stellen, an denen die Dämmung von anschließenden Innenwänden, Böden oder Decken unterbrochen wird. Innendämmung sollten Sie nur wählen, wenn Sie die Fassade erhalten wollen oder aufgrund von Denkmalschutzauflagen erhalten müssen. Für den Schutz vor Hitze ist diese Dämmung eher kontraproduktiv, weil die gedämmten Wände die Wärme aus dem Raum nicht mehr speichern können. Setzen Sie, wo es möglich ist, auf eine Außendämmung.

Eine Alternative ist die Kerndämmung, bei der der Raum zwischen zwei Außenwandschalen gedämmt wird. Häufig haben Häuser mit Sichtmauerwerk solch einen Zwischenraum zwischen Vorsatzschale und tragender Wand. Bei älteren Bestandsgebäuden diente die zweischalige Konstruktion häufig allein dem Wetterschutz, der Zwischenraum wurde nicht gedämmt. Doch mit einer Einblasdämmung können Sie den Wärmeschutz hier unkompliziert nachträglich verbessern. Und im Vergleich zur Innendämmung haben Sie mit einer Kerndämmung die Speichermasse der innen liegenden Bauteile nach wie vor zur Verfügung.

Spezialfall Dachdämmung

Den größten Effekt im Rahmen von Dämmmaßnahmen zum sommerlichen Hitzeschutz können Sie durch eine Dämmung des Daches erreichen, da hier die Hitzeeinwirkung über die Fläche enorm ist und die zumeist in Leichtbauweise errichteten Dachgeschossräume weniger Speichermasse haben. Grundsätzlich unterscheiden sich die Dämmarten kaum von denen der Fassade, auch hier gibt es die Innen-, die Außen- und die Kerndämmung. Allerdings ist die nachträgliche Innendämmung hier durchaus eine gängige Methode.

Mit der bereits genannten Einblasdämmung können Sie Ihr Dach ebenfalls relativ unaufwendig nachträglich dämmen. Sie ist im Grunde eine spezielle Form der Zwischensparrendämmung. Dabei werden zuerst Hohlräume geschaffen, indem die Sparren auch innenseitig mit Brettern oder Platten verkleidet werden. Anschließend werden diese Hohlräume aufgefüllt. Sie können aber auch mit flexiblen Dämmmatten arbeiten, die zwischen die Sparren gepresst werden. Die Stärke der Dämmschicht hängt dabei von der Dicke der Sparren ab, sollte aber mindestens 18 bis 20 Zentimeter betragen. Die Dämmschicht wird häufig mit einer Lattung oder Platten aus Holzwerkstoff oder Gipskarton innenseitig verkleidet. Zwischensparrendämmung gilt als relativ einfach anzubringen. Auch mit weniger handwerklichem Geschick können Sie die Arbeiten selbst ausführen. Sie sollten allerdings darauf achten, dass Ihnen keine Fehler unterlaufen. Die Dämmung sollte wind- und luftdicht sein. Stopfen Sie sämtliche Hohlräume und achten Sie genau darauf, dass die Dämmung überall gleich stark ist. Sonst können Wärmebrücken entstehen. Damit ist bestenfalls die Dämmwirkung schlechter als rechnerisch möglich, schlimmstenfalls kann es zu ernsthaften Schäden beispielsweise durch Tauwasserbildung kommen. Beauftragen Sie also besser Profis mit der fachgerechten Ausführung, zumindest mit der Planung. Um eine Förderung für diese Sanierungsmaßnahme zu erhalten, müssen Sie einen Fachbetrieb beauftragen. Dieser wiederum muss die jeweiligen Förderbedingungen, auch hinsichtlich der Dämmstärke, genau beachten. Reicht die Sparrenstärke nicht aus, um die gewünschte Dämmwirkung zu erzielen, kann die Zwischensparrendämmung mit einer zusätzlichen Dämmlage kombiniert werden.

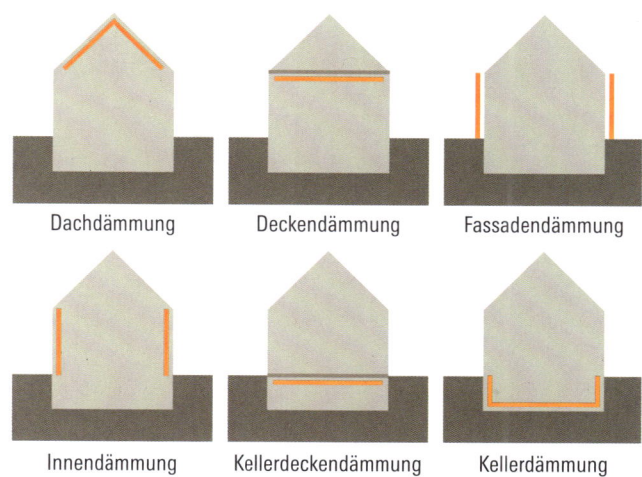

Je nachdem, wo Sie Ihr Haus dämmen, erzielen Sie unterschiedliche Effekte. Die Dachdämmung ist als Hitzeschutz besonders effizient.

Sie können auch von außen eine Aufdachdämmung anbringen. Dafür können Sie auf Holzweichfaserplatten zurückgreifen, die aufgrund ihrer vergleichsweise hohen Rohdichte besonders gut für die Hitzedämmung geeignet sind und auch gegen Kälte gute Dienste leisten. Das gesamte Dach muss dafür abgedeckt, gedämmt und neu eingedeckt werden. Damit ist diese Dämmung wesentlich aufwendiger und auch teurer als die Zwischen- oder Untersparrendämmung. Sie lohnt sich dann, wenn Sie Ihr Dach ohnehin erneuern müssen oder beim Neubau die Außendämmung von Anfang an einplanen.

Die passende Dämmung für jede Außenwand und jedes Dach

In Deutschland sind bislang mineralische Dämmstoffe wie Mineralwolle (Glas- oder Steinwolle) und erdölbasierte Dämmstoffe wie Polystyrol, das in Wärmedämmverbundsystemen als Plattenmaterial verwendet wird, am weitesten verbreitet. Polystyrol ist günstig, leicht zu verarbeiten und gut gegen Kälte – aber nur bedingt hilfreich bei Hitze. Denn während für die Wärmedämmung Lufteinschlüsse im Dämmstoff hilfreich sind, kommt es beim Hitzeschutz auch auf die Dichte des Materials an. Polystyrol hat eine sehr geringe Rohdichte. Mineralwolle schneidet da bereits besser ab, schützt gegen Kälte und Hitze. Sie lässt sich ebenfalls relativ leicht verarbeiten. Ein gutes Dämmvermögen bei gleichzeitig hoher Wärmespeicherfähigkeit ist ideal für die Dämmung gegen Hitze. Noch besser als mineralische Stoffe eignen sich hier pflanzliche, wie etwa Holzspäne, Kork, Kokos, Strohballen, Holzweichfaserplatten, Holzwolleleichtbauplatten, Schilfrohr oder Zellulose.

Auch aus ökologischen Gründen sollten Sie mineralische und pflanzliche Dämmstoffe erdölbasierten vorziehen. Einen Haken allerdings haben pflanzliche Dämmstoffe: Sie sind in der Regel teurer. Sie können Ihr Budget entlasten, wenn Sie beispielsweise eine Zwischensparrendämmung aus Mineralwolle mit Holzweichfaserplatten verkleiden. Mit dieser Kombination erhalten Sie einen guten Hitze- und Kälteschutz. Mit nachwachsenden Dämmstoffen haben die meisten Handwerksbetriebe aber noch wenig Erfahrung, obwohl es sich hierbei häufig um Materialien handelt, die traditionell zur Dämmung eingesetzt wurden. Suchen Sie am besten im Internet nach einem Betrieb in Ihrer Nähe, der sich mit diesen Dämmstoffen auskennt.

Achten Sie bei Ihrem Bestandsgebäude – auch jenseits von denkmalgerechter Sanierung – immer darauf, dass Dämmung und Baumaterialien des Bestands harmonieren und es nicht etwa wegen übersehener Wärmebrücken oder nach der Dämmung fehlender Durchlüftung zu Bauwerksschäden kommt.

Dämmen Sie besser spät als gar nicht

Auch nachträglich zu dämmen lohnt sich, weil Sie dadurch einerseits im Winter Heizenergie einsparen können und die Dämmung andererseits im Sommer den Wärmeschutz unterstützt. Besonders wichtig für den sommerlichen Hitzeschutz ist die Dachdämmung, da hier von außen der größte Wärmeeintrag zu erwarten ist. Wenn Sie nachträglich dämmen, müssen Sie allerdings ein paar Dinge beachten. Ganz so schlimm, wie manche denken, ist es aber nicht.

Noch immer haben fossile Rohstoffe bei Dämmmaterial einen Marktanteil von fast 50 Prozent. Tun Sie etwas für den Klimaschutz und greifen Sie zu Produkten aus nachwachsenden, zumindest aber mineralischen Rohstoffen.

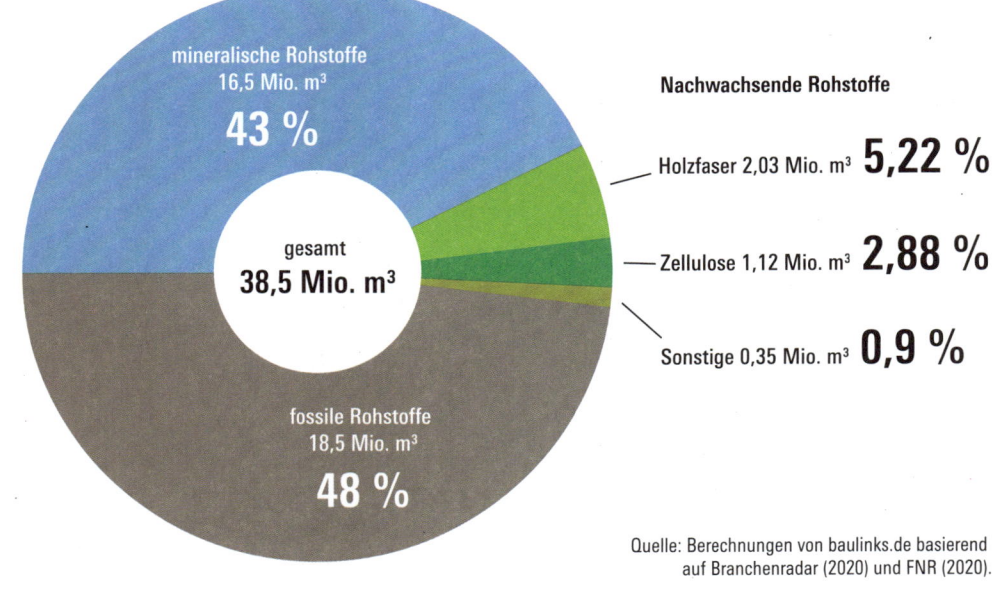

mineralische Rohstoffe
16,5 Mio. m³
43 %

gesamt
38,5 Mio. m³

fossile Rohstoffe
18,5 Mio. m³
48 %

Nachwachsende Rohstoffe

Holzfaser 2,03 Mio. m³ **5,22 %**

Zellulose 1,12 Mio. m³ **2,88 %**

Sonstige 0,35 Mio. m³ **0,9 %**

Quelle: Berechnungen von baulinks.de basierend auf Branchenradar (2020) und FNR (2020).

SCHIMMELGEFAHR

Zu Schimmel kann es bei einer fachgerecht angebrachten Außendämmung nicht kommen. Im Gegenteil, sie hilft dabei, den Temperaturunterschied in der Wand zu verringern und so der Schimmelbildung die Grundlage zu entziehen. Voraussetzung ist aber, dass die Dämmung dicht und lückenlos ist. Denn sonst könnten Wärmebrücken entstehen, die zu Feuchtigkeit und letztlich Schimmel führen.

AUSSENDÄMMUNG TRÄGT AUF

Die Außendämmung trägt auf, vergrößert das Volumen des Hauses. Während bei einer Neubauplanung das Volumen der Dämmung mit eingeplant wird, kann bei der nachträglichen Dämmung der baurechtlich geforderte Abstand zu Grundstücksgrenzen und Nachbargebäuden unter Umständen nicht mehr ausreichen. In diesem Fall haben Sie verschiedene Möglichkeiten, wie Sie dennoch eine Dämmung von 30 bis 40 Zentimeter Stärke anbringen können. Steht Ihr Haus beispielsweise neben einer unbebauten Grünfläche, kann diese in die Abstandsberechnung einbezogen werden. Geht dies nicht, können Sie Ihre Nachbarn um eine Abstandsflächenübernahmeerklärung oder auch Abstandsflächenbaulast bitten, die im Baulastenverzeichnis eingetragen wird. Das geht aber nur, wenn das Nachbargebäude nicht ebenfalls auf der Baugrenze des Grundstücks steht. Diese Erklärung ist zwar meist mit einer finanziellen Entschädigung verbunden, schränkt aber die Möglichkeiten für das Nachbarhaus ein. Daher kommt es selten zu einer solchen Vereinbarung. Allerdings sieht das Baurecht in einigen Bundesländern für die nachträgliche Dämmung Ausnahmen vor. Die Energieeinsparung wird dabei höher gewertet als die ansonsten geltenden Abstandsregeln.

FASSADENÖFFNUNGEN WERDEN TIEFER

Die Fassadenöffnungen werden durch die Außendämmung tiefer. Sitzen die Fenster nach der Dämmung wieder bündig in der Fassade, gewinnen Sie innen Platz durch breite Fensterbänke. Sitzen die Fenster weiter innen, kann die tiefere Laibung als konstruktiver Sonnenschutz dienen.

DÄMMUNG MIT NACHWACHSENDEN ROHSTOFFEN

Dämmstoff	Wärmedämmwirkung	sommerlicher Hitzeschutz
Holzfaser	gut	sehr gut
Zellulose	sehr gut	gut
Jute	sehr gut	gut
Hanf	sehr gut	gut
Flachs	sehr gut	gut
Schafwolle	sehr gut	gut
Stroh	gut	gut
Seegras	gut	gut
Schilf	mittelmäßig bis gut	gut
Kork	mittelmäßig	gut
Holzwolle	schlecht	gut

EINFLUSS AUF DIE OPTIK

Eine Fassadendämmung verändert den Charakter des Hauses. Das stimmt nur bedingt, denn Sie können auf die Dämmschicht wieder das gleiche Fassadenmaterial aufbringen lassen. Aber die Dämmung trägt auf, was zumindest an den Laibungen von Fenstern und Türen sichtbar wird. Sehen Sie es als Chance und nehmen Sie mit der Dämmung gleich weitere Veränderungen vor. Sie können beispielsweise die Fenster vergrößern oder verkleinern. Bezogen auf den Hitzeschutz bietet es sich auch an, konstruktive Verschattungselemente wie Auskragungen und Balkone anzubringen.

VERKLEINERUNG DES DACHRAUMES

Zwischensparrendämmung verkleinert den Dachraum. Dieses Argument greift kaum, da der Raum durch die Sparren schon vorher nur eingeschränkt nutzbar ist. Im Gegenteil, die Dämmung bringt mit anschließender Verkleidung nicht nur den Vorteil angenehmerer Temperaturen unterm Dach, auch die Gefahr, dass Sie sich an Sparren stoßen, ist damit beseitigt.

ZUSATZKOSTEN FÜR DIE DÄMMUNG

	Kosten	Zusatzkosten
Dach		
Aufdachdämmung	• Material • Arbeitszeit Fachbetrieb	• Dach ab- und neu eindecken • eventuell Gerüst aufstellen • Sicherung aufstellen
Zwischensparrendämmung	• Material • eventuell Arbeitszeit Fachbetrieb	• Dachraum nach innen verkleiden
Einblasdämmung	• Material • Arbeitszeit Fachbetrieb	• Abdichtungen anbringen
Wand		
Außendämmung	• Material • Arbeitszeit Fachbetrieb	• Gerüst aufstellen • Fassadenmaterial neu aufbringen (Putz, Vorhangfassade etc.)
Einblasdämmung	• Material • Arbeitszeit Fachbetrieb	keine

Kosten und Einsparungen

Beim Neubau müssen Sie die Außenwände und das Dach oder zumindest die oberste Geschossdecke dämmen, bei einer Sanierung ebenfalls. Es fallen also keine Extrakosten für die Klimaanpassung bei der Dämmung gegen Hitze an, abgesehen von den eventuell höheren Kosten für ein Material, das nicht nur vor Kälte, sondern auch vor Hitze gut schützt. Aber auch da gibt es relativ günstige Alternativen wie Mineralwolle, Zellulose als Einblasdämmung oder Stroh. Im Idealfall amortisiert sich die Dämmung quasi mit dem Einbau, da Sie auf eine Klimaanlage verzichten können.

Was Sie bei den Kosten für die Dämmung zusätzlich berücksichtigen müssen, sind die je nach Art des Einbaus notwendigen zusätzlichen Handwerksleistungen und Materialien. Die Dämmung der Fassade ist schon allein wegen des benötigten Gerüsts teurer als eine Kerndämmung. Wenn Sie eine vorgehängte hinterlüftete Fassade planen, müssen Sie die Kosten für die Unterkonstruktion und die Außenverkleidung hinzurechnen, die je nach Material großen Preisunterschieden unterliegen.

Gefördert wird bislang vor allem die Dämmung gegen winterliche Kälte. Sie können diese Förderung allerdings auch nutzen, wenn Sie mit der Dämmung Ihr Haus zugleich gegen Kälte und Hitze schützen. Lassen Sie sich dabei von Fachbetrieben beraten. Eventuell höhere Kosten für eine ganzjährig optimale Dämmung zahlen sich durch die Wertsteigerung aus, die Ihr Haus durch die Anpassung sowohl an Kälte als auch an Hitze erhält.

Berücksichtigen Sie bei den Kosten auch, wie lange die Dämmung vermutlich hält und wie aufwendig die Verarbeitung ist. Erkundigen Sie sich, ob es in der näheren Umgebung einen Handwerksbetrieb gibt, der mit dem von Ihnen gewünschten Dämmstoff umgehen kann. Gerade bei nachwachsenden Dämmstoffen ist dies nicht immer der Fall, weswegen die Nebenkosten etwa in Form längerer Anfahrtswege die Gesamtkosten in die Höhe treiben können.

Mehr zum Thema erfahren Sie in „Finanzierung: Fördermöglichkeiten nutzen" ab S. 189.

→ **Nachträglicher außen liegender Sonnenschutz:** Einen Neubau planen Sie idealerweise bereits mit der nötigen Verschattung. Bei einem Bestandsgebäude können Sie außen liegenden Sonnenschutz auch nachträglich anbringen.

Eine relativ simple Möglichkeit der Beschattung stellt außen liegender Sonnenschutz dar. Er ist wohl die bekannteste Variante, um Sonne aus Wohn- und anderen Räumen fernzuhalten. Am Haus angebracht oder davor aufgestellt verhindert er, dass die Sonne direkt in die Räume eindringt. Nicht alle Möglichkeiten sind gleich effizient, nicht alle gleich einfach anzubringen. Häufig ist dieser Hitzeschutz kostengünstiger als die beiden vorher besprochenen Varianten, Dämmung und konstruktiver Sonnenschutz. Sie erkaufen sich diesen vermeintlichen Kostenvorteil allerdings mit einem gerin-

geren Schutz vor Hitze. Wenn Sie nachträglich außen liegenden Sonnenschutz anbringen, sollte dies vor allem eine Ergänzung sein.

So wirkt außen liegender Sonnenschutz

Wie bei konstruktivem Sonnenschutz wirkt außen liegender Sonnenschutz durch Verschattung der Innenräume. Er hält die Sonne davon ab, in die Räume einzudringen und sie zu erwärmen. Allerdings nicht so dauerhaft, wie dies beim konstruktiven Sonnenschutz geschieht, sondern flexibler und beweglicher. Das heißt, dass Sie ihn einholen können, wenn die Sonne nicht scheint oder wenn Sie den solaren Wärmeeintrag ausdrücklich wünschen, beispielsweise im Winter oder an kühleren Tagen. So können Sie aufs Heizen im Frühjahr oder Herbst teilweise verzichten. Umgekehrt können Sie außen liegenden Sonnenschutz einsetzen, wenn im Winter oder am Abend zu viel Sonne in die Räume dringt. Der Vorteil liegt wie bei der konstruktiven Verschattung darin, dass die Räume sich nicht unbeabsichtigt durch direkte Sonneneinstrahlung aufheizen.

Bezüglich des Materials haben Sie bei beweglichem außen liegendem Sonnenschutz eine große Auswahl. Die Bandbreite reicht von

Mit einer Gaube anstelle eines Dachflächenfensters gewinnen Sie nicht nur Stehhöhe im Dachraum. Auch reduziert sich die Hitzeentwicklung durch eine veränderte Sonneneinstrahlung im Sommer.

Holz und Metall über Bast und Rohr bis hin zu verschiedenen Stoffarten. Je dichter das Material ist, desto besser schützt es vor ultravioletter Strahlung. Das gilt auch für Textilien, die zur Verschattung eingesetzt werden. Sie sollten dicht gewebt, dick und eher schwer sein. Tatsächlich sind Polyester und andere Kunstfasern, Wolle oder Seide ein besserer UV-Schutz als etwa Leinen oder Baumwolle. Der Berufsverband der Deutschen Dermatologen (BVDD) rät zudem zu dunkel eingefärbtem Stoff. Die Farbpigmente absorbieren die schädliche ultraviolette Strahlung, sodass sie nicht durch den Stoff dringen kann. Gleichzeitig wird der Infrarotanteil des Sonnenlichts reflektiert und damit der Wärmeentwicklung entgegengewirkt.

Wenn Sie sich für textilen Sonnenschutz entscheiden, sei es als Markise, Sonnensegel oder Sonnenschirm, sollten Sie auf die Europäische Norm EN 13758–1999 oder den UV-Standard 801 für Textilien achten.

Sonnenschutz für Fenster und Fassade

Wenn Sie den Sonnenschutz nicht gleich mitgeplant haben, können Sie nachträglich durch außen liegenden Sonnenschutz annähernd denselben Effekt der Verschattung erzeugen. Grundsätzlich funktioniert dies bei allen Gebäudearten, wobei auch hier Ausnahmen für denkmalgeschützte Fassaden gelten. Wenn Ihr Haus denkmalgeschützt ist, sollten Sie mit der Denkmalschutzbehörde klären, was erlaubt und damit möglich ist und was nicht. An der fünften Fassade, dem Dach, ist außen liegender Sonnenschutz nur bedingt möglich. Sie können Ihr Flachdach beispielsweise mit einem Sonnensegel überspannen. Wenn Ihr Haus ein geneigtes Dach hat, geht das eher nicht. Dann müssen Sie auf andere Maßnahmen für den Hitzeschutz setzen.

Außen liegender Sonnenschutz ist besonders an großflächigen Verglasungen sinnvoll, sofern das Glas nicht mit einer eigenen Sonnenschutzfunktion ausgestattet ist. Wenn Sie Sonnenschutzgläser haben, reduzieren diese die Sonneneinstrahlung bereits in einem ausreichenden Maß (s. S. 36).

Prüfen Sie bei einem Umbau auch, ob Sie bestehende Dachflächenfenster eventuell durch Gauben ersetzen können. Das lohnt sich vor allem bei nach Süden ausgerichteten Dachflächen insbesondere im Sommer, wenn die Sonne nahezu senkrecht auf Dach oder Boden trifft. Die bei Gauben vertikalen Fensterflächen werden dann nicht von direkter Sonneneinstrahlung getroffen. Zudem können Sie die Gauben mit einem konstruktiven Sonnenschutz versehen, etwa mit einem auskragenden Dach oder einer breiteren Laibung. Wenn Sie beispielsweise aufgrund der geltenden Bauvorschriften oder der Statik einen solchen Umbau nicht durchführen können, sollten Sie Ihre Dachflächenfenster von außen verschatten. Innen liegender Sonnenschutz gibt Ihnen allenfalls durch die Verdunklung die Illusion, die Räume seien kühler. Tatsächlich wirkt er der Hitzeentwicklung nicht entgegen.

Wenn Sie Raffstores oder Senkrechtmarkisen nutzen wollen, müssen Sie die Neigung Ihres Daches beachten. Solche Sonnenschutzsysteme lassen sich nur bei einer Dachneigung von mindestens 15 Grad einfach ausrollen. Bei flacher geneigten Dächern können Sie auf kostengünstigere Markisensysteme zurückgreifen, teurer sind dagegen Außenrollläden. Durch die

Verschattung werden die Räume allerdings recht dunkel, bleiben dafür aber kühler.

Die Hitzeentwicklung ist, abgesehen vom Dach, auf der Ost- und Westseite am größten, wo die Sonne jeweils über einen vergleichsweise langen Zeitraum auftreffen kann. Im Süden dagegen steht sie in den heißen Sommermonaten so hoch, dass kaum direkte Strahlung auf diese Seite trifft. Daher sollten Sie vor allem nach Osten und Westen gelegene Fenster mit Sonnenschutz versehen. Für die Übergangszeit, wenn die Tage schon oder noch relativ warm sein können, die Sonne aber in einem flacheren Winkel auf die Gebäudehülle trifft, können Sie mit flexiblem, beweglichem Sonnenschutz den konstruktiven ergänzen.

Möglichkeiten für beweglichen außen liegenden Sonnenschutz

Für außen liegenden Sonnenschutz gibt es viele Varianten. Allerdings sollten Sie bei der Auswahl neben der Gestaltung vor allem die Funktionalität für Ihre individuelle Situation berücksichtigen.

MARKISEN

Direkt an der Hauswand montierte Markisen wirken fast wie ein konstruktiver Sonnenschutz, können aber flexibel ein- und ausgefahren werden. Bei geringer Sonneneinstrahlung, etwa im Winter, können Markisen, bei Sturm und starkem Regen sollten sie eingerollt werden. Denn selbst stabile Markisen halten nicht jeder Böe stand und wenn sich auf dem dichten Gewebe Regen sammelt, kann dies zur Überlastung und damit zu Beschädigungen führen. Herrschen über längere Zeit hohe Temperaturen vor, kann sich unter der Markise die Hitze stauen. Daher sollten Sie schon beim Anbringen darauf achten, dass es einen Luftaustausch geben kann. Pflanzen Sie beispielsweise kühlendes Grün neben der Markise.

Ein Hitzestau kann sich grundsätzlich unter allen hervorspringenden Verschattungen bilden, die Sonnenstrahlen nicht gänzlich reflektieren. Die durchdringende Wärmestrahlung kann nur bedingt durch das Gewebe wieder

UV-SCHUTZ IM AUSSENBEREICH

Verschattung mit Markisen und Sonnensegeln wirkt nicht nur als Hitzeschutz für die Innenräume. Als Nebeneffekt entstehen überdachte Freiflächen, die den Wohnraum nach außen erweitern. Diese Aufenthaltsflächen sollten ausreichenden Schutz nicht nur vor Hitze, sondern auch vor schädlicher UV-Strahlung bieten. Achten Sie bei der Auswahl der Materialien auf einen hohen UV-Schutz. Analog zum Lichtschutzfaktor (LSF) bei Sonnencreme gibt es für Textilien den Ultraviolet Protection Factor (UPF). Er wird in verschiedenen Ländern mit unterschiedlichen Prüfverfahren ermittelt. Textilien mit einem höheren UPF lassen weniger UV-Strahlung durch. Zudem spielen auch Farbe und Gewebestärke eine Rolle für die Schutzwirkung. Generell lassen dunkle Farben weniger UV-Licht durch, verwandeln die Strahlung aber in Wärme, wodurch die Temperaturen unter der Markise steigen. Helle hingegen reflektieren die Sonnenstrahlung besser. Diesen Effekt verstärken manche Textilhersteller, indem sie den Stoffen spezielle reflektierende Partikel oder Fasern beimischen, etwa aus Aluminium. Generell gilt, dass dichte Stoffe einen besseren Schutz bieten. Acryl und Polyamid haben hier einen zusätzlichen Vorteil etwa vor Baumwolle. Um auch einem ökologischen und nachhaltigen Ansatz gerecht zu werden, greifen Sie am besten zu Textilien, die mit Blick auf eine zirkuläre Wirtschaft produziert werden.

Dichte, dunkle Stoffe schützen besser vor UV-Strahlung, neue besser als abgenutzte. All dies berücksichtigt der UV-Standard 801, während andere Prüfverfahren den Einfluss von Abnutzung und Witterung vernachlässigen.

TEXTILFASSADEN

Eher ungewöhnlich für Einfamilienhäuser sind Textilfassaden, die das ganze Gebäude einhüllen. Wenn Sie jetzt an Kunstwerke von Christo denken, liegen Sie allerdings falsch. Weder sind Textilfassaden so unförmig noch so intransparent. Moderne Textilfassaden lassen Licht hindurch, erscheinen von innen sogar durchsichtig. Die Stoffe filtern das Sonnenlicht, sorgen dafür, dass die Wärme draußen bleibt. Zudem bieten sie tagsüber Sichtschutz, während bei einer Beleuchtung von innen allenfalls Schemen zu erkennen sind. Hinter den Textilfassaden liegt die eigentliche Fassade, die so zusätzlich vor Witterungs- und Umwelteinflüssen geschützt ist. Forschende, beispielsweise an der Rheinisch-Westfälischen Technischen Hochschule Aachen, experimentieren zudem mit erweiterten Einsatzbereichen der Fassade – so etwa als Feinstaubfilter oder zur Stromproduktion mittels Photovoltaik. Das Material gleicht Vorhängen, wird aber meist wie eine vorgehängte hinterlüftete Fassade montiert, wobei diese mit beweglichen Elementen versehen werden kann, etwa im Bereich der Fenster.

entweichen. Es gibt mittlerweile Textilien für die Bespannung, die UV-Strahlung reflektieren und so der Wärmeentwicklung entgegenwirken. Achten Sie bei der Auswahl auf diese Möglichkeit.

SONNENSEGEL

Sonnensegel funktionieren nach einem ähnlichen Prinzip wie Markisen. Ihre Montage ist allerdings meist weniger aufwendig. Generell ist bei den häufig an drei Punkten befestigten Stofftüchern weniger Technik vonnöten. Bei Sturm und Unwetter müssen Sie aber rasch handeln und die Segel einholen. Für einen guten Sonnenschutz bedarf es oft mehrerer Sonnensegel, die verschiedene Flächen abdecken. Häufig sind sie in einem Winkel angebracht, der die Aussicht stark einschränkt.

VORHÄNGE

Vorhänge eignen sich nicht nur zur Verdunklung von Innenräumen. Außen angebracht verschatten sie effizient. Damit Sie dennoch tagsüber keine verdunkelten Innenräume und eine gänzlich eingeschränkte Aussicht bekommen, empfehlen sich semitransparente Vorhänge in helleren Farben oder – noch besser – ganz in Weiß. Bezüglich ihres UV-Schutzes gilt jedoch das Gleiche wie für Markisen oder Sonnensegel. Mit Vorhängen können Sie an der Ost- und Westseite Ihres Hauses vor den Fenstern die im Sommer lange andauernde Sonneneinstrahlung abfangen und auch Außenbereiche wie Balkone oder Terrassen vor zu großer Sonneneinstrahlung schützen. Als Windschutz eignen sich Außenvorhänge allerdings nur bedingt und bei Sturm sollten sie eingezogen und gut angebunden werden.

FENSTERLÄDEN

Fensterläden dienen seit jeher als Schutz – vor Kälte, Einbruch oder eben Sonneneinstrahlung. Klassisch als Klappläden verschatten sie die Innenräume nicht nur, sondern verdunkeln sie erheblich. Daher gibt es beispielsweise ausklappbare Läden oder Drehklappläden, die Sie gegen die Sonne einsetzen können und durch die dennoch Licht in den Wohnraum dringt. An modernen Fassaden werden gerne Schiebeläden verwendet, die sich seitlich vor die Fassade schieben lassen, oder Faltläden, die nur teilweise die Fenster verschatten. Wenn Sie nachträglich Klapp- oder Schiebeläden anbringen möchten, müssen Sie den vorhandenen Fensterabstand beachten. Beim Material haben Sie mittlerweile eine große Auswahl. Neben Holz, roh oder lackiert, gibt es Läden aus Kunststoff oder Metall, pulverbeschichtetem Aluminium und sogar mit Stoff bespannt. Greifen Sie zu einem Material mit einer hohen Dichte und geringem Wärmedurchgangskoeffizienten, beispielsweise Holz. Denn damit bleibt die Sonneneinstrahlung nicht nur fern von den Innenräumen und heizt diese nicht unmittelbar auf. Mehr noch, der Laden selbst fängt Wärme ab, speichert sie zunächst, bevor sie langsam und zeitverzögert wieder abgegeben wird. Allerdings verziehen sich Holzläden eventuell, was bei Metallläden nicht vorkommt. Die sind generell weniger wartungsintensiv.

ROLLLÄDEN

Rollläden können als Nachfolger der klassischen Fensterläden angesehen werden, die sich im 18. Jahrhundert aus den Jalousien entwickelten. Während sich deren horizontale Lamellen über eine Fadenkonstruktion hochziehen lassen, werden die meist mit Bändern befestigten Lamellen der Rollläden aufgerollt. Zwei sehr einfache Systeme, die Licht hindurchlassen können, teilweise einen interessanten Schattenwurf geben und doch effizient die Sonne von den Innenräumen fernhalten. Rollläden haben zusätzlich den Vorteil, dass sie im Winter vor allem bei Nacht als Wärmeschutz dienen können, wenn ohnehin kein Tageslicht in die Räume dringen würde. Und auch als Einbruchschutz sind sie durchaus effektiv. Zudem bieten sie bei Sturm Schutz vor Glasbruch.

RAFFSTORES

Raffstores sind eine Abwandlung der Jalousien, werden aber außen angebracht. Zum besseren Schutz vor Wind laufen sie in seitlich angebrachten Schienen oder an vertikalen Seilen. Als Sonnen- und Sichtschutz eignen sich recht gut und lassen durch ihre beweglichen Lamellen eine zusätzliche Steuerung des Lichteinfalls zu. Raffstores können Sie vergleichsweise einfach nachträglich anbringen. Allerdings ist es ratsam, sie in der Fensterlaibung laufen zu lassen, was einen zusätzlichen Schutz bei Wind bietet. Bei Sturm sollten Sie die Raffstores dennoch hochziehen, um Schäden zu vermeiden.

SONNENSCHIRME

Sonnenschirme sind wohl die in räumlicher Hinsicht beweglichste Form des Sonnenschutzes. Da sie vor allem den Platz unter dem Schirm beschatten, sind sie eher weniger geeignet, Sonneneinstrahlung von großen Fensterflächen fernzuhalten und damit die Erwärmung der Innenräume zu verhindern. Sie können Sie aber als flexible Ergänzung nutzen.

Was sind die Vor- und Nachteile?

Wo Sie konstruktiven Sonnenschutz nicht von vornherein mitgeplant und gebaut haben, können Sie mit flexiblem, außen angebrachtem Sonnenschutz relativ einfach nachjustieren. Sie werden bei der großen Auswahl immer eine Möglichkeit finden, die zu Ihrem Haus passt. Ebenso können Sie ganz bewusst beispielsweise mit der Farbe der Markise oder der Entscheidung für Schiebeläden das Aussehen Ihres Bestandsgebäudes verändern.

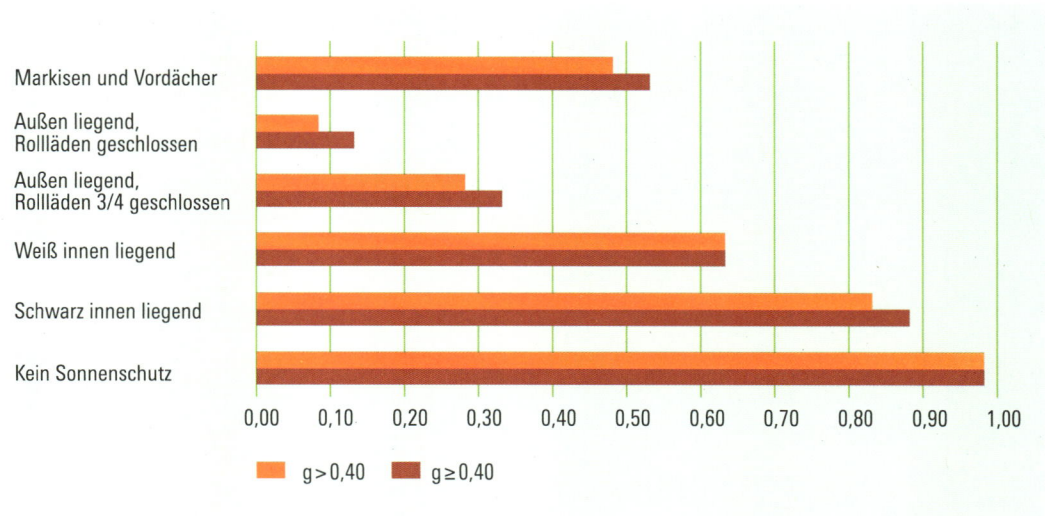

Jeder Sonnenschutz wirkt sich auf den Gesamtenergiedurchlassgrad aus. Wie hoch der ist, hängt vom g-Wert des Glases sowie der Position und Art des Sonnenschutzes ab..

ENTSCHEIDUNGSKRITERIUM LEBENSDAUER

Welcher flexible außen liegende Sonnenschutz für Ihr Gebäude der richtige ist, hängt stark von der Situation vor Ort ab. Wo lässt er sich montieren? Welche Wind- und Regenverhältnisse sind zu erwarten? Welche zusätzlichen Schattenspender gibt es in der Umgebung? Stellen Sie zu diesen Fragen auch die nach dem Lebenszyklus des Sonnenschutzes. Die Materialien sollten möglichst widerstandsfähig gegen Sonne sein, was bei den meisten tatsächlich der Fall ist. Gleichzeitig sind sie aber auch anderen Witterungseinflüssen wie Regen und Sturm ausgesetzt. Fragen Sie beispielsweise: Wie gut trocknet die Markise? Und wie stark darf der Wind sein, damit das Raffrollo nicht ausreißt? Und wohin geht das Material, wenn der Sonnenschutz sein Lebensende erreicht hat? Aus ökologischen und wirtschaftlichen Gründen sollte am Ende der Lebensdauer nicht die Verbrennung oder Deponierung stehen, sondern die Wiederverwendung im Sinne der zirkulären Wirtschaft. Noch gibt es hier relativ wenige Produkte, doch der Markt wächst ständig — unterstützen Sie diese Entwicklung durch Ihre Nachfrage.

Es kann aber auch sein, dass sich die Umgebung nachträglich verändert und dadurch selbst bei bester Planung die Hitzebelastung durch Sonneneinstrahlung nach dem Bau größer als berechnet ist. Beispielsweise, wenn Nachbargebäude abgerissen werden oder zur Verschattung eingeplante Bäume noch nicht groß genug sind oder umgekehrt alte Bäume absterben und gefällt werden müssen. Schnell und unkompliziert können Sie dann mit außen liegendem Sonnenschutz reagieren und übergangsweise oder dauerhaft für den notwendigen Schatten sorgen.

Viele Varianten sind zudem kostengünstiger als manch konstruktiver Sonnenschutz. Allerdings sollten Sie gut abwägen, was langfristig besser ist. Und da schneiden Markisen ebenso wie Sonnensegel oder außen liegende Jalousien nicht ganz so gut ab. Wind und Regen setzen ihnen mehr zu, rütteln an den leichteren Konstruktionen und führen schneller zu Schäden als bei massiven konstruktiven Lösungen. Bei textilem Sonnenschutz kommt hinzu, dass der Stoff bei Belastung durch Nässe, Staunässe und UV-Strahlung leidet. Selbst bei Textilien, die für den Außenbereich entwickelt wurden, liegt die Lebensdauer meist unter der von fachgerecht angebrachtem Sonnenschutz beispielsweise aus Holz. Allerdings können Sie häufig einzelne Bestandteile ersetzen, ohne dass Sie dafür den kompletten Sonnenschutz erneuern müssen.

Wie hoch sind die Kosten?

Sie sehen, es gibt zahlreiche Möglichkeiten für nachträglichen außen liegenden Sonnenschutz. Entsprechend groß sind auch die Kostenunterschiede. Hochwertigere, langlebigere Systeme sind häufig mit höheren Anschaffungskosten verbunden, was sich aber — gerechnet auf die Lebensdauer — durchaus als günstig erweisen kann. Technisch anspruchsvollere Modelle, etwa Markisen, die sich automatisch steuern lassen und selbstständig auf Wind und Regen reagieren, sind allein schon aufgrund der eingebauten Technik teurer. Welches Modell, welcher außen liegende Sonnenschutz nachträglich angebracht wird, sollte aber nicht nur unter dem Kostenaspekt betrachtet werden. Vielmehr ist es ein Abwägen verschiedener Punkte — von der Haltbarkeit über funktionale Aspekte bis hin zu gestalterischen Gesichtspunkten. Beziehen Sie in Ihre Überlegungen auch mit ein, ob diese Form des Sonnenschutzes dauerhaft oder nur vorübergehend sein soll, weil etwa der Baum vor dem Fenster in wenigen Jahren groß genug ist, um ausreichend Schatten zu spenden.

→ **Kühlen mit Wärmepumpen:** Wärmepumpen sind eine beliebte Heizquelle, da sie ohne Verbrennung von fossilen oder nachwachsenden Rohstoffen auskommen. Sie können damit unter bestimmten Voraussetzungen auch Ihren Wohnraum kühlen.

Beim Thema Wärmepumpen zeigt sich deutlich, wie nah Anpassung an den Klimawandel und Klimaschutz beieinander liegen. Wärmepumpen gelten als besonders klimafreundlich, da sie in der Regel nicht nur keine fossilen Brennstoffe verheizen, sondern gar nichts verbrennen. Eine Ausnahme sind sogenannte Adsorptions- oder Absorptionswärmepumpen, die statt mit Strom beispielsweise mit Gas betrieben werden. Üblich sind aber mittlerweile Kompressionswärmepumpen, bei denen Energie ausschließlich in Form von Strom zugeführt wird. Sinnvoll in der Ökobilanz ist, wenn der Strom aus regenerativen Quellen stammt, am besten von der eigenen Photovoltaikanlage. Zudem müssen Sie bei der Installation darauf achten, dass die Wärmepumpe genau an die Anforderungen Ihres Gebäudes angepasst wird und so eingestellt ist, dass sie einen möglichst optimalen Wirkungsgrad erreicht.

Ob mit Erdwärme, Wasser oder Luft betrieben, das Prinzip einer Wärmepumpe beruht immer auf der Nutzung des Temperaturunterschieds. Dabei wird der Umgebung – Erdreich, Luft oder Grundwasser – Wärme entzogen, die dann mithilfe von Kältemitteln potenziert wird. So reichen wenige Kelvin Unterschied, um Heizenergie zu erzeugen. Die wird dann als Wärme über im Haus verteilte Heizkörper und -rohre wieder abgegeben.

Und was hat das mit der Kühlung Ihres Hauses zu tun? Viel. Denn genau diese Temperaturdifferenz können Sie nicht nur zum Heizen, sondern unter bestimmten Voraussetzungen auch zum Kühlen nutzen.

Kühlen mit der Wärmepumpe

Die Kühlung mit der Wärmepumpe kehrt den ansonsten zum Heizen genutzten Ablauf um. Es lohnt sich, wenn Sie sich zunächst das Funktionsprinzip der Wärmepumpen vergegenwärtigen: Warmwasser und Heizenergie

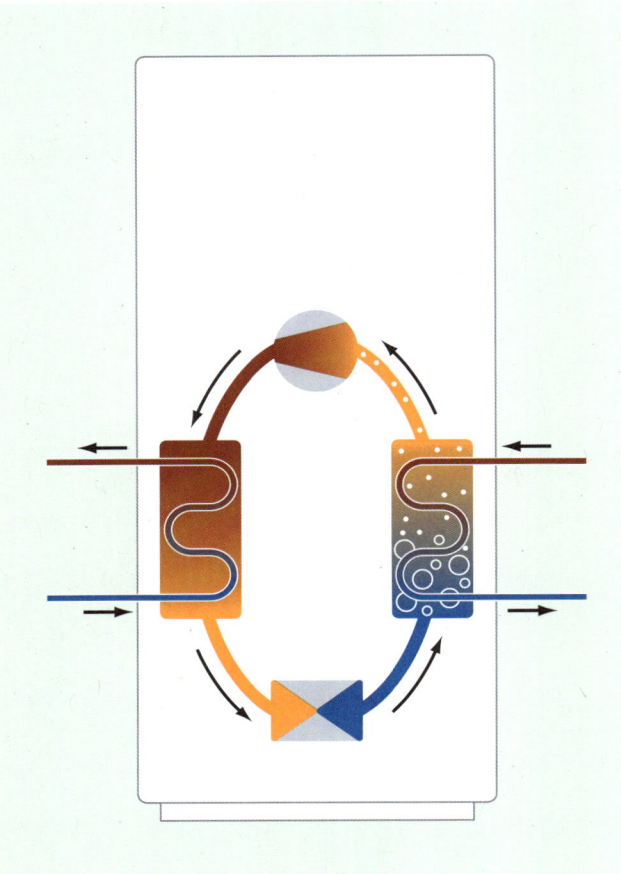

Kreislauf des Kältemittels in einer Wärmepumpe – von rechts nach links gelesen: Im Verdampfer wird die Wärme aus der Umgebung (Luft, Erde oder Wasser) aufgenommen, durch Verdichtung erhöht und im Verflüssiger an die Heizung abgegeben.

werden bei allen Wärmepumpenarten aus der Umwelt gewonnen, aus dem Erdreich, dem Grundwasser oder der Luft. Ein Kältemittel wird durch die Umwelttemperatur so weit erhitzt, dass es verdampft. Der Kältemitteldampf wird verdichtet, wodurch er sich stark erhitzt. Die entstandene Wärme wird für die Aufbereitung von Warmwasser verwendet, das zum Erwärmen der Räume durch Heizrohre fließt oder direkt verbraucht wird.

Nun zum Kühlen mittels Wärmepumpe. Grundsätzlich gibt es zwei Möglichkeiten:

→ Bei der aktiven Kühlung wird der Kältekreislauf der Wärmepumpe umgekehrt. Dafür läuft der Verdichter, wodurch Strom verbraucht wird. Diese energieintensive Art der Kühlung ist grundsätzlich bei allen Wärmepumpen möglich, wird aber vor allem bei Luftwärmepumpen angewendet. Denn diese sind nicht für die zweite Art der Kühlung geeignet.

→ Bei der passiven Kühlung wird die Wärme aus den Räumen in den kühleren Grund abgeführt. Das ist allerdings nur bei Erd- und Grundwasserwärmepumpen möglich, nicht aber bei Luftwärmepumpen. Die passive Kühlung erfordert weniger Technik und arbeitet unabhängig vom Verdichter. Unterstützt wird der Wärmetausch allein durch die Umwälzpumpe, wodurch der Energieverbrauch relativ gering ist.

Da mit den meisten Wärmepumpen nicht nur die Heizung betrieben, sondern auch Warmwasser bereitet wird, können Kühlung und Heizung mit einem zusätzlichen Vierwegeventil und einem Expansionsventil im Kältemittelkreislauf voneinander entkoppelt werden. Es wird also trotz Kühlung weiterhin Warmwasser für Bad und Küche bereitet.

Technische Voraussetzungen

Wie schon beschrieben, ist nicht jede Wärmepumpe für jede Art der Kühlung geeignet. Eine aktive Kühlung kann zudem zu hohen zusätzlichen Stromkosten führen.

Die reversible Funktion, mit der erd- und grundwassergekoppelte Systeme zum Kühlen betrieben werden können, ist bei neueren Wärmepumpen vorwiegend integriert. Bei älteren Modellen dagegen ist dies seltener der Fall. Wenn Sie mit der Wärmepumpe zusätzlich kühlen möchten, sollten Sie dies bei der Auswahl eines geeigneten Modells beachten und mit Ihrem Installationsbetrieb darüber sprechen. Sie können eventuell nachträglich über ein Zusatzmodul die Kühlfunktion hinzunehmen. Fragen Sie beim Hersteller oder besser gleich bei Ihrem Installationsbetrieb nach.

Die Kühlleistung hängt auch von der Fläche ab, über die gekühlt werden kann. Das gilt genauso für die Heizleistung, weswegen für die effiziente Nutzung einer Wärmepumpe eine Flächenheizung anstelle von Heizkörpern empfohlen wird. Wenn Sie neu bauen, setzen Sie gleich auf eine Flächenheizung, also beispielsweise eine Fußboden- oder Wandstrahlungsheizung. Bei Ihrem Bestandsgebäude lohnt sich der nachträgliche Einbau einer Flächenheizung mit Wärmepumpe im Rahmen einer Sanierung.

Für die Steuerung benötigen Sie keine besonderen zusätzlichen technischen Voraussetzungen, zumal für die manuelle Steuerung internetgestützte Programme und Apps für mobile Endgeräte zur Verfügung stehen. Wenn Sie es ausgefeilter haben möchten, können Sie auf eine automatische Umschaltung von Heizen auf Kühlen setzen. Dabei legen Sie einen bestimmten Temperaturwert fest, ab dem die Kühlung automatisch einsetzt. Eine automatische Kühlung können Sie auch mit einer Zeitschaltuhr realisieren, etwa wenn zur Mittagszeit die größte Hitzebelastung erwartet wird.

Angesichts der starken Nachfrage und einer ebenso starken staatlichen Förderung von Wärmepumpen wird es sicherlich in den nächsten Jahren noch etliche Neuerungen, Ergänzungen und Verbesserungen auch hinsichtlich der Nutzung zur Kühlung geben. Aber auch längere Wartezeiten bis zur Installation.

So kalt kann es werden

Beliebig können Sie die Temperatur mit Ihrer Wärmepumpe nicht herunterkühlen. Im Gegenteil, bei der passiven Kühlung sind sogar nur geringe Temperaturunterschiede von maximal drei Kelvin im Vergleich zur Außentemperatur möglich. Bei aktiver Kühlung können Sie zwar stärkere Kühltemperaturen erreichen, was wiederum eine höhere Temperaturabsenkung bewirkt. Allerdings gilt das auch nur, wenn die Kühlleitungen relativ oberflächennah verlaufen und die Oberflächen durch Wärmeaufnahme die Lufttemperatur absenken können – eine Voraussetzung, die auch für eine effektive Heizleistung gegeben sein muss. Bei Flächenheizungen sollten Sie daher auf dickere Bodenaufbauten wie Teppiche oder Dielen, Wand- oder Deckenverkleidungen verzichten.

FLÄCHENHEIZUNG UND KÜHLUNG

Zu Flächenheizungen zählen Fußboden, Wand- und Deckenheizungen, die mit Wasser oder Strom betrieben werden. Bei Flächenheizungen, die auch zum Kühlen verwendet werden können, verlaufen dicht unter der Oberfläche meist wasserführende flexible Rohrschlangen. Je nachdem, ob warmes oder kaltes Wasser durch die Rohre läuft, wird die Oberfläche beheizt oder gekühlt. Beim Heizen strahlt von dort die Wärme auf sämtliche Körper und Gegenstände eines Raumes ab. Diese Strahlungswärme wird als angenehmer empfunden als die durch Heizkörper verursachte Konvektion, die zudem Staub aufwirbelt und Menschen mit Hausstauballergie belastet. Beim Kühlen sorgen kalte Oberflächen durch den Temperaturausgleich für eine Absenkung der Raumtemperatur. Besonders effizient sind Deckenheiz- und -kühlsysteme, da aufsteigende warme Luft oben gekühlt wird und so eine bessere Durchmischung stattfindet. Der Vorteil von Flächenheizungen liegt generell darin, dass sie mit niedrigen Vorlauftemperaturen betrieben werden können. Dadurch gelten sie als besonders energieeffizient – vor allem, wenn sie mit einer Erd- oder Grundwasserwärmepumpe betrieben werden, die mit Strom aus regenerativen Quellen arbeitet. Flächenheizungen nachträglich zu installieren, ist nicht ganz unaufwendig und sollte daher am besten im Rahmen einer Sanierung stattfinden.

Die reine Messgröße sagt allerdings wenig über das tatsächliche Temperaturempfinden von Personen im Raum aus. Kühle Oberflächen lassen einen Raum schnell kälter wirken, als er laut Thermometer ist. Häufig empfinden Menschen die Temperatur in Räumen, die über die Wärmepumpe gekühlt wurden, wie die in Kellerräumen. An heißen Sommertagen kann dies durchaus angenehm sein. Trotz der geringen Kühlleistung können Sie so in Ihren Innenräumen angenehme Temperaturen erreichen.

Was Sie beim Kühlen mit der Wärmepumpe beachten müssen

Wie bereits beschrieben, können Sie mit Wärmepumpen sowohl aktiv als auch passiv kühlen. Wirklich sinnvoll ist eine Kühlung mit Wärmepumpen allerdings nur als passive Kühlung,

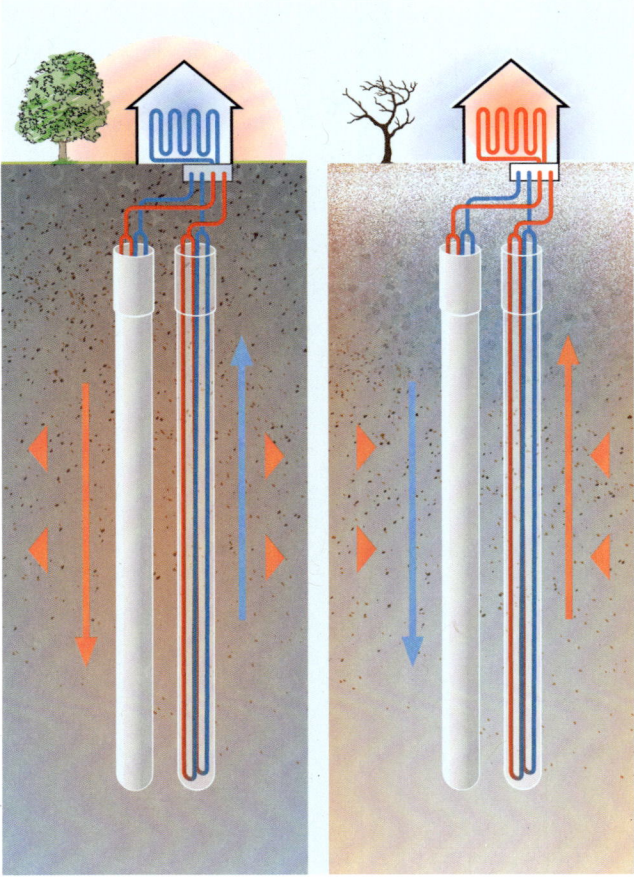

Funktionsprinzip der passiven Kühlung und des Heizens mit Erdsonden.

Zur Vorbeugung können Sie die Taupunkttemperatur mit Sensoren im gekühlten Raum überwachen. Wenn Sie dann die Kühlleistung rechtzeitig herunterfahren, vermeiden Sie Kondensation. Diese Überwachung empfiehlt sich, um Feuchte- und Schimmelschäden an Bauteilen zu vermeiden.

KÜHLLAST BERECHNEN LASSEN

Damit Ihr Haus im Winter ausreichend warm wird, berechnen Heizungsfachkräfte die Heizlast. Es fließen Faktoren wie Dämmung, Fensterfläche und Ausrichtung und vor allem die Raumgröße in diese Berechnung ein. Wenn Sie mit Ihrer Wärmepumpe auch kühlen wollen, muss bei der Planung der Heizanlage auch die Kühllast berechnet werden. Die Parameter dafür sind nahezu die gleichen. Dies wird immer von einer Fachkraft berechnet.

NEBENEFFEKTE BERÜCKSICHTIGEN

Mit Wärmepumpen über die Flächen zu kühlen, hat Vorteile gegenüber Kühlsystemen, die mit Umluft und Gebläse arbeiten. Im Raum selbst entstehen keine nennenswerten Luftströmungen oder störenden Geräusche. Wenn Sie eine Erdwärmepumpe haben, wirkt sich die Kühlung zudem positiv auf die Regeneration der Flächen aus. Dem Erdreich wird bei der Kühlung Wärme zugeführt, die im Winter entnommen wurde. Untersuchungen zeigen, dass sich bei der Nutzung von Erdwärme und Grundwasser die Temperatur im Bereich der Anlage leicht absenkt. Welche Auswirkungen das langfristig haben wird, ist noch nicht vollständig untersucht. Es wird aber generell auch für den effizienten Betrieb von Erdwärme- und Grundwasserwärmepumpen auf eine ausreichend große Regenerationsfläche geachtet. Vor allem die Versickerung von Regenwasser zeigt hier positive Effekte.

NUR ZUM KÜHLEN LOHNT SICH DIE WÄRMEPUMPE NICHT

Allein für die Kühlfunktion eine Wärmepumpe anzuschaffen, lohnt sich nicht. Zumal eine Wärmepumpe für den Heizbetrieb auch mit Heizkörpern genutzt werden kann, nicht aber für die Kühlung. Wenn Sie bei Ihrem Bestands-

da Sie für die aktive Kühlung unverhältnismäßig viel Energie aufwenden müssen. Das bedeutet, dass Sie sich für eine Erdwärme- oder Grundwasserwärmepumpe entscheiden sollten, da nur diese eine passive Kühlung ermöglichen. Beachten Sie außerdem Folgendes:

TAUPUNKT IM BLICK BEHALTEN

Da sich bei der Kühlung Kondenswasser auf den gekühlten Flächen bilden kann, sollten Sie besonders auf den Taupunkt achten. Die Temperatur sollte den Punkt nicht unterschreiten, an dem das in der Luft vorhandene Wasser kondensiert und sich an den gekühlten Oberflächen von Boden, Wand oder Decke absetzt.

gebäude die komplette Heizanlage durch eine Wärmepumpe ersetzen, lohnt sich die Kühlfunktion nur dann, wenn Sie auch Flächenheizungen haben oder installieren lassen. Sie müssen auch nicht alle Räume kühlen. Für Kinderzimmer empfiehlt sich beispielsweise eine Kühlung der Fußböden eher nicht. Dagegen empfinden die meisten Menschen im Wohnzimmer und in der Küche eine Kühlung über die Fläche als angenehm.

Wie hoch ist der Energieverbrauch?

Wärmepumpen brauchen für ihren Betrieb Strom. Das gilt auch dann, wenn sie zur Kühlung verwendet werden. Bei der aktiven Kühlung ist dieser Anteil höher als bei der passiven Kühlung, wenn also nur die Umwälzpumpe und die Regeltechnik des Geräts laufen. Dennoch beträgt der Stromverbrauch nur etwa ein Fünftel dessen, was eine Klimaanlage verbrauchen würde. Bei der passiven Kühlung sparen Sie gegenüber Klimaanlagen sogar bis zu 80 Prozent, wie der Bundesverband Wärmepumpe betont. Wenn Sie den relativ geringen Strombedarf aus erneuerbaren Energiequellen decken, kann Ihre Kühlung mittels Wärmepumpe als klimaneutral gelten. Ohnehin sollten Sie Ihre Wärmepumpe mit ökologisch produziertem Strom betreiben. Wenn Sie dafür die Energie Ihrer eigenen Photovoltaikanlage nutzen, fallen praktisch keine Stromkosten an.

Kosten der Kühlung mit Wärmepumpen

Die wohl höchsten Kosten bei der Kühlung mit Wärmepumpen liegen in der Anschaffung. Wie viel Sie genau dafür einplanen müssen, hängt von verschiedenen Faktoren ab. So sind Erdwärmepumpen, die über Erdsonden betrieben werden, schon durch die erforderlichen Tiefenbohrungen teurer als Grundwasserwärmepumpen. Noch günstigere Luftwärmepumpen werden bei der aktiven Kühlung wegen ihres Stromverbrauchs schnell zum Kostentreiber. Und wenn Sie den Strom von Ihrer eigenen Photovoltaikanlage bekommen, müssen Sie

Ob Sie mit Ihrer Wärmepumpe auch kühlen können, hängt von Ihrem Heizsystem und der Art Ihrer Wärmepumpe ab.

dafür eine größere Fläche mit mehr Modulen einplanen. Wenn Sie auf viel Fläche wohnen, also ein großes Haus haben, brauchen Sie mehr Leistung, was ebenfalls einen Kostenfaktor darstellt. Vergleichen Sie auf jeden Fall zusätzlich zur Technik auch die Preise der einzelnen Hersteller, die sehr unterschiedlich sind. In welcher Region Ihr Haus liegt, hat ebenfalls einen großen Einfluss auf die Art der Wärmepumpe, die Sie betreiben können. Wenn Sie für Ihre Grundwasserwärmepumpe eine Brunnenbohrung benötigen, müssen Sie diese von Ihrer örtlichen Wasserbehörde genehmigen lassen. In Wasserschutzgebieten beispielsweise kann Ihnen diese Genehmigung auch verweigert werden. Abfedern können Sie den hohen Anschaffungspreis durch eine oftmals ebenso üppige staatliche Förderung (mehr dazu im Kapitel 5 ab S. 189).

Auf jeden Fall sollten Sie bei einer Neuanschaffung die Kühlfunktion gleich mit einplanen. Und auch eine nachträgliche Ergänzung der Kühlfunktion lohnt sich im Vergleich zu einer Klimaanlage meist – zumal Sie die bei der Kühlung abgeführte Wärme in einem reversiblen Prozess zur Warmwasserbereitung nutzen können.

→ **Ein Sommerbypass reduziert die Raumtemperatur:** Bei der kontrollierten Wohnraumlüftung mit Wärmerückgewinnung soll die Temperatur im Haus vor allem im Winter immer gleich bleiben. Was aber, wenn die Räume im Sommer überhitzen?

Frischluft ohne Kälte – so lässt sich die Idee der Wärmerückgewinnung bei kontrollierter Wohnraumlüftung kurz zusammenfassen. Die über eine Lüftungsanlage nach draußen abgeleitete verbrauchte Raumluft erwärmt quasi im Vorbeiströmen die von außen frisch einfließende, im Winter kühlere Luft. Dieser Prozess findet im Wärmetauscher statt. Dabei wird die Wärme der Abluft auf die Zuluft übertragen, ohne dass sich beide Luftströme hierfür direkt berühren. So lassen sich rund 98 Prozent der in der Abluft enthaltenen Wärme bei der Erwärmung der Zuluft erhalten. Das senkt den Energieverbrauch der Heizung, was sich unmittelbar auf die Heizkosten auswirkt. So weit,

so gut. Doch haben Sie sich schon mal gefragt, was im Sommer passiert? Da können Sie auf eine Umgehung zurückgreifen, den sogenannten Sommerbypass.

So funktioniert der Sommerbypass

Bei der kontrollierten Wohnraumlüftung mit Wärmerückgewinnung wird auch im Sommer die einströmende Luft erwärmt, wenn sie im Wärmetauscher an der ausströmenden vorbeifließt. Problematisch ist dies, wenn Sie Ihr Haus kühl halten wollen, es durch diesen Prozess allerdings erwärmt wird. Wollen Sie etwa mit der kühleren Nachtluft die Temperatur in den Räumen senken, funktioniert das nicht, wenn die Luft auf ihrem Weg nach innen Wärme von der ausströmenden Abluft aufnimmt. Um dies zu verhindern, können Sie einen Sommerbypass installieren. Mit ihm können Sie den Wärmetauscher umgehen, die einströmende kühlere Luft wird nicht erwärmt. So können mit dem Sommerbypass die Räume innen so kühl werden wie der Außenraum.

Sie können den Sommerbypass manuell bedienen oder automatisch steuern. Bei der manuellen Variante müssen Sie eine Klappe im Lüftungsgerät von Hand umlegen, wenn die Außentemperatur niedriger als die Innenraumtemperatur ist und eine Abkühlung der Räume gewünscht ist. Eine einfache und günstige, aber auch wenig komfortable Lösung. Zumal die kühlsten Temperaturwerte im Sommer in den frühen Morgenstunden erreicht werden und Sie Ihren Sommerbypass dann aktivieren sollten. Daher gibt es auch eine automatische Variante. Dabei werden die Außen- und die Innentemperatur automatisch überwacht und bei einem vordefinierten Temperaturverhältnis die Bypassklappe automatisch umgelegt. Im Vergleich mit Klimaanlagen ist selbst diese Variante noch sparsam im Energieverbrauch.

Voraussetzungen für einen Sommerbypass

Der Sommerbypass ist eine Zusatzfunktion, mit der Sie im Sommer auch bei hohen Temperaturen Ihre kontrollierte Wohnraumlüftung nicht abstellen müssen. Einige Hersteller führen Modelle, die bereits einen Sommerbypass integriert haben. Bei anderen kann ein Sommerbypass als einfaches Plug-in ergänzt werden. Wenn Sie handwerklich versiert sind, können Sie hier selbst Hand anlegen. Einen garantiert fachgerechten Einbau erhalten Sie, wenn Sie auf Fachleute zurückgreifen – auch wenn dadurch zusätzlich zu den Geräte- noch Montagekosten anfallen.

Beim Einsatz eines Sommerbypasses wird davon ausgegangen, dass die Außenluft kühler als die Raumtemperatur ist. Nur in diesem Fall ist die Umgehung des Wärmetauschers tatsächlich sinnvoll. Sie können dies unterstützen, indem Sie die Umgebung, aus der die Luft angesaugt wird, entsprechend gestalten. Legen Sie Grünflächen um Ihr Haus an. Durch die Verdunstung der Pflanzen reduziert sich vor allem nachts die Temperatur erheblich, teilweise um bis zu zehn Kelvin im Vergleich zu Flächen ohne Begrünung.

Verstärkung des Kühleffekts

Im Vergleich zu Klimaanlagen ist ein Sommerbypass sparsamer im Energieverbrauch, aber dafür nicht so effizent. Denn die Nachtauskühlung bringt in langen Hitzeperioden häufig nicht mehr die erwünschte Abkühlung. Und auch tagsüber werden Sie angesichts hoher

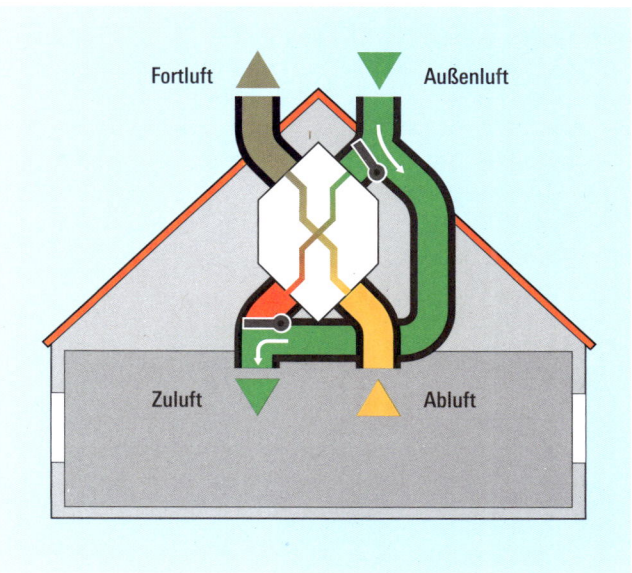

Über den Sommerbypass wird die einströmende Frischluft nicht an der ausströmenden Abluft vorbeigeleitet und durch diese damit auch nicht erwärmt.

Außentemperaturen durch den Sommerbypass keinen Kühleffekt spüren. Es kann im Gegenteil sogar von Vorteil sein, die einströmende wärmere Außenluft über den Wärmetauscher mit der eventuell noch kühleren Raumluft etwas abzukühlen.

Wenn Sie mit dem Sommerbypass den Kühleffekt verstärken oder sogar tagsüber nutzen wollen, können Sie die Außenluft vor dem Einströmen abkühlen. Sie können hierfür beispielsweise einen Erdwärmetauscher einsetzen. Dabei wird die Außenluft über ein Rohr im Erdreich geführt. Dort kühlt sie ab, bevor sie über den Sommerbypass ins Haus strömt. Ohne den Sommerbypass würde die abgekühlte Luft im Wärmetauscher erwärmt werden, der Effekt des Erdwärmetauschers würde verpuffen.

Eine weitere Variante, wie Sie die Außenluft kühlen können, ist der Luftbrunnen. Dabei wird die Außenluft über ein Kiesbett angesaugt, gekühlt und gereinigt. Das Kiesbett reicht bis zu drei Meter tief. Die nahezu konstante Temperatur des Bodens in dieser Tiefe bewirkt, dass die Luft im Verhältnis zur jeweils herrschenden Außentemperatur im Sommer abgekühlt und im Winter aufgewärmt wird. Ähnlich funktioniert auch die Abkühlung über ein Wasserbecken. Dabei wird die einströmende Luft über eine kühlere Wasseroberfläche geleitet und kühlt dabei selbst ab.

→ Wenn Sie Außenluft vor dem Einströmen abkühlen, etwa durch einen Erdwärmetauscher oder einen Luftbrunnen, können Sie den Kühleffekt noch verstärken.

Positive Nebeneffekte des Sommerbypasses

Der Sommerbypass ist kein Muss, hat aber doch einige Nebeneffekte, die den Komfort im Haus und damit die Lebensqualität steigern:

Sind die Innenräume durch den meist nächtlichen Einsatz des Sommerbypasses abgekühlt, kehrt sich beim Regelbetrieb der kontrollierten Wohnraumlüftung der Wärmetausch um. Die ausströmende Raumluft ist zumindest am Tagesbeginn kühler als die von außen einströmende Frischluft und kühlt diese ab. Dieser Effekt wird sich im Tagesverlauf zunehmend abschwächen, sorgt aber wenigstens über einige Stunden für eine kühlere Raumtemperatur. Der Sommerbypass ist daran indirekt beteiligt, da er die nächtliche Abkühlung der Außenluft ins Haus bringt.

Durch die Umgehung des Wärmetauschers mit dem Sommerbypass bleiben die Vorteile einer kontrollierten Wohnraumlüftung auch hinsichtlich der Luftqualität bestehen. Pollen und Insekten dringen nicht ins Haus ein. Auch

Lärm, der bei geöffneten Fenstern gerade in der Nacht störend ist, wird durch die geschlossenen Fenster zumindest reduziert.

Weit geöffnete Fenster mögen eine schnelle Kühlung der Innenräume bewirken. Aber Sie müssen darauf achten, dass die Fenster zum richtigen Zeitpunkt geöffnet und geschlossen werden – und der liegt für das Öffnen etwa kurz nach Mitternacht und zum Schließen in den frühen Morgenstunden. Mit einem Sommerbypass ist das nicht nötig. Und auch das Prasseln des Regens mitten in der Nacht versetzt Sie dann nicht in Panik. Denn die Fenster sind geschlossen und es kann kein Wasser eindringen.

Nicht nur für Neubauten

Wenn Sie erst jetzt eine kontrollierte Wohnraumlüftung installieren oder Ihr System erst wenige Jahre alt ist, ist der Sommerbypass vermutlich schon eingebaut. Bei älteren Anlagen lässt er sich in aller Regel problemlos nachträglich ergänzen. Je nach Hersteller und Modell ist das mehr oder weniger aufwendig und Sie können das mit etwas handwerklichem Geschick sogar in Eigenregie übernehmen. Allerdings sind die Kosten für den Sommerbypass an sich nicht besonders hoch, eine Montage durch Profis allein schon aufgrund der Gewährleistung durchaus sinnvoll.

→ Kühlen mit Klimageräten: Je größer die Hitze in den Räumen wird, umso lauter wird der Ruf nach rascher Abkühlung. Und die versprechen Klimageräte. Betrachten Sie diese jedoch maximal als ein Baustein im Gefüge Ihres Hitzeschutzes.

Klimageräte erzeugen Kälte direkt dort, wo sie gewünscht wird, genau dann, wenn sie gebraucht wird. Ein ideales Instrument also, um Hitze zu begegnen? Ja und nein. Denn nicht alle Klimageräte produzieren wirklich die Kühle, die Sie von ihnen erwarten, wie unsere Tests immer wieder bestätigen. Betrachten Sie die Geräte daher eher als eine Ergänzung zu anderen Hitzeschutzmaßnahmen. Manchmal hilft ein einfacher Ventilator sogar mehr. Dadurch wird es zwar nicht wirklich kühler, doch Hitze ist leichter zu ertragen, wenn ein Wind weht.

Am effizientesten sind zentrale, ins Haus eingebaute Klimaanlagen, sogenannte zentrale Vollklimaanlagen. Diese lohnen sich aber vor allem für große Gebäude, die dafür mit Verteilerschächten und einem Raum für das Kühlgerät ausgestattet sind. Wenn Sie nachträglich eine zentrale Vollklimaanlage einbauen wollen, müssen Sie mit relativ hohen Installationskosten rechnen, da Schächte vermutlich neu gebaut und Schlitze für die Verlegung der Versorgungsleitungen gefräst werden müssen. Kosten, die Sie an anderer Stelle besser investieren – etwa für die Dämmung, einen außen liegenden Sonnenschutz oder eine Luft-, Wasser- oder Erdwärmepumpe mit Kühlfunktion.

Dezentrale Klimageräte wie Monoblocks oder Splitgeräte lassen sich meist leichter in den Bestand integrieren, sind aber weniger effizient. Wobei zum Beispiel ein Splitgerät, das aus einem Innengerät und einem Kühlkompressor an der Außenwand besteht, bei der Kühlleistung noch ganz gut abschneidet. Immerhin können Splitgeräte einen 36,4 Kubikmeter großen Raum in nur sieben Minuten von 35 auf 24 Grad Celsius herunterkühlen. Bei einer durchschnittlichen Raumhöhe von 2,6 Meter entspricht das einem 14 Quadratmeter großen Zimmer. Ein mobiles Monoblockgerät braucht hierfür bis zu 80 Minuten, wie wir bei unserer Untersuchung herausgefunden haben.

Wir raten daher eher zu einem Splitgerät. Allerdings sind für fest verbaute Splitgeräte Bohrungen in der Außenwand erforderlich, um Kompressor und Innengerät zu verbinden. Ein Monoblock benötigt lediglich eine Steckdose und ein Fenster, durch das der Abluftschlauch die Luft ins Freie pusten kann.

Wann ist ein Klimagerät sinnvoll?

Die Außentemperaturen steigen, Ihr Haus ist noch nicht gedämmt und der Sonnenschutz vor den Fenstern reicht nicht mehr aus, um die Hitze aus den Innenräumen fernzuhalten. Das ist ein mögliches Szenario, bei dem ein Klimagerät sinnvollerweise Hilfe gegen Hitze verschaffen kann. Denn abgesehen von zentralen Klimaanlagen, die zentral zur Kühlung installiert werden, eignen sich Klimageräte, und hier vor allem Monoblocks, eher als kurz- bis mittelfristige Lösung eines Hitzeproblems. Sie sollten sich aber nicht dazu verleiten lassen, nicht weiter über andere, leistungsfähigere Maßnahmen gegen die Hitze nachzudenken.

Häufig eingesetzt werden Klimageräte bei schlecht gedämmten Häusern, die in Deutschland immer noch die Mehrheit bilden. Wie bereits im Kapitel zur Dämmung als Hitzeschutz erwähnt, stellt das ungedämmte Dach in dieser Hinsicht die größte Schwachstelle dar. Das Thermometer kann hier bis auf das Doppelte der Außentemperatur ansteigen, zumal wenn es keinerlei oder nur unzureichende Lüftung im Dachraum gibt.

Mit einem Klimagerät können Sie in diesem Fall bedingt Abhilfe schaffen. Allerdings dürfen Sie nicht zu viel erwarten – zumindest nicht, wenn Sie auf die Betriebskosten und damit die Wirtschaftlichkeit achten. Sofern Sie keine zentrale Klimaanlage installiert haben, können Sie Single-Splitanlagen oder Monoblockgeräte für die Kühlung einzelner Räume einsetzen. Das hat den Vorteil, dass Sie die Raumtemperatur gezielt steuern können und Energie nur dort eingesetzt wird, wo es wirklich notwendig ist. Tagsüber kann das im Arbeitszimmer sein, abends in den Schlafräumen.

Es lohnt sich auf jeden Fall, mögliche Wärmequellen zu reduzieren. Auch wenn Sie dadurch Ihre Wunschtemperatur noch nicht herstellen können. Jedes Grad, das ein Raum kühler ist, erleichtert und beschleunigt das Kühlen mit Klimageräten. Ihr Einsatz wird effizienter und ihr Energieverbrauch reduziert sich.

Was Sie beim Kühlen mit Klimageräten beachten sollten

Klimaanlagen funktionieren mit Kältemitteln, die mehr oder weniger gefährlich sind. Zu den weniger gefährlichen gehört Propan, das vor allem in Monoblockgeräten, bislang seltener in Splitanlagen, verwendet wird. Es ist als R209 gekennzeichnet. Die meisten Splitgeräte arbeiten hingegen mit Difluormethan, R32, das als klimaschädlich gilt. Beide Gase sind zudem brennbar. Unproblematisch sind beide nur, solange sie nicht aus dem Kältekreislauf austre-

---

SO FUNKTIONIEREN KLIMAANLAGEN

Anders als mit Ventilatoren, die die Luft lediglich umwälzen, erfolgt die Kühlung bei Klimageräten in einem geschlossenen Kältekreislauf, vergleichbar mit einem Kühlschrank. Dafür werden genau wie beim Kühlschrank Kältemittel eingesetzt. Durch den permanenten Zustandswechsel des Kältemittels von flüssig zu gasförmig wird die Kühlung erreicht. Bei niedrigem Druck dehnt sich flüssiges Kältemittel aus und kühlt dabei bis unter die Innenraumtemperatur ab. Mithilfe eines Gebläses oder Ventilators wird nun der Wärmetausch betrieben. Die warme Raumluft kühlt sich ab, das Kältemittel erwärmt sich und verdampft dabei. In diesem Zustand gelangt es in den Kompressor des Klimageräts, wo es verdichtet wird und sich weiter aufheizt. Das so erwärmte Kältemittel wird mittels eines zweiten Gebläses wieder gekühlt, indem die Wärme an die Außenluft abgegeben wird. Dabei verflüssigt es sich wieder, der Kältekreislauf beginnt von vorn. Das Kältemittel ändert seinen Zustand allerdings nicht von allein, hierfür muss ständig Energie zugeführt werden.

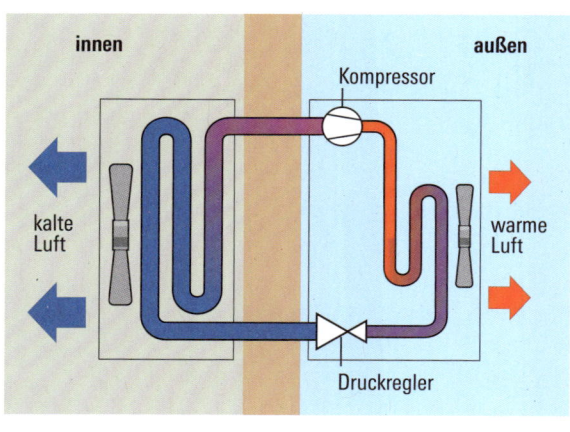

innen / außen

Kompressor

kalte Luft

warme Luft

Druckregler

ten. Vor allem eine Splitanlage sollten Sie daher immer von einer Fachkraft installieren und am Ende ihres Lebens auch entsorgen lassen.

Während Sie Monoblocks noch relativ leicht selbst in Betrieb nehmen können – viel mehr als den Abluftschlauch zum Fenster herauszuhängen und den Stecker in die Steckdose einzustecken, ist nicht erforderlich –, ist die Installation und Inbetriebnahme bei Splitgeräten etwas komplizierter. Das Außengerät muss aufgestellt und mit dem Innengerät verbunden werden. Dafür ist eine Bohrung in der Fassade notwendig. Problematisch ist das, wenn dafür die Fassadendämmung durchbrochen wird. In diesem Fall ist besonders darauf zu achten, dass weder die Dämmwirkung leidet noch Folgeschäden durch Wärmebrücken auftreten. Durch das Außengerät wird die Fassade verändert, was insbesondere bei denkmalgeschützten Gebäuden nicht ohne Weiteres erlaubt ist. Wenn Ihr Haus unter Denkmalschutz steht, müssen Sie auch die zuständige Denkmalschutzbehörde in Ihre Planung einbeziehen. Holen Sie sich vor der Installation eine Genehmigung dafür.

Vor allem wenn Sie eine zentrale Klimaanlage oder eine Splitanlage installieren lassen, sollten Sie die Anlage regelmäßig warten lassen. Nur dann ist ein sicherer Betrieb gewährleistet. Klimafachkräfte überprüfen bei der Wartung das System und reinigen Filter, Lüftungsschlitze und Verdampfer. Die Reinigung können Sie teilweise selbst übernehmen und auch das Kondenswasser, das auch bei Monoblocks anfällt, müssen Sie selbst regelmäßig entfernen.

Sie können die Kühlleistung mit einfachen Mitteln unterstützen, indem Sie beispielsweise Türen und Fenster geschlossen halten, während das Klimagerät in Betrieb ist. Bei Monoblocks haben Sie die Schwierigkeit, dass der Abluftschlauch durch das Fenster ins Freie führen soll. In den meisten Fällen lässt sich keine ausreichende Abdichtung um den Schlauch herum anbringen. Und so strömt warme Außenluft während des Kühlvorgangs in den Raum zurück. Je besser die Abdichtung nach draußen ist, desto besser kann die Kühlleistung genutzt werden. Dennoch wird Luft nachströmen, die nicht unbedingt kühl ist. Auch mit der Position des Monoblockes im Raum können Sie beeinflussen, wie viel Leistung das Gerät für die Kühlung braucht. Denn während des Betriebs erwärmt sich der Abluftschlauch durch die hindurchströmende Wärme. Dabei nimmt die kühlere Raumluft die Wärme auf und erwärmt sich wiederum. Diesen Effekt können Sie minimieren, wenn Sie den Monoblock nah an das Fenster stellen, sodass der Abluftschlauch nicht weit durch den Raum führt.

Klassische Klimageräte schalten sich selbst aus, wenn die eingestellte Raumtemperatur erreicht ist. Sie beginnen wieder zu arbeiten, wenn sich die Temperatur ändert. Auf den Stromverbrauch wirkt sich dieser An-Aus-Mechanismus negativ aus. Nur im Betrieb läuft der Kompressor mit der beständig gleichen Geschwindigkeit. Anders ist dies bei invertierenden Klimageräten. Der Kompressor läuft in unterschiedlichen Geschwindigkeiten, je nachdem wie stark gekühlt werden soll. Ist die gewünschte Raumtemperatur erreicht, rotiert der Kompressor langsamer, verändert sich die Temperatur, dreht er sich wieder schneller. Dadurch können Sie den Stromverbrauch im Vergleich zu anderen Klimageräten um nahezu ein Drittel reduzieren. Zudem laufen diese Klimageräte wesentlich geräuschärmer und erreichen die Wunschtemperatur schneller.

Bei allen Klimageräten reicht eine Kühlung der Raumtemperatur um sechs Kelvin im Vergleich zur Außenluft aus, um die Innentemperatur als angenehmer zu empfinden. Bei extremen Hitzeereignissen hilft dies allerdings nicht mehr. Das zeigt die begrenzten Möglichkeiten von Klimageräten auf: Je größer ihre beanspruchte Kühlleistung ist, desto mehr Wärme produzieren sie selbst. Darin zeigt sich ihr Paradoxon. Denn je wärmer es durch den Klimawandel werden wird, desto mehr werden Klimageräte gefragt sein. Die sind aber durch ihre Wärmeabgabe und ihren Stromverbrauch Teil des Problems und Mitverursacher der steigenden Temperaturen. Daher sollten Sie Klimageräte stets nur als Übergangslösung betrachten, die Sie durch andere, wirkungsvollere Maßnahmen ersetzen.

Nebenwirkungen der Kühlung mit Klimageräten

Lärm ist eine der Nebenwirkungen, die Sie unmittelbar betrifft, wenn Sie ein Klimagerät betreiben. Zum Vergleich: 60 Dezibel entsprechen der Lautstärke eines normalen Gesprächs. Um 60 Dezibel bewegt sich auch die Lärmbelastung im Betrieb der meisten Klimageräte. Das mag nicht besonders laut scheinen. Doch wollen Sie beispielsweise beim Schlafen ständig den Lärm eines Gesprächs haben? Wie laut die Klimaanlage sein darf, regelt die Technische Anleitung zum Schutz gegen Lärm, kurz TA Lärm. Danach dürfen Außengeräte in reinen Wohngebieten nachts nur maximal 35 Dezibel haben. In Kleinsiedlungsgebieten, in denen es neben Wohnhäusern auch zum Beispiel landwirtschaftliche Nebenerwerbsbetriebe, Läden oder Gaststätten gibt, liegt der zulässige Wert mit 40 Dezibel etwas höher. Darauf sollten Sie achten, wenn Sie ein Klimagerät auswählen.

Das Außengerät Ihrer Splitanlage nicht direkt vor Ihrem Schlafzimmerfenster anzubringen, löst das Problem nur bedingt. Denn auch Ihre Nachbarschaft leidet durch den Lärm. Durch Schallübertragung kann die Lärmbelästigung in weiterer Entfernung sogar größer sein als unmittelbar am Gerät selbst. Um Streitigkeiten aus dem Weg zu gehen, sollten Sie also nicht nur auf Ihr eigenes Gehör, sondern auch auf das Ihrer Nachbarschaft achten.

Vor allem bei günstigeren Klimageräten kommt immer wieder die Klage auf, dass ein Luftzug entsteht, den viele Menschen als unangenehm empfinden. Sie können das aber häufig mit der Einstellung Ihres Klimageräts ändern. Setzen Sie zum Beispiel die Temperatur generell nicht zu stark herab. Zu niedrige Temperaturen können tatsächlich zu gesundheitlichen Beeinträchtigungen führen. Nicht etwa, weil Klimageräte Virenschleudern sind. Im Gegenteil, sie haben bei guter Wartung und Reinigung sogar einen positiven Effekt auf die Raumluftqualität, da sie Staub und Pollen filtern können. Allerdings sind die wenigsten Menschen an Hitzetagen so warm angezogen, dass ihre Kleidung beispielsweise kühlen 20 Grad Celsius angemessen wäre. Und auch der Wechsel zwischen hohen Außentemperaturen und viel niedrigeren Raumtemperaturen kann Ihren Kreislauf zusätzlich belasten.

Energieverbrauch von Klimageräten

Mit Strom betrieben tragen Klimageräte nicht gerade zum Energiesparen bei. Selbst wenn Sie den Strom aus regenerativen Quellen beziehen oder über Ihre eigene Solaranlage auf dem Dach produzieren, ist es ein Verbrauch, der meist vermieden werden könnte. Damit wären Kapazitäten frei, die anderweitig sinnvoller eingesetzt werden könnten, oder es müsste weniger Strom produziert werden. Doch was heißt das nun für Ihr Klimagerät? Wenn Sie ein Klimagerät benötigen, und sei es auch nur übergangsweise, sollten Sie bei der Anschaffung auf den Stromverbrauch achten. Energielabel der Klimageräte geben eine erste Auskunft darüber, wie viel Energie ihr Betrieb verbraucht. Generell liegt der Energieverbrauch bei Monoblockgeräten um ein Vielfaches höher als bei Splitgeräten. Vor allem aus diesem Grund hat keines der von uns in den letzten Jahren getesteten Monoblockgeräte eine bessere Note als 3,5 erhalten. Grund für die

Empfohlene Kühlleistung: 2,4 kW
Kühlkosten: 72 Euro/Jahr

20 m²
Dachraum
4 m² Fensterfläche

Empfohlene Kühlleistung: 2,2 kW
Kühlkosten: 43 Euro/Jahr

40 m²
Wohnküche
8 m² Fensterfläche

Empfohlene Kühlleistung: 1,4 kW
Kühlkosten: 27 Euro/Jahr

20 m²
Wohnraum
5 m² Fensterfläche

Quelle: Stiftung Warentest

Im Rahmen unserer Untersuchung von Splitgeräten im Mai 2022 haben wir auch die empfohlene Kühlleistung für drei verschiedene Räume berechnet. Grundsätzlich gilt: Je größer und höher ein Raum, desto mehr Kühlleistung muss ein Klimagerät aufbringen. In unserer Simulation für Würzburg soll die Temperatur in drei Räumen mit Südfenstern und guter Dämmung 26 Grad nie übersteigen. Die Kühlleistung der getesteten Splitgeräte reicht dafür aus, die der Monoblöcke nicht. Die Daten geben eine Orientierung. Eine schlechtere Dämmung, größere oder kleinere Fenster, aber auch die Anzahl der Personen oder Elektrogeräte verändern die Ergebnisse.

schlechte Energieeffizienz ist die Konstruktion von Monoblocks, deren Abluft stets durch eine mehr oder minder gut abgedichtete Fensteröffnung nach draußen befördert wird, wodurch warme Außenluft nachströmt und den Kühlvorgang beeinträchtigt. Gegenüber sparsameren Splitgeräten reduziert sich der Stromverbrauch bei invertierenden Klimageräten weiter.

Der Energieverbrauch des Geräts selbst ist ein Faktor, auf den Sie beim Kauf achten können. Weitere Faktoren sind die Größe des Raums, seine Lage, die gewünschte Raumtemperatur. Einen sonnenbeschienenen, großen Wohnraum zu kühlen, kostet mehr Energie, als einen kleinen, der vor direkter Sonneneinstrahlung geschützt ist. Ebenso spielen die gewünschte Raumtemperatur und die Differenz zwischen dieser und der vorhandenen Ausgangstemperatur eine Rolle beim Energieverbrauch. Grundsätzlich empfiehlt beispielsweise das Bundesministerium für Wirtschaft und Klimaschutz, Räume auf maximal 26 Grad herunterzukühlen. An heißen Sommertagen kann die Differenz dann auch höher als die zuvor genannten sechs Kelvin sein.

Bei der Wahl des Klimageräts erweist sich häufig der Preis als Indikator für die Energieeffizienz. Je teurer, desto sparsamer ist allerdings eine zu einfache Formel. Wobei beispielsweise die günstigeren Monoblockgeräte aus den vorher genannten Gründen „systembedingt nicht energieeffizient" sind, wie es das Bundesministerium für Wirtschaft und Klimaschutz formuliert. Hingegen arbeiten hochwertige Klimageräte tatsächlich meist sparsamer, sind aber auch teurer – zumal Sie hier zu den einmaligen Anschaffungskosten für das Gerät und den Einbau noch die regelmäßigen Kosten für die Wartung hinzurechnen müssen.

Für den Dauerbetrieb sollten Sie Klimageräte nicht in Betracht ziehen. Denn Klimageräte tragen selbst zur Erwärmung bei, wenngleich nicht unmittelbar im selben Raum. Und auch die möglichen Umweltfolgen durch die Kühlmittel sind nicht zu vernachlässigen. Übergangsweise können Sie ein Klimagerät in Hitzeperioden einsetzen. Kühlen Sie dann lieber vor dem Schlafengehen Ihr Schlafzimmer für kurze Zeit, als die Temperatur dort den ganzen Tag konstant niedrig zu halten.

→ **Der Garten als kühle Oase:** Hitze macht nicht nur Menschen zu schaffen, sondern auch Pflanzen. Dennoch kann Ihr Garten bei guter Planung zu einer kühlen Oase werden, mit einem positiven Klimaeffekt für Ihr Haus und seine Umgebung.

Trockenheit und hohe Temperaturen machen den Menschen und ihrer Umwelt zu schaffen. Mit Ihrem eigenen Garten, einem Balkon, einer Terrasse oder sogar der Hausfassade können Sie das Mikroklima verändern – mit Wirkung auf Ihre Wohnräume und darüber hinaus.

Wenn Sie schon mal an einem heißen Sommertag über einen gepflasterten Platz in eine Grünanlage mit Bäumen, Blumenbeeten, einer Rasenfläche und vielleicht sogar einem Teich oder Springbrunnen gegangen sind, werden Sie den Temperaturunterschied zwischen beiden Umgebungen gespürt haben. Steine erwärmen sich, geben einen Teil dieser Wärme sofort, einen weiteren über eine längere Zeitdauer wieder ab. Daher ist es in stark bebauten, gepflasterten oder geteerten Gebieten selbst in der Nacht, wenn die Sonne schon längst untergegangen ist, immer noch ziemlich warm. Hingegen wirkt in Grünflächen die Verdunstungskälte. Es entsteht ein Temperaturaustausch, der zur Abkühlung führt. Für diesen positiven Effekt macht es keinen Unterschied, ob Sie Ihren Garten horizontal oder vertikal angelegt haben. Die im Garten entstandene Kühle können Sie als natürliche Temperatursenke für Ihre Wohnräume nutzen, vorausgesetzt, Sie haben Garten, Balkon, Terrasse und idealerweise auch Ihre Hausfassade entsprechend gestaltet.

Wie ein Garten die Kühlung der Wohnräume unterstützt

Ein Garten ist Erholungsort, ein Ort zum Arbeiten, zum Spielen. Vor allem aber kann er die natürliche Kühlung der Wohnräume unterstützen. Ganz einfach geschieht dies über Schatten spendende Bäume und Büsche, die als natürlicher Sonnenschutz dienen. Der Garten kann aber auch aktiv zur Kühlung Ihrer Wohnräume beitragen, wenn er selbst kühler ist als die Innenräume. Und dass das so ist, dafür ist die Verdunstungskälte verantwortlich, die bei der Verdunstung von Wasser entsteht. Durch Sonneneinstrahlung geht Wasser aus seinem flüssigen Aggregatzustand in den gasförmigen über, ohne dabei zu sieden. Dieser Prozess findet über Pflanzen statt, die das Wasser aus dem Boden aufnehmen und an ihren Blattoberflächen verdunsten. Dadurch schützen sie sich selbst vor Überhitzung. Für die Verdunstung brauchen Pflanzen Energie, die sie aus der Sonne gewinnen. Der Luft wird beim Verdunstungsprozess Wärme entzogen, wodurch sie sich abkühlt, die Verdunstungskälte entsteht. Wichtig für diesen Prozess ist die Bodenwasserspeicherfähigkeit. Denn Pflanzen können nur dann aktiv Wasser verdunsten, transpirieren, wenn sie auch Wasser aufnehmen können. Ist es hingegen zu trocken, schützen sie sich selbst und verdunsten weniger. Die Verdunstung kann außerdem unmittelbar über Wasserflächen, die im Garten angelegt sind, erfolgen. Hierbei findet ebenfalls ein Kühlprozess statt.

Auch wenn Sie an heißen Tagen Fenster und Türen tagsüber geschlossen halten, wirkt sich die Verdunstungskälte positiv auf die Innenräume aus. Zum einen wird es durch die niedrigere Außentemperatur bei ausreichendem Sonnenschutz auch in den Räumen nicht übermäßig heiß. Zum anderen macht sich das Temperaturgefälle von Haus zu Garten positiv bemerkbar, wenn Sie die Nachtabkühlung zum Lüften nutzen.

Einen zusätzlichen Hitzeschutz bilden auch begrünte Fassaden und Gründächer. Sie schützen die Bausubstanz vor Witterungseinflüssen wie zu großer Sonneneinstrahlung. Zudem entsteht durch die Verdunstung ein kühlender Effekt unmittelbar an der Hülle Ihres Hauses. Und durch die zusätzliche Dämmung ist das Gebäudeinnere besser vor Hitze und Kälte geschützt. Mehr zu Gründächern im Kapitel „Versickern über die Dachbegrünung" ab S. 133.

Die Mischung machts – auch bei der Gartengestaltung. Hohe Bäume spenden Schatten, Stauden und Gras tragen durch Verdunstung zur Kühlung bei. Ganz abgesehen von der Artenvielfalt, die damit gefördert wird.

Die Bepflanzung des Gartens bis an das Haus herankommen zu lassen, hat Vorteile für den Schutz vor Hitze und Starkregen. Die Gestaltungsmöglichkeiten dafür sind nahezu unendlich.

So sollten Sie Ihren Garten gestalten

Drei Dinge sollten Sie tun, wenn Ihr Garten zur Kühlung im und um das Haus herum beitragen soll: beschatten, entsiegeln und begrünen. Stellen Sie sich bei Ihrem bestehenden Garten also diese drei Fragen: Wo kann weiter entsiegelt werden? Wie kann der Garten grüner werden? Wo fehlt Schatten? Diese Fragen können Sie sich auch stellen, wenn Sie Ihr Haus erst noch planen oder einen Umbau realisieren. Denn wenig Fläche versiegeln, viel Grün einplanen und auf die Position von Schattenspendern achten sind bei jeder Neu- und Umgestaltung die wesentlichen Punkte, wenn Ihr Garten dem Hitzeschutz dienen soll. Wenn auf Ihrem Baugrund schon Bäume stehen, was selten genug vorkommt und meist bei Nachverdichtungen anzutreffen ist, sollten Sie die alten Bäume möglichst erhalten. Denn bis neu gepflanzte Bäume dieselbe Größe und Blattoberfläche haben, vergehen je nach Baumart Jahrzehnte. Ohnehin brauchen Sie für Bäume ab einem bestimmten Alter und einer bestimmten Größe eine Genehmigung für die Fällung. Bei der Planung Ihres Hitzeschutzgartens können Sie viel selbst machen, aber mit der Unterstüt-

zung von Profis aus dem Garten- und Landschaftsbau ist es einfacher.

Der Garten funktioniert als Hitzeschutz für das Haus nur, wenn möglichst wenig Fläche versiegelt ist. Mit Steinen, Kies und Co belegte Flächen absorbieren die Sonneneinstrahlung und werden so zu einem großen Teil selbst zur Wärmequelle. Ein geringerer Teil der Strahlung wird reflektiert und verstärkt dadurch die Wärmebelastung, die indirekt in das Haus eindringen kann. Halten Sie daher die Zahl der Zuwege gering und wählen Sie helle, durchlässige Materialien als Belag, wie beispielsweise hellen Kies oder Rasengittersteine.

Ein weiterer Grund, der gegen eine großflächige Versiegelung um das Haus spricht, ist die Wasserspeicherfähigkeit des Bodens. Das gespeicherte Wasser bringt Pflanzen über Trockenperioden, wirkt aber auch als Puffer bei Starkregenereignissen. Daher ist es doppelt gut, wenn Sie möglichst wenig Boden versiegeln. In manchen Bundesländern gibt es hierzu und auch zum Umgang mit Schottergärten mittlerweile Vorschriften in den Landesbauordnungen, die Sie beachten müssen.

Gleich nach der Sanierung oder dem Neubau sollten Sie auch den Garten anlegen. Am besten haben Sie ihn von Anfang an mitgeplant. Denn blanke Erde kann ebenso wie unbewachsene Schotterflächen zur Hitzeentwicklung um das Haus herum beitragen. Und auch bei Starkregen kann ein ausgetrockneter Boden wie eine versiegelte Fläche wirken, die zu Oberflächenüberschwemmung führt, noch bevor der Boden weich und wieder speicherfähig wird. Pflanzen hingegen beschatten durch ihren Bewuchs die Erde, halten sie kühler, verdunsten über ihre Blattoberflächen Wasser und tragen damit zur Kühlung ihrer Umgebung bei.

Zusätzlich zu den Pflanzen können Sie mit Wasserflächen im Garten die natürliche Kühlung der Verdunstung nutzen. Allerdings nur, wenn sich das Wasser nicht selbst aufheizt und damit zur Wärmequelle wird. Legen Sie Ihren Teich daher so an, dass er zumindest zum Teil beschattet ist, etwa durch umstehende Bäume oder Stauden. Beziehen Sie in die Planung den Sonnenverlauf mit ein, damit auch sonnenliebende Wasserpflanzen gedeihen. Sie tragen zur Selbstreinigung des Wassers bei. Allein der Anblick von Wasser sorgt bei vielen Menschen bereits für ein Gefühl der Erfrischung, ein Effekt, der durch ein leichtes Plätschern noch erhöht wird. Überlegen Sie also, ob Sie einen kleinen Bach durch den Garten oder einen Springbrunnen in Ihre Gartenplanung integrieren können. Den Kühleffekt für den Garten, der dann wiederum auch auf das Haus wirkt, können Sie verstärken, wenn das fließende Wasser immer wieder abgekühlt wird, beispielsweise indem der Wasserkreislauf durch das kühlere Erdreich führt.

Auf Wege über das Grundstück und durch den Garten werden Sie nicht gänzlich verzichten können. Achten Sie auf einen Belag aus hellen und durchlässigen Materialien. Gittersteine haben den Vorteil, dass in ihren Zwischenräumen Gras wachsen kann. Wenn Sie tatsächlich noch eine Abstellfläche für das Auto oder eine Terrasse brauchen, können Sie mit Schotterrasen zumindest ein wenig Grün auf die ansonsten unbewachsene Fläche bringen. Diese Kombination aus Gras und Schotter verzeiht es, wenn Sie darauf gehen oder sie befahren. Ihr für die Kühlung angelegter Garten gleicht eher einem Nutz- und Erholungsraum, der nicht überwiegend mit Terrasse oder Parkplatz belegt sein sollte.

Es gibt aber noch weitere Faktoren, die Ihren Garten zum Baustein im Hitzeschutz für das Haus werden lassen. Seine Funktion als Schattenspender erfüllt er mit hohen Bäumen, die Schatten nicht nur auf ihre unmittelbare Umgebung werfen, sondern auch auf die Fenster oder einen Teil des Daches. Dabei müssen Sie aber darauf achten, dass die Bäume bei Sturm nicht zur Gefahrenquelle werden oder Ihre Solarpaneele verschatten. Vor allem, wenn sich Ihr Wohnraum im Sommer ins Freie ausdehnt, sind Bäume mit breiten Kronen ein guter Schutz vor Hitze und direkter UV-Strahlung.

Lassen Sie Ihren Garten ganz nah ans Haus herankommen. Damit vermeiden Sie Hitzestau direkt vor dem Wohnraum. Die Begrünung wirkt durch die Nähe zum Gebäude noch besser, was Verdunstung und Verschattung angeht. Eine besondere Bedeutung kommt dabei der Fassadenbegrünung zu.

DIE KENNGRÖSSE FELDKAPAZITÄT

Die Feldkapazität (FK) gibt an, wie viel Wasser ein Boden aufnehmen und speichern kann. Damit hat sie einen praktischen Nutzen für die Landwirtschaft und den Gartenbau. Denn mit ihr wird deutlich, wie gut der Boden mit Starkregen einerseits und Trockenheit andererseits umgehen kann. Um die Feldkapazität zu ermitteln, wird ein wassergetränkter Boden im Labor über 24 Stunden bei 105 Grad getrocknet. Aus der Differenz zwischen dem Gewicht vor der Trocknung und danach ergibt sich der Wassergehalt. Die Zusammensetzung des Bodens mit verschieden großen Poren und das Bodenleben insgesamt beeinflussen, wie viel Wasser vorhanden ist und wie viel davon Pflanzen aufnehmen können. Dieser Wert wird nutzbare Feldkapazität (nFK) genannt. Wichtig ist die nutzbare Feldkapazität deswegen, weil von ihr abhängt, wie viel Wasser einer Pflanze zur Verfügung steht und wie viel sie daher auch aktiv transpirieren kann – was wiederum die Kühlung beeinflusst. Größere Poren sorgen für Durchlüftung des Bodens und die Ableitung des Regenwassers. Sehr kleine Poren dagegen halten das Wasser, auch Totwasser genannt, da die Pflanzen hier nicht herankommen. Die Hitzeschutzwirkung eines Gartens – und auch seine bei Starkregen wichtige Funktion als Pufferspeicher – wird also durch die Bodenbeschaffenheit beeinflusst.

Ausgetrockneter Boden gleicht einer versiegelten Fläche, hart und undurchlässig. Pflanzen, die den Boden möglichst komplett bedecken, halten die Erde länger feucht und locker.

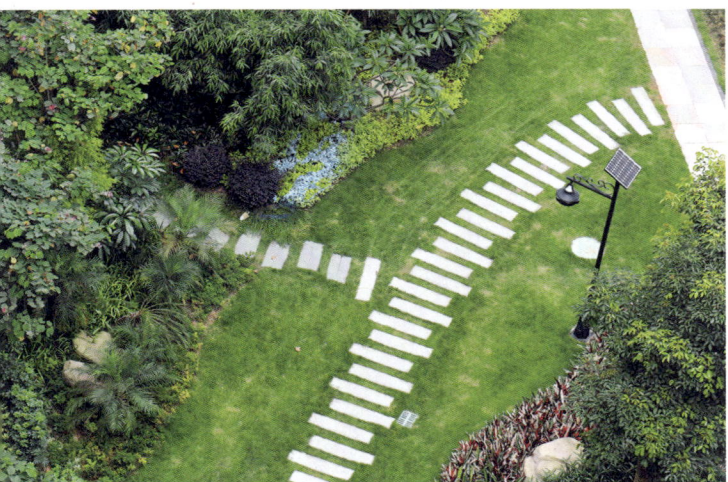

Einzelne Natursteinplatten oder Steine versiegeln gerade so viel Fläche, dass beim Weg durch den Garten die Schuhe sauber bleiben. Das Grün darf sich bis auf ein Maximum an den Weg heran ausdehnen.

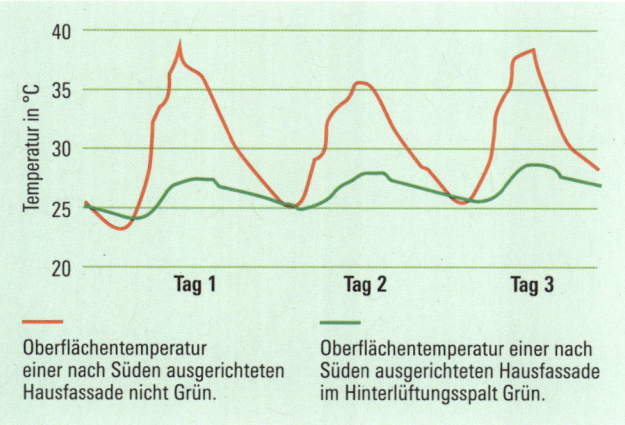

Oberflächentemperatur einer nach Süden ausgerichteten Hausfassade nicht Grün.

Oberflächentemperatur einer nach Süden ausgerichteten Hausfassade im Hinterlüftungsspalt Grün.

Alleskönner Fassadenbegrünung

Schon die Bezeichnung „vertikale Gärten" verdeutlicht, dass begrünte Fassaden in gewisser Weise die Funktion eines Gartens erfüllen können. Ganz nah am Gebäude entfalten sie diese Wirkung, indem sie zugleich als Schutz vor Hitze dienen und auch bei Starkregen schützend wirken. Ein genauer Blick auf die grünen Alleskönner lohnt sich also.

MEHRWERT DURCH MEHR GRÜN

Auch der grüne Fassadenbewuchs kühlt durch Verdunstung. Zudem beschattet er die Fassade, schützt so vor zu starker Sonneneinstrahlung und mindert die Reflexion der Strahlen durch Absorption der Blätter. Immergrüner Bewuchs dämmt nicht nur gegen Hitze, sondern auch gegen Kälte. Er wirkt außerdem schallmindernd und bietet zahlreichen Tieren einen Lebensraum, zumindest in der Vegetationsphase. Der Bewuchs mildert Schlagregen und Hagel ab, bevor der auf die Fassade treffen kann. Und bei der Versickerung leisten die Blattoberflächen ebenfalls ihren Beitrag, halten das Wasser auf, bevor es langsam abgleitet.

RANKEN UND SCHLINGEN

Bei der bodengebundenen Begrünung wird zwischen rankenden und schlingenden Pflanzen unterschieden, die jeweils noch in Unterkategorien eingeteilt werden können. Gepflanzt werden sie nah an der Fassade, die Selbstklimmern Halt gibt. Für die anderen Pflanzen wird eine Rankhilfe angebracht. Sie dient als Stütze, ist aber auch Teil der Fassadengestaltung. Achten Sie bei den Würgern unter den schlingenden Pflanzen darauf, dass sie nicht zu nah an Dachrinnen oder Leitungen kommen, da sie diese zerdrücken könnten. Bei Blauregen (Glyzinie) kann dies beispielsweise der Fall sein. Die umfangreiche Pflanzenauswahl umfasst neben Efeu und Wildem Wein auch Kletterrosen und Spalierobst.

VERTIKAL GEPFLANZT

Eine weitere Möglichkeit der Fassadenbegrünung sind die wandgebundenen Systeme. An unterschiedlichen Stellen der Fassade werden dafür Pflanzgefäße angebracht, in denen dann Pflanzen wachsen. Auch Balkonbegrünungen gehören zu diesen vertikalen, wandgebundenen Systemen. Es gibt aber weit ausgeklügeltere Möglichkeiten, ganze Wandflächen mit vertikalen Gärten zu begrünen. Sie müssen allerdings bewässert werden und sind schon allein deshalb eher kostspielig. Die Pflanzenauswahl ist im Grunde nur durch die Größe der zur Verfügung gestellten Nahrungsquelle und die Ausrichtung der Fassade beschränkt.

AN DER TRAUFKANTE IST SCHLUSS

Wichtig ist eine intakte Fassade, damit keine Schäden an der Bausubstanz entstehen. Aus diesem Grund muss auch geprüft werden, was statisch möglich ist. Viele rankende Pflanzen und Selbstklimmer wuchern stark und benötigen regelmäßige Rückschnitte. An den Fenstern geschieht dies, um den Lichteinfall zu erhalten. An der Traufe muss zurückgeschnitten werden, damit die Triebe sich nicht in die Dachrinne oder unter die Dacheindeckung schieben und dort Schäden verursachen.

WACHSTUMSFÖRDERUNG

Die Begrünung trägt zur Verbesserung des Mikroklimas und der Luftqualität bei. Daher wird die Bepflanzung immer häufiger von Kommunen gefördert. Nachfragen lohnt sich. Ob die Fassade für eine Begrünung geeignet ist, welche Pflanzen für den jeweiligen Standort gewählt werden sollten und wie die Begrünung erfolgen kann, lässt sich am besten mit einem Fachbetrieb klären. Er kann in der Regel auch Auskunft über Fördermöglichkeiten geben.

Bäume und Pflanzen, die sich besonders gut eignen

Jede Pflanze hat ihre eigene Kühlleistung. Wie groß diese jeweils ist, ist noch nicht ausreichend erforscht. Ein Ranking der in dieser Hinsicht besten Pflanzen existiert also nicht. Doch eine Forschungsgruppe an der Wiener Universität für Bodenkultur hat verschiedene Studien ausgewertet, deren Ergebnisse die Auswahl geeigneter Pflanzen erleichtern können. So können vor allem die Englische Ulme, die Ahornblättrige Platane und Lindenbäume wegen ihrer ausgeprägten Kronen das Mikroklima positiv beeinflussen. Sie wirken positiv auf die Lufttemperatur und -feuchtigkeit, auf Sonneneinstrahlung und Strahlungstemperatur, aber auch auf die Windgeschwindigkeit.

Bei der Nutzung von Pflanzen zur Kühlung sollten Sie beachten, dass viele Pflanzen selbst mit dem Klimawandel ringen. Nicht alle bislang bei uns wachsenden Arten ertragen die steigenden Temperaturen. Andere, hitzeresistentere Pflanzen wandern bereits ein, siedeln sich

Das dichte Blätterdach einer ausladenden Baumkrone spendet im Sommer Schatten für Haus und Freiflächen. Im Winter dringt die Sonne durch das blattlose Geäst. Aber Vorsicht: Der Schatten bietet keinen hundertprozentigen UV-Schutz und vor allem bei älteren Bäumen droht Sturmbruch.

DER BUNDESVERBAND GEBÄUDEGRÜN E. V. HÄLT AUF SEINER WEBSITE PFLANZLISTEN FÜR BODEN- UND WANDGEBUNDENE FASSADENBEGRÜNUNGEN BEREIT: www.gebaeudegruen.info/gruen/fassadenbegruenung/planungshinweise#c3495.

KÜHLLEISTUNG VON PFLANZEN

Für die Kühlleistung einer Pflanze sind zwei Werte besonders beachtenswert: der Blattflächenindex und die Transpirationsrate. Je höher die beiden sind, umso besser ist die Kühlleistung. Doch was steckt hinter diesen beiden Werten und wie werden sie gemessen? Der Blattflächenindex, kurz BFI oder LAI für „leaf area index", gibt das Verhältnis von Blattfläche zu Bodenfläche an. Bei einem BFI von 1 wird ein Quadratmeter Boden von einem Quadratmeter Blättern überdeckt. Bei einem höheren Wert überwiegt der Blattanteil, wobei die Blätter in verschiedenen Ebenen liegen. Außer für die Kühlleistung durch Verdunstung über die Blattoberfläche ist der Blattflächenindex auch eine Kenngröße für den Prozess der Photosynthese, die Ablage-

rung von Schadstoffen aus der Luft und die Haftung und Verdunstung von Niederschlag auf den Blättern. Die Transpirationsrate gibt an, wie viel Wasser eine Pflanze oder generell ein Lebewesen unter bestimmten Bedingungen in einer bestimmten Zeit ausdünstet. Pflanzen verdunsten über ihre Blätter Wasser, um sich damit vor Überhitzung zu schützen. Bei Wind erhöht sich die Transpirationsrate. Allerdings kann eine Pflanze bei für ihre Verhältnisse zu großer Hitze die Verdunstung auch einstellen, um sich so vor zu großem Wasserverlust zu schützen. Wann dieser Punkt erreicht ist, unterscheidet sich stark und ist abhängig davon, an welche klimatischen Bedingungen die Pflanze optimal angepasst ist.

an. Nicht alle davon tragen zur Verdunstungskühlung bei. Im Gegenteil, die an große Hitze angepassten Pflanzen sind häufig auch diejenigen, die sparsam mit Wasser umgehen können und nur sehr wenig Wasser verdunsten. Wenn Sie Verdunstungskühlung nutzen möchten, kommen diese Pflanzen nicht in Betracht. Dann sollten Sie auf Pflanzen mit einer großen Blattoberfläche setzen.

Die meisten Studien zum Thema Kühlung durch Pflanzen beschäftigen sich mit dem Stadtraum und speziell öffentlichen Grünflächen. Daraus lassen sich aber auch Hinweise für die Gestaltung des Hausgartens ableiten, zumindest was die Auswahl der Baumarten betrifft. So hat beispielsweise eine Forschungsgruppe an der Technischen Universität München Robinien und Linden verglichen. Die Ergebnisse zeigen, dass Robinien mit ihren weniger dichten Kronen und kleineren Blattflächen weniger transpirieren und auch weniger Wasser benötigen. Stehen sie auf einer Wiese, wirkt ihre Kühlleistung in Kombination mit dem Gras stärker als bei Linden. Deren dichte Kronen spenden zwar mehr Schatten und die großen Blattoberflächen reflektieren das kurzwellige Sonnenlicht, doch sie benötigen auch viel Wasser. An feuchten Standorten oder in der

Nähe der Terrasse sind Linden daher vorteilhaft, während auf einer Wiese Robinien wohl die bessere Wahl sind. Unabhängig von ihrer Verdunstung haben Laubbäume den Vorteil vor Nadelbäumen, dass sie im Sommer durch ihr Blätterdach Schatten spenden, im Winter die kahlen Äste aber Sonne durchdringen lassen.

Abstände zur Nachbarschaft und zum eigenen Haus beachten

Ihr Garten wirkt nicht nur auf das Mikroklima Ihres Hauses, sondern auch auf die Nachbarschaft. Das sollten Sie beim Anlegen Ihres Gartens bedenken. Denn Nachbarschaftsstreitigkeiten entzünden sich nicht selten an der Grundstücksgrenze, wenn Äste, Zweige und Wurzeln die Grenzlinien nicht beachten. Der Baum auf Ihrem Grundstück wirft seinen Schatten eben nicht nur auf Ihr eigenes Haus, sondern je nach Lage und Tageszeit auch auf das Nachbargrundstück. Um Streitigkeiten aus dem Weg zu gehen, sollten Sie sich vor dem Anpflanzen bei der örtlich zuständigen Stelle über die geltenden Regelungen zu Grenzabständen erkundigen. Die sind Ländersache und unterscheiden sich bundesweit. Als Faustregel wird für Bäume und Gehölze angenommen, dass 50 Zentimeter Abstand zur Grundstücksgrenze bei einer Höhe von bis zu zwei Metern ausreichen, bei höheren Pflanzen sollten Sie einen Abstand von einem Meter einhalten. Wobei von dem Trieb der Pflanze gemessen wird, der am nächsten an der Grenze austreibt. In Hanglagen wird in einer waagerechten Linie gemessen, also nicht dem Boden entlang. Allerdings gibt es auch Ausnahmen. So kann beispielsweise bei stark wuchernden Gehölzen ein Abstand von bis zu acht Metern gefordert sein. Klären Sie dies besser vorab. Wenn Ihr Nachbar oder Ihre Nachbarin zustimmt, können Sie die Bepflanzungsgrenze auch unterschreiten. Lassen Sie sich aber eine schriftliche Bestätigung hierüber geben. Das hilft, um spätere Unstimmigkeiten von vornherein auszuräumen. Blumen und Stauden sind übrigens von Grenzabstandsregelungen ausgenommen. Wenn Sie allerdings eine gute Nachbarschaft pflegen möchten, suchen Sie statt Zollstock, Gesetzbuch und Behörden besser schon im Vorfeld das Gespräch mit Ihren Nachbarinnen und Nachbarn.

Fassadenbegrünung stellt bei einem Einfamilienhaus keine Beeinträchtigung für die Nachbarschaft dar. Aufpassen müssen Sie aber, wenn Sie in einem Doppel- oder Reihenhaus wohnen. Da kann stark wucherndes Grün durchaus von der eigenen Hauswand zum Nachbarhaus weiterwachsen. Selbst wenn dies für den Hitzeschutz aller Gebäude förderlich ist, darf die eigene Fassadenbegrünung nicht ohne Zustimmung auch andere Häuser überziehen.

Wo Sie Bäume und Gehölze positionieren, spielt auch für Ihr eigenes Haus eine Rolle. Starke Wurzelausläufer können unter Umständen die Bausubstanz schädigen, wenn Sie zu nah am Haus gepflanzt haben. Eine Fassadenbegrünung hingegen schädigt entgegen verbreiteter Befürchtungen eine intakte Fassade nicht. Im Gegenteil, sie kann als zusätzliche Schutzschicht fungieren. Schneiden Sie die Begrünung um Türen und Fenster zurück und kontrollieren Sie, dass das Grün nicht unter die Dacheindeckung drängt. Das reicht als Pflegemaßnahme meist aus. Laub dagegen, das im Herbst herabfällt, kann Dachrinnen und Fall-

Stauden sind eine ideale Bepflanzung für den Hitzeschutzgarten. Sie bedecken den Boden großflächig, spenden teilweise Schatten und haben ausreichend Blattoberfläche, um zur Verdunstungskühlung beizutragen. Blühende Stauden setzen den ganzen Sommer über farbige Akzente.

rohre verstopfen. Sie müssen es regelmäßig entfernen. Ebenso sollten Sie den Zustand der Bäume regelmäßig überprüfen, damit nicht Äste und Zweige oder gar der ganze Baum Ihr Haus beschädigen.

Wenn Sie ausgefeiltere Wasserflächen planen, sollten Sie Profis hinzuziehen. Damit haben Sie die Gewähr, dass das Wasserbecken dicht ist und nicht im Erdreich Schäden am Fundament Ihres Hauses entstehen. Sie sollten die Dichtigkeit zudem regelmäßig prüfen lassen. Zumal die Wurzeln von Pflanzen und die UV-Strahlung – über längere Zeit betrachtet – zu Schäden beispielsweise an einer Teichfolie führen können. Nehmen Sie Rücksicht auf Ihre Nachbarschaft. Beim nächtlichen Konzert von Fröschen und Kröten können nicht alle Menschen gut schlafen.

Nebeneffekte eines grünen Gartens

Ihr Hitzeschutzgarten beeinflusst das Mikroklima in der gesamten Nachbarschaft positiv. Durch weniger versiegelte Flächen und mehr Grün wird es durch Verdunstung kühler. Da es

DAS AUTO GEHÖRT IN DIE GARAGE

Garagen gehören zum typischen Bild von Einfamilienhaussiedlungen. Eigentlich für Autos gedacht, werden sie häufig
als Abstellraum zweckentfremdet. Damit findet nicht nur eine schleichende Umnutzung statt, die von der Bauaufsichtsbehörde abgemahnt werden kann, sondern es fehlt vor allem
der Platz für Autos, die dann im Straßenraum oder auf dem
unüberdachten Vorplatz abgestellt werden. Bei Sonnenschein erhitzt sich dann der Innenraum. Das mag unangenehm bei der späteren Autofahrt sein. Viel belastender ist
aber, dass die Karosserie Wärme abstrahlt. So erhitzt sich
die Umgebung zusätzlich zu den ohnehin Wärme abstrahlen-
den Straßen und Gehwegen. Sie sollten also schon aus Eigeninteresse Ihr Auto – so Sie denn eines brauchen oder haben – nicht am Straßenrand oder auf nicht überdachten Flächen abstellen. Wenn Sie, aus welchen Gründen auch immer, keine Garage für Ihr Auto haben möchten, errichten Sie
zumindest einen Carport. Versehen Sie beides am besten mit
einem Gründach, das einen zusätzlichen Beitrag zur Kühlung
leisten kann. Sie schützen Ihr unter dem Carport oder in der
Garage geparktes Auto zudem vor weiteren Wettereinflüssen
wie Hagel, Regen, Sturm und Schnee.

immer einen Temperaturfluss von warm zu kalt
gibt, wirkt sich eine kühle Gartenoase direkt
auf die gesamte Umgebung aus. Es gibt aber
noch weitere Gründe, warum sich eine üppige
Gartengestaltung lohnt.

→ Eine Bepflanzung wirkt schalldämmend, da
sie einen Teil der Schallwellen ablenkt, einen anderen absorbiert. So wird insgesamt
weniger Schall direkt reflektiert. Vor allem,
wenn Ihr Haus an einer viel befahrenen
Straße steht, profitieren Sie mehrfach von
der Begrünung.

→ Die Biodiversität wird durch die Bepflanzung erhöht. Das bezieht sich zum einen
auf die Pflanzenvielfalt an sich, mehr noch
auf die Vielfalt unterschiedlicher Arten von
Insekten oder Vögeln. Allerdings kann sich
gerade mit Wasserflächen im Garten auch
die Zahl der Stechmücken erhöhen. Lassen
Sie sich hier von einem Gartenfachbetrieb
beraten, wie Sie mit Pflanzendüften oder
Insektenfressern die Belästigung durch

Stechmücken reduzieren können. Auch
Mückengitter an den Fenstern helfen.

→ Insgesamt wird durch die Begrünung der
Boden verbessert. Dadurch wächst mehr.
Der Boden ist zugleich auch besser vor Erosion etwa bei Wind und Starkregen geschützt. Sie sorgen also nicht nur gegen
Hitze, sondern auch andere Extremwetterereignisse vor.

→ Ein bepflanzter Garten fungiert als Naher-
holungsgebiet direkt vor der eigenen
Haustür. Viel Grün erhöht den Erholungs-
faktor und Ihr Haus lohnt sich damit umso
mehr.

→ Haus und Garten gehören zusammen, auch
was ihre Außenwirkung betrifft. So wertet
ein gut angelegter Garten Ihr Gebäude auf,
was sich bei einem möglichen Verkauf
auch im erzielten Preis niederschlägt. Planen Sie beim Neubau den Garten gleich
mit.

Was ein Hitzeschutzgarten kostet

Die Kosten für einen Garten hängen von vielen
Faktoren ab. Größe, Bodenbeschaffenheit, Lage, Pflanzenauswahl sind nur einige davon. Einen Garten als Unterstützung für den Hitzeschutz anzulegen, kostet aber nicht mehr, als
einen Garten anzulegen, der diese Funktion
nicht übernehmen kann. Im Gegenteil: Je mehr
Wege und Mauern Ihr Garten haben soll, umso
teurer wird er. Denn gepflasterte und mit Kies
belegte Flächen kosten wegen des benötigten
Materials und vor allem der Arbeitszeit der
Fachkräfte mehr als Pflanzen. Hören Sie auf
Garten- und Landschaftsbauprofis, die dazu raten, Wege und Befestigungen aus Sicherheits-
gründen immer von einem Fachbetrieb ausführen zu lassen.

Sparen können Sie bei den Pflanzen. Und
das in vielerlei Hinsicht, nicht bei der Qualität,
wohl aber beispielsweise bei der Größe. Je höher ein Baum ist, desto mehr Pflege er in der
Baumschule schon erhalten hat, umso teurer
ist er. Das gilt auch für Stauden, Gräser oder
Blumen. Setzen Sie also auf junge und kleinere
Pflanzen. Zumal es keine Garantie gibt, dass
die großen Pflanzen in Ihrem Garten tatsäch-

lich anwachsen. Fangen Sie lieber mit kleineren, dafür guten Pflanzen an und schauen Sie denen beim Wachsen zu. Wenn Sie Spaß an Gartenarbeit und etwas Geschick haben, pflanzen Sie selbst an. Das spart zusätzlich Kosten. Mit geringerem Budget sollten Sie exotischere, seltenere Pflanzen vermeiden, die sind oft erheblich teurer. Ein Gartenprofi kann Ihnen sagen, welche Pflanzen gegenüber dem Klimawandel resilienter und damit besser für Ihren Garten sind. Schließlich wird es auch langfristig günstiger, wenn nicht alle paar Jahre Pflanzen ausgetauscht werden müssen, weil sie mit dem Standort nicht zurechtkommen.

Planen Sie Ihren Hitzeschutzgarten gleich mit dem Bau oder der Sanierung Ihres Hauses. Das hat mehrere Vorteile. Zum einen können Sie Maschinen nutzen, die beim Hausbau ohnehin gebraucht werden. Bagger können dann nicht nur die Erde für das Fundament bewegen, sondern auch gleich für den Garten. Sie behalten den Boden, den Sie als Gartenerde sonst später teuer kaufen müssen. Das gilt auch für vorhandene Pflanzen, die Sie teilweise erhalten können, teilweise auch erhalten müssen, wie etwa Bäume ab einer bestimmten Hö-

Ein Teich am Haus verbessert das Mikroklima. Frösche, Kröten und Insekten können aber auch zur Belästigung werden.

he oder Hecken. Erkundigen Sie sich hier bei der zuständigen Bauaufsichts- und Umweltbehörde. Auch Wasserleitungen, Stromanschlüsse oder die Regenwasserbewirtschaftung (mehr zu diesen Themen im nächsten Kapitel) können Sie so gleich mit planen und umsetzen. Insgesamt sparen Sie durch die frühe Gartenplanung Kosten.

Gleich ob Sie Ihren Garten neu anlegen oder umgestalten, für einen wirklich effizienten Hitzeschutz durch den Garten lohnt es sich, auf die Expertise von Gartenprofis zurückzugreifen. Die können Sie bei der Auswahl geeigneter Pflanzen beraten und Tipps für den richtigen Standort geben. Sie erfassen das Gelände, machen einen Gartenplan und erstellen den Pflanzplan. Der zeigt an, wo welche Pflanze hinkommt. Das ist auch dann sinnvoll, wenn Sie das Anpflanzen selbst übernehmen.

Unter Umständen kann ein Hitzeschutzgarten auch gefördert werden. Mehr dazu in Kapitel 5, S. 189.

KOSTENPUNKTE

Diese Kostenpunkte sollten Sie für Ihren Hitzeschutzgarten einplanen:
→ Etwa zehn Prozent der Bausumme sollten Sie bei einem Neubau für die Gartenanlage einplanen – etwas weniger bei flachen Grundstücken, erheblich mehr bei Hanglagen.
→ Ein professionell erstellter Pflanzplan kostet zwischen 800 und 1 000 Euro, spart aber Kosten, die durch falsche Bepflanzung und folgende Neupflanzung entstehen.
→ Pflanzen sind im Allgemeinen erheblich günstiger als befestigte Wege und Mäuerchen.

INTERVIEW MIT LANDSCHAFTSARCHITEKTIN PETRA PELZ

→ **Wir brauchen mehr Grün:** Gärten und Fassadenbegrünungen helfen bei der Anpassung an den Klimawandel auf vielfältige Weise.

Landschaftsarchitektin Petra Pelz von „Gärten gestalten!" plant deutschlandweit private Gärten und zeigt ihre Projekte auf zahlreichen Landes- und Bundesgartenschauen. Bei der Planung harmonischer, individueller Gärten rückt zunehmend der Klimawandel in den Fokus. Mit ihrer Pflanzenapp „Pflanzenreich" gibt sie auch fachfremden Personen ein Werkzeug an die Hand, einen immergrünen, blühenden Garten zu planen.

Sie planen ganz unterschiedliche Gärten. Was ist aus gärtnerischer Sicht die richtige Strategie im Umgang mit dem Klimawandel?

Wir brauchen viel mehr Grün und Frischluftschneisen. Das gilt vor allem für städtische Gebiete. Aber auch in ländlichen Gebieten muss der Garten stärker in Bezug auf den Klimawandel beachtet werden.

Welchen Beitrag leisten Gärten im Kampf gegen die Auswirkungen des Klimawandels?

Der Garten kann nicht alles leisten, aber er gibt zusätzlich zu einer schönen Atmosphäre Feuchtigkeit und Kühle. Dadurch verbessert er das Mikroklima. Tiere und Insekten finden im Garten Zuflucht. Pflanzen, die von viel Beton umgeben sind, haben es schwer.

Was ist die Herausforderung dabei, den Garten auf mehr Hitze, Trockenheit und Starkregen vorzubereiten?

Es geht vor allem darum, die Extremwetterereignisse abzufedern. Die Dachbegrünung hilft beispielsweise

dabei, das Wasser zurückzuhalten. Gleichzeitig ist das Dach auch ein extremer Standort, mit viel Sonne und wenig Boden, was für Sukkulenten spricht. Eine intensive Dachbegrünung hält den Regen aber besser zurück, verdunstet mehr und kühlt dadurch stärker. Zudem ist das Gründach auch eine Dämmung gegen Hitze.

Außer Dach- und Gartenbegrünung – welche weiteren Möglichkeiten gibt es für mehr Grün in unseren Wohngebieten?

Auch eine begrünte Fassade kühlt die Umgebung ab und schafft ein besseres Mikroklima. Fensterlose Giebel können relativ problemlos begrünt werden. Sobald Fenster in der Fassade sind, ist der Aufwand größer. Die Architektur kann mit integrierten Rankhilfen die Bedingungen für eine Fassadenbegrünung schaffen.

Zu den erwarteten Extremwetterereignissen gehören Hitze mit Trockenheit auf der einen und Starkregen auf der anderen Seite. Wie sollte im Garten mit Niederschlägen umgegangen werden?

Niederschlagsmengen sind sehr ungleich im Jahresverlauf verteilt. Das Wasser sollte aufgefangen werden, auf möglichst effiziente Weise. Wasserreservoirs können etwa unter Einfahrten angelegt werden oder generell in unterirdischen Tanks. Auch Teiche eignen sich dafür. Wir müssen Wasser als Ressource sehen, dafür sollte es Anreize geben.

Worauf können Gartenbesitzer und Gartenbesitzerinnen achten, wenn sie einen Garten neu anlegen? Welche Pflanzen kommen mit dem Klimawandel zurecht?

Klimaresistente Pflanzen sind an Trockenheit und Hitze angepasst. Aber es sollten auch großblättrige Pflanzen in den Garten integriert werden. Sie tragen mehr dazu bei, dass sich die Umgebungsluft abkühlt.

Welche Pflanzen sind besonders geeignet, einen hitzeresistenten und auch kühlenden Garten anzulegen?

Erstens sind das Pflanzen mit großen Blättern, die man aber gießen muss. An zweiter Stelle stehen Prärie-arten mit tiefen Wurzeln, die möglichst viel Laub haben. Und dann natürlich mediterrane Pflanzen.

Gibt es auch Bäume, die mit Stürmen oder Überschwemmungen nach Starkregen zurechtkommen?

Es gibt durchaus Bäume, die weniger sturmanfällig sind. Das sind beispielsweise Berg- und Spitzahorn, Hainbuche, Weißdorn, Esche, Erle, Eichen und Linden. Dann gibt es auch welche, die überflutungstolerant sind wie Zuckerahorn, Erle, Hainbuche, Platane, Eiche, Ulme oder der Vogelbeerbaum. Hitze und Trockenheit bewältigen Feldahorn, Französischer Ahorn, Kupferfelsenbirne, Birke, Zürgelbaum, Baumhasel, Kornelkirsche, Vogelkirsche und Ölweide gut.

Gibt es irgendwelche Einschränkungen, wenn der eigene Garten an die Folgen des Klimawandels angepasst werden soll?

Auch bei der Gartenplanung muss die Bauordnung berücksichtigt werden. Abstandsregeln etwa, die in den Ländern sehr unterschiedlich sind. Und auch die Höhe der Gehölze ist häufig kommunal geregelt. Im Sinne einer guten Nachbarschaft sollte zudem auf die Wünsche der Nachbarschaft geachtet werden. Ein laubreicher Baum kann schnell zum Streitfall werden, und ganz klassisch sind es oft Teiche, die Frösche anziehen und wegen des Quakens zu Problemen führen.

Was raten Sie Gartenbesitzerinnen und Gartenbesitzern, die ihren Garten einerseits mehr an die erwarteten klimatischen Veränderungen anpassen wollen und andererseits den Garten als Teil der Maßnahmen zur Klimaanpassung des Hauses nutzen wollen?

Es ist wichtig, die richtigen Pflanzen für den jeweiligen Standort zu finden. Je weiter Standortbedingungen und Bedürfnisse der Pflanzen voneinander entfernt sind, umso aufwendiger wird die Gartenarbeit. Wer einen schönen Garten ohne viel Arbeit möchte, sollte in zunehmend wasserarmen Gegenden trockenheitsliebende Pflanzen setzen. Wo Niederschläge künftig zunehmen werden, sind Pflanzen gut, die wechselfeucht stehen können. Eine Orientierung sind hier der Steppen- oder Präriegarten oder auch der mediterrane Garten. Pflanzen mit üppigem Laub sind dort sinnvoll, wo es sehr feucht wird. Fassaden- und Dachbegrünung geht eigentlich immer.

Danke für das Gespräch.

→ Pflanzen, die von viel Beton umgeben sind, haben es schwer.

Starkregen gilt als eines der Wetter-ereignisse, die angesichts des Klimawandels künftig häufiger auftreten werden. Ein Mehr an Wasser bedeutet eine Herausforderung, an die Sie Ihr Haus anpassen müssen.

→ Dem Wasser Einhalt gebieten:
Zur Vorbereitung auf Starkregen sollten Sie zuerst Ihre eigene Situation betrachten. Wie gefährdet ist die Gegend, in der Ihr Haus steht? Wo liegen die Schwachstellen Ihrer Immobilie?

Wenn Ihr Haus bereits eine Weile steht, hat es sicher schon den einen oder anderen Regenguss überstanden, vielleicht sogar einen Starkregen. Wie lief das Wasser ab? Wo gab es Schwachstellen? Wo kam es zu größeren Schäden? Diese Fragen können Sie als Ausgangsbasis für den Vorsorgeprozess hin zu einem besseren Schutz vor Starkregen nehmen. Betrachten Sie Ihr Haus dabei nicht allein, beziehen Sie Ihr Grundstück und die weitläufigere Umgebung mit ein. Denn gerade, wenn in kurzer Zeit viel Wasser auftritt, muss es Versickerungs- und Ablaufmöglichkeiten geben.

Wenn Sie einen Neubau planen, schauen Sie sich die Lage des Grundstücks genau an. Wo laufen Flüsse vorbei? Wo gibt es Senken und wie viel Fläche ist schon versiegelt? Stellen Sie sich auch die Frage, welche Veränderungen durch jede weitere Versiegelung entstehen. Also, wie gut kann Regen, vor allem

Starkregen, nach dem Neubau noch versickern? Wie stark beeinträchtigen mögliche Nachbarbebauungen die Versickerung? Beziehen Sie hier die Außenraumgestaltung mit ein. Die Formel „Je kleiner die Grundfläche des Hauses, desto kleiner der Eingriff in das bestehende Ökosystem" gilt nur bedingt. Denn es kommt auch darauf an, wie groß Terrassenflächen, Stellplätze oder andere versiegelte Flächen um Ihr Haus herum sind. Mithin ist Ihre Garten- und Freiflächengestaltung ebenso wichtig wie das Regenwassermanagement insgesamt. Die Abdichtung von Dach und Keller, Fenstern und Türen ist daher nur ein Bestandteil für einen effizienten Schutz vor Starkregen.

Nicht jede Region ist gleich stark gefährdet

Schon in Kapitel 1 haben Sie erfahren, dass sich Starkregenereignisse nur schwer vorhersagen lassen. Bislang waren in Deutschland vor allem Mittelgebirgslagen und der Alpenrand mit Starkregen konfrontiert. Feuchtwarme Luft bleibt dabei an den Gebirgen hängen. Die aufgestauten Wolken können nicht entweichen und regnen ab. Es kommt daher das ganze Jahr über zu stärkeren Regenfällen. Nicht so in flacheren Lagen. Dort kommt es normalerweise nur in den wärmeren Monaten, von Mai bis

September, zu einer Konvektion, die Starkregen begünstigt. Wenn Sie also in Mittelgebirgen oder an den Alpen wohnen, werden Sie mit Starkregen schon konfrontiert gewesen sein. Doch auch für andere Regionen Deutschlands erwarten Meteorologinnen und Meteorologen infolge des Klimawandels zunehmend Starkregenereignisse.

Besonders gefährdete Hausteile

Wenn es darum geht, das Haus vor Regen zu schützen, denken Sie vielleicht wie die meisten Menschen zuerst an Ihr Dach. Tatsächlich wird das Dach zunächst am stärksten beansprucht, wenn das Wasser von oben kommt. Ein dichtes Dach ist daher die Grundvoraussetzung, um sicherzustellen, dass kein Wasser ins Haus eindringt.

DAS DACH

Überprüfen Sie also als Erstes die Dacheindeckung und Unterkonstruktion. Wie das Wasser vom Dach abläuft, stellt allerdings häufig die größere Schwachstelle dar. Bei Steildächern kommt es vor, dass die Wassermassen über die Dachrinnen hinausschießen und die Fallrohre das Wasser nicht so schnell aufnehmen können. Denn normalerweise sind sie für durchschnittliche Regenmengen ausgelegt. Die plötzlichen Wassermassen eines Starkregens wurden bei der Planung in aller Regel nicht berücksichtigt. Eine Möglichkeit ist, dass Sie breitere Regenrinnen oder mehr Fallrohre installieren lassen. Das wirkt aber nur, wenn Sie die von Laub und sonstigen Verstopfungen freihalten und das ablaufende Wasser sinnvoll weiterleiten.

Noch wichtiger sind diese beiden Punkte, wenn Ihr Haus ein Flachdach hat. Wenn sich das Wasser auf der nur leicht geneigten Fläche staut, kommt es zu einer Auflast auf dem Dach. Die Statik wird dadurch unter Umständen stärker beansprucht als vorherberechnet, was die Stabilität des Daches insgesamt gefährden kann. Gefährdet sind vor allem Bestandsgebäude aus der Zeit um 1960, als die Wassermassen eines Starkregenereignisses bei den technischen Anforderungen noch nicht berücksichtigt wurden. Diese Dächer sind also

OBERFLÄCHENWASSER ODER ÜBERSCHWEMMUNG DURCH STARKREGEN

Die Gefährdung durch Starkregen hängt nicht allein von den Wassermassen ab, die von oben kommen. Wohin das Wasser abfließt und wie es versickert, spielt ebenfalls eine Rolle. So kann Starkregen auch dann zur Gefahr für Ihr Haus werden, wenn es direkt über dem Gebäude gar nicht geregnet hat. Etwa wenn Oberflächenwasser abfließt, Flüsse und Bäche anschwellen oder in Hanglagen das Wasser den Berg herunterschießt. In diesem Fall entsteht die Gefährdung als Folge des Starkregens. Diese Gefahrenlage sollte Ihnen bewusst sein. Wenn Sie ein Grundstück oder ein Bestandsgebäude erwerben, erkundigen Sie sich über vorangegangene Naturkatastrophen. Gab es Überschwemmungen, extreme Trockenheit oder Sturmschäden? Beziehen Sie diese Umweltfaktoren in Ihre Kaufentscheidung mit ein und planen Sie Baumaßnahmen immer mit Blick darauf. Beachten Sie dabei vor allem auch, wie sich die Verhältnisse durch Um- oder Neubauten auf Ihrem Grundstück und in der Nachbarschaft ändern. Werden mehr Flächen durch Hausbau oder Hauserweiterung versiegelt, entstehen mehr Straßen, oder wird die Topografie des Geländes geändert, hat auch dies Auswirkungen auf das Überschwemmungsrisiko. Nicht immer liegt die Ursache dafür in der nächsten Umgebung. Bäche beispielsweise speisen sich oft aus weit entfernten Zuläufen und können zu reißenden Flüssen werden, obwohl es vor Ort nicht regnet. Vor solchen Risiken können Sie Ihr Haus nur bis zu einem gewissen Grad schützen. Überlegen Sie bei der Standortwahl und allen Maßnahmen, die Sie ergreifen, also gut, welches Risiko Sie zu tragen bereit sind.

Balkone und Loggien sollten ein vom Haus wegführendes Gefälle haben. Gibt es zusätzlich einen Ablauf, sollte auch dieser das Wasser möglichst direkt ableiten.

statisch meist nicht ausreichend für das kurzfristig auftretende Zusatzgewicht ausgelegt. Generell sollten Sie die Statik Ihres älteren Flachdachhauses prüfen lassen. Abläufe müssen zudem immer frei und ausreichend dimensioniert sein. Besonders wenn Ihr Haus eine umlaufende Attika hat, die höher als 40 Zentimeter ist, können statische Probleme auftreten. Abhilfe für dieses Problem schaffen Sie mit einem zusätzlichen Überlauf in der Attika, der über der Regelentwässerung liegt. Er übernimmt die schnelle Entwässerung, wenn die Auflast einen kritischen Punkt erreicht.

Das Wasser schnell vom Dach wegzuführen, stellt Sie vor die Frage: Wohin? Dafür benötigen Sie ein umfassendes Regenwassermanagement für das gesamte Grundstück. Mehr dazu lesen Sie in den Kapiteln „Entwässerungssysteme planen und warten" (S. 117) und „Niederschlagsmanagement auf dem Grundstück" (S. 123). Mit einem Gründach können Sie die Wassermassen abpuffern und für Entlastung sorgen. Da Sie mit der Bepflanzung zusätzliches Gewicht auf das Dach bringen, müssen Sie Ihr Vorhaben statisch sorgfältig planen lassen. Sie brauchen also nicht nur einen Dachdecker- oder Gärtnereibetrieb, sondern auch eine Statikerin oder einen Statiker. Zur Planung von Gründächern erfahren Sie mehr am Ende dieses Kapitels (S. 133).

BALKONE UND TERRASSEN
Auch Balkone und Terrassen müssen Ablaufmöglichkeiten haben, mit einem leichten Gefälle weg vom Haus. Andernfalls staut sich das Wasser schnell vor Ihrer Balkon- oder Terrassentür und gelangt dann ins Haus. Wenn Ihr Balkon von einer gemauerten Brüstung umgeben ist, braucht er einen Ablauf. Bei Geländern empfiehlt sich eine umlaufende Regenrinne. Diese Regenrinne sollte so dimensioniert sein, dass sie viel Wasser aufnehmen kann, und sie sollte auch einen Ablauf haben. Damit schützen Sie die Unterseite Ihres Balkons vor möglichen Wasserschäden.

Nachträglich ein Gefälle einzuarbeiten, ist vergleichsweise aufwendig. Je nach Bauart Ihres Hauses und des Bodenbelags auf Balkon oder Terrasse müssen Maurer, Fliesenlegerinnen oder Zimmerleute den alten Belag entfernen, einen neuen Aufbau fertigen und mit einem neuen Belag abschließen. Eine umlaufende Regenrinne hingegen montiert ein Klempnereibetrieb relativ zügig.

Häufig sind bei älteren Gebäuden Terrassen direkt an das Haus angebaut. Das kann zusätzlich zu Problemen führen, wenn sich durch Verdichtung die Erde senkt und unter der Terrasse ein Hohlraum entsteht. Abfließendes Wasser kann diesen Hohlraum füllen und führt dann zu Schäden an Ihrem Haus oder – je nach Topografie des Grundstücks – zu Erosion. Einfacher ist es, wenn die Terrasse nicht fest mit dem Haus verbunden ist oder auf einem Keller aufliegt. Auf jeden Fall sollte der Unterbau Ihrer Terrasse über eine Entwässerung verfügen. Darauf können Sie bei der Planung Ihres Neubaus achten. Nachträglich werden einige Erdarbeiten nötig, um etwa eine Drainage mit Abfluss zu verlegen.

TÜREN UND FENSTER
Sämtliche Öffnungen in der Gebäudehülle stellen potenzielle Eintrittsschleusen für Wasser dar. Türen und Fenster sollten deshalb absolut dicht sein, auch gegen Schlagregen. Daher sollten Sie vor allem besonders exponierte Öffnungen, wie Dachflächenfenster oder Kelleraußentüren, regelmäßig überprüfen. Beziehen Sie dabei eventuell vorhandene Lüftungsklap-

pen mit ein. Dazu gehören unter anderem die Ausgänge des Dunstabzugs oder der Entlüftung der Heizanlage. Sie werden häufig übersehen.

KELLER

Der Keller stellt eine besonders gefährdete Zone dar. Denn Wasser fließt immer an den tiefsten Punkt. Und wenn bei Starkregen Wasser nicht versickern und die Kanalisation die kurzfristig auftretenden hohen Wassermassen nicht vollständig aufnehmen kann, sucht sich das Wasser einen anderen Weg. Über Kelleraußentüren, Kellerfenster und Lichtschächte dringt dann Wasser in Ihren Keller ein, sofern es nicht vorher in eine andere Richtung abfließen kann. Nicht geschützte Keller laufen in diesem Fall sehr schnell voll.

Die gleiche Gefahr besteht auch dann, wenn sich in der Nähe Ihres Hauses ein Gewässer befindet. Schnell füllt sich bei starken Regenfällen das Bett eines ansonsten kleinen und unscheinbaren Baches, der dann über seine Ufer tritt. Kellerfenster und -türen gehören daher unbedingt auf Ihre Liste der problematischen Stellen am Gebäude.

RISIKO RÜCKSTAU

Haben Sie auch an den Rückstau gedacht? Diese Gefahr wird oft übersehen. Die Kanalisation in Deutschland ist in den allermeisten Fällen als Mischsystem angelegt. Das heißt, dass Hausabwasser und Regenwasser gemeinsam in der Kanalisation abtransportiert werden. Wenn nun die Kanalisation durch ein Starkregenereignis überlastet ist, drückt das Wasser wieder an die Oberfläche. Der Ablauf wird durch Rückstau umgedreht und das mit Fäkalien belastete Hausabwasser drückt vermischt mit Regenwasser durch die Abflussleitungen wieder ins Haus zurück. An den eigentlichen Ausläufen wie Waschbecken, Duschwanne oder WC quillt dann verschmutztes Wasser. Neben Dach, Fenstern, Türen und Keller zählen also auch Ihre Abflussrohre zu den durch Starkregen gefährdeten Hausteilen, die Sie gut schützen sollten (mehr zu Rückstauverschlüssen im Kapitel „Gegen das Wasser aus der Kanalisation", S. 106).

Worauf Sie zuerst achten sollten

Wichtig bei Starkregen ist, dass Sie das Wasser vom Haus fernhalten. Ein dichtes Dach mit funktionierender Wasserableitung ist eine gute Basis. Die Ableitung des Wassers darf durchaus etwas üppiger dimensioniert sein. Da lohnt es sich, bei Bestandsgebäuden eventuell nachträglich zu erweitern, mehr Fallrohre, breitere Dachrinnen oder größere Abläufe zu installieren. Auffangbecken wie Regentonnen lassen sich ebenfalls schnell aufstellen, um das Regenwasser nicht ungenutzt in die ohnehin bei Starkregen meist überlastete Kanalisation zu leiten.

Dichte Fenster und Türen sind ein Muss. Wenn Sie in einem besonders von Hochwasser gefährdeten Gebiet wohnen, kann es sinnvoll sein, zusätzliche Schotten vor die Türen zu setzen, um Wasser am Haus vorbeizuleiten. Halten Sie als Erste-Hilfe-Maßnahme gefüllte Sandsäcke neben Balkon- und Terrassentüren bereit, die Sie schnell von außen anlegen können und die sich stauendes Wasser vom Innenraum fernhalten.

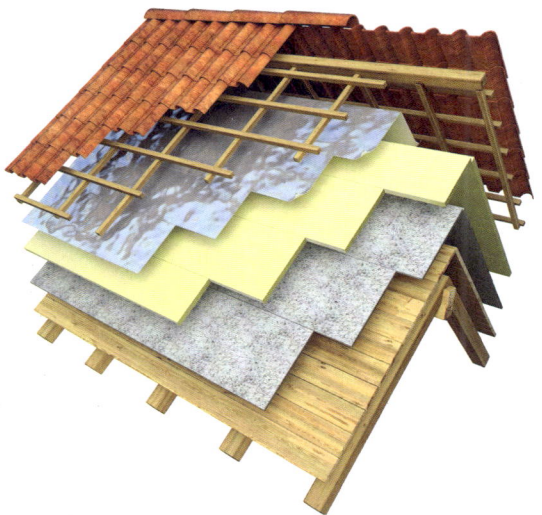

Ein mehrschichtiger Dachaufbau schützt besser vor dem Eindringen von Regen. Wind kann Wasser beispielsweise unter die Dacheindeckung treiben. Daher sollte es hier auf eine weitere wasserdichte Ebene treffen und von dort abgeleitet werden (mehr zur zweiten wasserführenden Ebene erfahren Sie im Kapitel „Robuste Dacheindeckung", S. 155).

Von einem breiten Dachvorsprung geschützt, kommt Starkregen nicht bis an die Hauswand heran. Zumindest gilt dies für den oberen Hausbereich.

Ohne Keller und vom Boden durch einen Sockel abgehoben, sind auch kurzzeitige Überflutungen des Grundstücks kein Problem für das Gebäude.

Vor allem in Küstennähe stehen Gebäude traditionell auf einer Anhöhe, sogenannten Warften. Sie schützen vor Überflutung.

Kellerfenster und -türen sowie Lichtschächte, die unter Erdniveau liegen, können Sie mit dicht schließenden Abdeckungen versehen. Die können durchaus transparent sein, sodass immer noch Tageslicht durchdringt. Die Abdeckung sollte wasserdicht sein und möglichst so angebracht werden, dass sie Wasserdruck von oben gut standhält. Überlegen Sie, bei Kelleraußentüren mögliche Wassermassen mit Schotten weiträumig umzuleiten. Damit bietet sich die nach unten führende Außenkellertreppe dem Wasser gar nicht erst als möglicher Weg an. Zudem sollten Sie darauf achten, dass es an der tiefsten Stelle vor der Tür einen Ablauf gibt. So kann zumindest ein Teil des Wassers schnell abfließen.

Richten Sie Ihren Keller so ein, dass bei einer Überschwemmung kein allzu großer Schaden entsteht. Fragen Sie sich beispielsweise, ob die Haustechnik in den Keller muss oder nicht ebenso gut einen trockeneren Platz unter dem Dach oder in einem der oberen Geschosse bekommen kann. Alles andere, was im Keller lagert, sollten Sie in höheren Regalen verstauen, deren unterste Böden möglichst weit über dem Fußboden beginnen. Selbst Ihre Waschmaschine können Sie auf ein Podest stellen und sie so zumindest vor kleineren Überschwemmungen schützen.

Von traditionellen Bauweisen können Sie einiges lernen, etwa von den weit ausladenden Steildächern, die mit ihrem Überstand das vom Dach abfließende Wasser weit vom Haus wegleiten. Auch mit höher gelegten Häusern lässt sich das Wasser von den Wohnräumen abhalten, nach norddeutschem Vorbild auf einer Warft oder wie in regenreichen Weltgegenden traditionell auf Stelzen. Oder Sie nehmen bewusst in Kauf, dass Regenwasser durch Ihr Haus hindurchfließt. Das allerdings stellt einige Ansprüche an die Möblierung vom Keller bis zum Erdgeschoss. Diese kreativeren Möglichkeiten haben Sie vor allem, wenn Sie neu bauen. Sprechen Sie die am Bau Beteiligten darauf an.

→ Untenrum dicht – der Keller: Vollgelaufene Keller verursachen einen enormen Schaden, sowohl an eingelagerten Gegenständen als auch an der Haustechnik und der Bausubstanz. Schützen Sie Ihren Keller daher besonders gut.

Wasser folgt auf seinem Weg der Schwerkraft. Daher sind Keller bei Starkregen enorm gefährdet, überflutet zu werden. Wenn Sie einen Keller haben, sollte Sie ihn gut schützen. Das können Sie bei Ihrem Bestandsgebäude ebenso machen wie bei Ihrem Neubau. Stellen Sie sich bei einem Neubau aber auch die Frage, ob Sie wirklich einen Keller brauchen. Wenn das Risiko besteht, dass er überschwemmt wird, ist er als Stauraum nicht besonders nützlich – oder eben nur, wenn er sehr gut geschützt wird. Das ist nicht unmöglich, manches können Sie sogar vergleichsweise einfach umsetzen. Die meisten Kellerfenster in Bestandsgebäuden sind nicht dafür ausgelegt, Wassermassen standzuhalten. Häufig sind sie nicht einmal wirklich dicht. Und während Kelleraußentüren im Normalfall ein praktischer, weil direkter Zugang ins Freie sind, sind sie bei Starkregen ein Risiko. Neben diesen recht offensichtlichen Risiken gibt es auch einige versteckte. Überschwemmung durch Rückstau gehört dazu. Zuerst trifft sie den Keller, aber auch andere Räume im Haus können betroffen werden. Mehr zu diesem Thema lesen Sie daher nicht in diesem, sondern in einem separaten Kapitel zur Rückstausicherung (S. 106). Ein weiteres verstecktes Risiko besteht in der Bausubstanz des Kellers selbst, die durch Wasser im Erdreich beschädigt werden könnte, oder in Lichtschächten, die bei Starkregen volllaufen, weil sie über keinen Abfluss verfügen. Machen Sie sich die potenziellen Probleme Ihres Kellers bei Starkregen bewusst. Dann können Sie mögliche Lösungen umsetzen.

Der Keller als Problemzone

Es gibt viele Möglichkeiten, wie Wasser in den Keller eindringen kann. Ob es bei Starkregen häufiger zu vollgelaufenen Kellern kommen wird, hängt von der Umgebung, dem Keller selbst und den Bodeneigenschaften ab. Letztendlich überschneiden und beeinflussen sich diese Faktoren gegenseitig.

Bauliche Mängel an den Kellerwänden sind im Normalfall weniger dramatisch, Feuchtigkeit bei manchen Lagerkellern sogar erwünscht. Zu Schimmelbildung sollte es aber generell nicht kommen. Dringt bei Starkregen allerdings Wasser durch nicht ausreichend geschützte Wände, haben Sie ein massives Problem. Denn dann wird die Bausubstanz Ihres Hauses geschädigt, und das im ohnehin empfindlichen unteren Bereich.

Wenn der Grundwasserspiegel durch Starkregen kurzzeitig ansteigt, kann Wasser auch von unten eindringen. Wie groß diese Gefahr ist, hängt einerseits vom Aufbau des Fundaments ab. Gestampfte Lehmböden, wie sie gerne für Vorratskeller verwendet werden, können zum Problem werden. Das Haus ist in solchen Fällen auf Punkt- oder Streifenfundamenten errichtet. Andererseits können auch Bodenabläufe im Kellerboden zum Problem werden, wenn Wasser aus der bei Starkregen überlasteten Kanalisation in die andere Richtung drückt. Dann kann aus dem Ablauf eine sprudelnde Abwasserquelle werden.

Die Topografie des Geländes beeinflusst die Gefährdung von Kellern. Liegt Ihr Haus in einer Senke, kann dies schneller dazu führen, dass ablaufendes Oberflächenwasser auf das Haus zufließt. Ist Ihr Keller dann nicht ausreichend geschützt, wird er geflutet. Besonders gefährdet ist Ihr Keller, wenn das Wasser keine andere Möglichkeit hat, zu versickern oder anderweitig abzufließen. Sie wiegen sich also in falscher Sicherheit, wenn Ihr Haus in einer Hanglage steht. Zwar könnte das Wasser bei seinem Weg ins Tal am Haus vorbeirauschen, dafür müssen Sie ihm aber zuvor den Weg bereitet haben. Sonst fließt es auf direktem Weg abwärts.

Wenn Kellerfenster und Kelleraußentüren zudem schlecht schließen und nicht anderweitig geschützt sind, fließt das Wasser fast ungehindert in den Keller. Zumal wenn es in der Umgebung Ihres Hauses keine Versickerungsmöglichkeiten gibt, weil die Fläche durch Beläge für Terrassen, Wege und Stellplätze versiegelt ist. Bei Hanglagen kann Wasser zwar leichter abfließen. Ist es aber bereits in den Keller eingedrungen, wird auch das bloße Durchfließen des Wassers seine Spuren hinterlassen.

Alle unter der Grundstücksoberkante liegenden Öffnungen stellen bei Starkregen grundsätzlich eine Problemzone dar, die Sie besonders beobachten und schützen müssen. Vergessen Sie auch nicht die Lichtschächte, die einen ausreichenden Abfluss haben müssen. Andernfalls werden sie zu Wasserbecken, deren Inhalt auf die Fenster drückt und damit zur Überschwemmungsgefahr wird.

WIE GROSS IST DER AUFWAND FÜR DIE ABDICHTUNG DES KELLERS?

Wie aufwendig die Abdichtung Ihres Kellers ist, hängt von seinem individuellen Zustand und den Umgebungsbedingungen ab. Wenn der Grundwasserspiegel hoch und das Gelände um Ihr Haus herum stark versiegelt ist, werden Sie mehr unternehmen müssen. Nachträglich eine Drainageschicht anzubringen, ist aufwendiger, als eine bloße Innenabdichtung. Wenn Sie die Drainage aber mit einer Außenabdichtung kombinieren, relativieren sich Aufwand und Kosten. Die Erdarbeiten für die Freilegung des Kellers dienen dann gleich zwei Schutzmaßnahmen. Mit weniger Aufwand können Sie Kellerfenster und -außentüren schützen. Abdichtungen mit Läden oder dicht schließenden Auflagen lassen sich vergleichsweise unkompliziert anbringen. Etwas aufwendiger ist der Austausch von Fenstern. Sie müssen wasserdicht in der Außenwand sitzen, um wirklich gegen Starkregenmassen zu schützen. Auf jeden Fall sollten Sie sich hier die Hilfe eines Fachbetriebs holen. Material und Arbeitsaufwand führen, wie auch bei der Kellerabdichtung, zu höheren Kosten. Aber dafür reduzieren Sie die Gefahr einer Überschwemmung.

Den Keller abdichten

Wasser kann über verschiedene Wege in Ihren Keller eindringen. Daher sollten Sie auch auf eine Kombination unterschiedlicher Schutzmaßnahmen setzen.

Halten Sie zuerst das Wasser weiträumig vom Keller fern. Je weniger Fläche um Ihr Haus herum versiegelt ist, umso besser können Niederschläge versickern. Liegt Ihr Grundstück am Hang, geben Sie möglichen Wassermassen einen Weg um das Haus herum vor. Schauen Sie auch hier über Ihre eigene Grundstücksgrenze. Wo könnte das Wasser herkommen? Steht das Haus nicht an der obersten Hangkante, gibt es auch darüber schon Potenzial für sich stauendes Oberflächenwasser, das schnell für das eigene Haus zur Gefahr werden kann. Zumindest in extremeren Lagen sollten Sie sich Hilfe von Landschaftsplanerinnen oder Gartenbauern holen.

ÖFFNUNGEN ABDICHTEN

Direkt am Haus richten Sie Ihr Augenmerk auf die Außenöffnungen des Kellers. Vordächer über Fenstern und Kellerabgängen können den direkten Regenguss abfangen. Leiten Sie die Niederschläge von dort über Dachrinnen und Rohre ab. Staut sich das Wasser um Ihr Haus, werden diese Maßnahmen nur sehr kurzfristig ausreichen. Wichtig ist die Abdichtung. Für Lichtschächte gibt es wasserdichte Abdeckungen aus Glas oder Metall. Fenster können Sie durch Läden mit Dichtlippen schützen. Wobei dies eine verhältnismäßig teure Lösung ist, die für jedes Fenster maßgefertigt wird.

Ebenfalls nicht günstig, aber effektiv, sind spezielle wasserdichte Kellerfenster, die höherem Druck standhalten. Sie sind mit einem genauso wasserdichten Blendrahmen versehen, haben stärkere Scheiben aus Acryl- oder Verbundsicherheitsglas und zusätzliche Verriegelungspunkte. Wenn Sie sich für diese Lösung entscheiden, erhalten Sie zusätzlich zum Schutz vor von außen drückendem Hochwasser eine gute Wärmedämmung und einen guten Einbruchschutz.

Für Kelleraußentüren gibt es spezielle Hochwasserschutz- oder Fluttüren. Sie werden

Fluttore haben eher industriellen Charme und passen vielleicht nicht zum gewünschten Stil eines Hauses. Dafür schützen sie aber bei Hochwasser besonders gut.

außen angebracht, sodass der Druck des außen ansteigenden Wassers die Tür gegen die Gebäudewand presst. Um diesem Druck standzuhalten, sind die Türen meist aus Stahl gefertigt und die Türblätter extra ausgesteift. Zusätzlich ist in die Umrandung der Tür eine Dichtung eingelassen, die für weiteren Schutz vor eindringendem Wasser sorgt. Allerdings hilft dieser Schutz wenig, wenn die Außenwände dem Druck des Wassers nicht ebenfalls standhalten.

Beachten Sie aber, dass für einen größeren Wasserdruck ausgelegte Kellerfenster und Kelleraußentüren ihre Funktion nur erfüllen, wenn sie fachgerecht eingebaut wurden. Sonst kann es passieren, dass das Fenster zwar dicht ist, das Wasser aber durch Ritzen zwischen Rahmen und Außenwand eindringt. Sie können bei Ihrem Neubau diese Maßnahmen gleich mit einplanen und auch Ihren Bestand nachträglich damit sichern. Stellen Sie die Kosten in Relation zum Nutzen und entscheiden Sie dann, was Sie umsetzen möchten. Wenn Sie Ihr Haus gegen Hochwasser oder Starkregen versichern wollen, oder dies bereits getan haben, sollten Sie auch darauf achten, dass Sie die Bedingungen Ihrer Versicherungspolice erfüllen. Mehr zum Thema Versicherungsschutz erfahren Sie in Kapitel 5 (S. 178).

FÜR DEN NEUBAU: WEISSE WANNE

Wenn Sie neu bauen, haben Sie zusätzlich die Möglichkeit, Ihren Keller gegen von unten und über die Wände eindringendes Wasser zu schützen. Dazu empfiehlt es sich, eine Weiße Wanne zu bauen (s. Kasten).

Drainagerohre werden beim Neubau mit den Fundamentarbeiten ausgeführt. Muss später die Drainage aufgrund eines Schadens erneuert oder gänzlich neu installiert werden, fallen zusätzlich zu den Sanierungs- noch Erdarbeiten an.

DRAINAGESYSTEME

Über Drainagesysteme können Sie das Wasser vom Haus ableiten. Dabei werden in einem Kiesbett rund um das Haus auf Fundamentebene Rohre verlegt, die das versickernde Wasser aufnehmen und ableiten. Damit das immer funktioniert, sollten Sie die Drainage regelmäßig spülen und überprüfen, wozu ein Revisionsschacht hilfreich ist.

Eine Drainage wird in der Regel direkt beim Hausbau gelegt, wenn ohnehin Erdarbeiten notwendig sind. Diese Erdarbeiten können auch nachträglich ausgeführt werden, was aber zusätzliche Kosten bedeutet. Wenn Sie allerdings die Außenabdichtung Ihres Kellers ohnehin erneuern lassen, lohnt es sich, dabei auch gleich eine Drainage zu verlegen. Sie können diese Arbeiten selbst übernehmen, was jedoch mit hohem Arbeitseinsatz verbunden ist und keine Gewähr für eine fachgerechte Ausführung bietet. Bereits bei der Freilegung des Kellergeschosses sollten Sie auf jeden Fall eine Baufachkraft hinzuziehen, da von diesen Arbeiten die Statik des Hauses betroffen sein kann. Auch bei der Wahl des Materials für die Abdichtung ist es empfehlenswert, dass Sie auf fachlichen Rat

zurückgreifen. Sämtliche Verfahren für die Ab-
dichtung des Kellers von außen müssen den
Normen EN 13967 beziehungsweise der
DIN 18195 entsprechen.

ABDICHTUNG VON INNEN

Wo es nicht möglich ist, diesen Schutz außen
anzubringen, können Sie Ihren Keller auch von
innen abdichten. Die Verfahren und Materialien
sind ähnlich. Welches zur Anwendung kommt,
hängt davon ab, wie schnell das Regenwasser
um das Haus in tiefere Schichten versickert.
Bei kieshaltigen Böden kann es schneller abfließen, während es eine Lehmschicht nicht
durchdringen kann und seitlich abfließen
muss. Dadurch sind die Kellerwände stärker
belastet. Auch die Innenabdichtung ist aufwendig und gehört in die Hände von Fachkräften.
Immerhin handelt es sich beim Keller quasi um
das Fundament Ihres Hauses. Die erste Wahl
sollte immer eine außen angebrachte Abdichtung sein. Sie schützt die Außenwände vor
dem Eindringen der Feuchtigkeit und nicht nur
die Räume an sich. Zudem dürfen Sie innen
abgedichtete Wände nicht beschädigen, um
die Schutzwirkung nicht zu verringern. Schrauben oder Nägel können Sie hier aus diesem
Grund nicht anbringen.

Besser keinen Keller?

Ein Keller dient häufig als Stauraum und als Ort
für Hobbys, für die Wäsche, für Vorräte und
die Heizungsanlage. Dabei handelt es sich um
Nutzungszwecke, die die hohen Baukosten eines Kellers – zumal eines optimal gegen Wasser abgedichteten – in den meisten Fällen nicht
aufwiegen. Stellen Sie sich daher die Frage, ob
Sie wirklich einen Keller benötigen. Macht es
nicht ohnehin mehr Spaß, einem Hobby in einem gut belichteten und belüfteten Raum
nachzugehen? Trocknet die Wäsche im Freien
oder zumindest in wärmeren, gut durchlüfteten
Räumen nicht besser? Und was passiert mit all
Ihren sorgfältig aufbewahrten Schätzen, wenn
tatsächlich Wasser in den Keller eindringt?
Ganz abgesehen vom Schaden, der an Ihrer
Heizungsanlage und der übrigen im Keller installierten Haustechnik bei einer Überschwem-

In einem innerstädtischen Überschwemmungsgebiet gebaut, ruht der
kompakte Wohnraum dieses Holzhauses auf Stahlstützen. Das Wasser kann unter dem Haus hindurchfließen, ohne dass innen Schaden
entsteht.

mung entstehen kann. Lohnt sich also ein Keller für Sie überhaupt?

Ein Argument bei Neubauten ist häufig,
dass Grundstücke klein sind, der Platzbedarf
aber groß ist. Mit einem Keller bleiben mehr
Nutzungsmöglichkeiten für oberirdische Räum-
lichkeiten. Doch vor allem angesichts hoher
Baukosten sollten Sie sich fragen, ob Sie jedem Raum nur eine einzige Nutzung geben
wollen oder nicht mehrere Aktivitäten in einem
Raum stattfinden können. Überlegen Sie bei
der Planung Ihres Neubaus, ob jedes Familien-
mitglied seinen eigenen Hobbybereich benötigt, oder ob nicht im gemeinsamen Wohnraum dafür ein Platz gefunden werden kann.
Auch die Unterbringung der Heizanlage rechtfertigt nicht unbedingt einen Keller, da die Systeme mittlerweile sehr kompakt sind. Mit einem gut durchdachten Grundriss können Sie
eine optimale Flächennutzung mit der gewünschten Großzügigkeit vereinen.

Abgesehen von diesen grundsätzlichen Überlegungen zu Ihren eigenen Bedürfnissen und Ansprüchen, gibt es ganz objektive Gründe, die gegen einen Keller sprechen. Sehen Sie besser von einem Keller ab, wenn von vornherein zu erwarten ist, dass es immer wieder zu Überschwemmungen kommen kann. Das ist etwa der Fall, wenn das Grundstück in einem Gebiet mit einem hohen Grundwasserspiegel liegt. Das Wasser ist hier schon zu Normalzeiten immer präsent. Bei starken Regenfällen wird die Lage noch schwieriger. Das gilt auch für Grundstücke, die in ausgewiesenen Hochwassergefahrenzonen liegen. Meist geben die Baubehörden hier zusätzliche Auflagen vor, die bei einem Neubau erfüllt werden müssen. Beachten Sie die auf Ihrem Grundstück geltenden Bauvorschriften auf jeden Fall frühzeitig. Wenn Sie unbedingt einen Keller haben möchten, sollten Sie Ihr Grundstück auch unter dem Kriterium auswählen, wie aufwendig der Keller sein wird. Das bezieht sich auf Schutz bei Starkregen ebenso wie auf den Untergrund generell. Denn auch in felsigem oder sehr weichem Grund wird Ihr Keller aufwendig und damit teuer.

Informieren Sie sich über die Kapazität der städtischen Kanalisation und schauen Sie sich die Umgebung Ihres Grundstücks genauer an. Ist bereits viel Fläche versiegelt, hat das zur Folge, dass das öffentliche Kanalsystem das gesamte Regenwasser auf einmal aufnehmen muss. Bei Starkregen gibt es dann keine Pufferfläche, wo Wasser versickern könnte. Überlegen Sie, wie schnell die Wassermassen bei einem Starkregenereignis tatsächlich abfließen können und wohin das sich anstauende Oberflächenwasser fließen würde. Eine ehrliche Antwort auf diese Frage ist wichtig, um das Für und Wider bezüglich eines Kellers gut abwägen zu können.

Wenn Sie in Hanglage bauen, bietet sich ein halb in die Erde geschobenes Kellergeschoss an. Aber nur, wenn Sie das vom Hang ablaufende Wasser sinnvoll um Ihr Haus herumführen können. Andernfalls läuft Ihr Keller bei Starkregen schnell voll oder es kommt zu noch schwerwiegenderen Schäden für das ganze Haus.

Kosten für die Kellerabdichtung bei Neubau und Bestand

Wenn Sie bauen und einen Keller haben wollen, unterscheiden sich die Kosten für einen normal geschützten Keller und einen, der auch größere Belastungen aushält, nicht besonders. Der Nutzen eines besser geschützten Kellers ist aber ungleich höher, da es andernfalls teuer werden würde, spätere Hochwasserschäden zu beheben – von dem damit verbundenen Ärger ganz zu schweigen.

WAS WIRD FÜR EINEN HOCHWASSERGESCHÜTZTEN KELLER BENÖTIGT?

So setzen sich die Kosten für Ihren hochwassergeschützten Keller zusammen:
→ Bau des Kellers, ausgeführt als Weiße Wanne,
→ Drainage um das Haus,
→ Abläufe in den Lichtschächten,
→ Abläufe vor Kelleraußentüren,
→ wasserdichte Kellerfenster,
→ wasserdichte Außentüren,
→ Abdichtung von Lichtschächten.

Die Weiße Wanne schlägt im Durchschnitt mit 25 Prozent Mehrkosten gegenüber einer Schwarzen Wanne zu Buche.

EINSPARUNGEN DURCH EIGENLEISTUNG

Wenn Sie selbst Hand anlegen wollen, können Sie bei der Drainage um das Haus am meisten sparen. Allerdings werden Sie je nach Zusammensetzung des Erdreichs zusätzliche Ausgaben für Arbeitsgeräte wie Bagger haben. Letztlich macht dies den scheinbaren Kostenvorteil dann schnell wieder wett. Bei wasserdichten Kellerfenstern und -außentüren sollten Sie auf jeden Fall auf einen Einbau durch Fachkräfte setzen. Die Montage macht etwa ein Viertel der Kosten aus. Sparen können Sie, indem Sie die Anzahl der Kellerfenster gering halten.

LOHNT SICH DIE SANIERUNG?

Sie können sich aus wirtschaftlichen Gründen auch gegen eine nachträgliche Abdichtung Ihres Kellers entscheiden. Beispielsweise lassen sich Keller, die über keine Bodenplatte verfügen, nur mit großem baulichen Aufwand zu einem vor Wasser geschützten Ort umbauen – falls das überhaupt möglich ist. Bevor Sie über eine Sanierung des Kellers zum Schutz vor Starkregen nachdenken, sollten Sie mit Bausachverständigen sprechen. Die können schneller abschätzen, wie hoch die tatsächlichen Kosten sein werden und ob es sich für Sie wirklich lohnt. Wenn Sie sanieren wollen, stehen sich Innen- und Außenabdichtung gegenüber.

Eine Innenabdichtung ist in der Regel mit weniger Aufwand und damit weniger Kosten verbunden. Abdeckungen aus Glas oder Acryl, mit den notwendigen Abdichtlippen versehen, sind eine kostengünstigere, wenngleich in den meisten Fällen nicht ganz so resistente Alternative zu maßgefertigten Läden. Wägen Sie zudem gut ab, ob Sie eine Kelleraußentür benötigen.

ANGEBOTE VERGLEICHEN

Sowohl bei der Erstellung eines wasserdichten Kellers im Neubau als auch bei der Sanierung eines Bestandskellers lohnt es sich, wenn Sie Angebote von Fachbetrieben einholen und vergleichen. Bedenken Sie dabei aber bitte, dass dies für die Betriebe mit Aufwand verbunden ist und Sie daher nicht ohne konkretes Interesse anfragen sollten.

So groß ist der Wartungsaufwand

Als Hausbesitzer oder Hausbesitzerin sind Sie in erster Linie selbst dafür verantwortlich, Ihr Haus vor Überschwemmungen zu schützen. Eine regelmäßige Überprüfung aller für den Keller angebrachten Schutzvorkehrungen sollte daher zur Routine werden. Sind die Fenster und Abdeckungen noch dicht? Sind Schäden an den Kellerwänden oder am Kellerboden zu erkennen? Wenn es eine Drainageschicht gibt, sollten Sie die dazugehörigen Rohre einmal im Jahr spülen. Auch das können Sie selbst machen.

Wenn sich die Umgebung Ihres Hauses verändert, kann das Auswirkungen auf den Schutz Ihres Kellers haben. Versiegeln Sie beispielsweise auf Ihrem Grundstück zusätzliche Flächen, etwa durch neue Wege, einen Carport, ein Gartenhaus oder einen Pool, wirkt sich dies auf das gesamte Regenwassermanagement auf Ihrem Grundstück aus. Eventuell müssen Sie dann auch höherliegende Kellerfenster oder Luftschächte schützen. Die Wartung besteht also nicht allein in der regelmäßigen Kontrolle der von Ihnen bereits ergriffenen Schutzmaßnahmen. Vielmehr müssen Sie vorausschauend die Auswirkungen von Veränderungen abschätzen.

Lassen Sie Drainagen und Rückstauverschlüsse zudem regelmäßig von Fachleuten überprüfen. Die Weiße Wanne oder die Kellerabdichtung selbst sollte hingegen mehrere Jahre bestehen, bevor Sie einen Fachbetrieb mit der Überprüfung beauftragen müssen. Und selbstverständlich sollten Sie sofort die Expertise von Profis einholen, wenn Sie bei Ihrer eigenen Überprüfung Schäden bemerkt haben. Je eher, desto besser. Denn Starkregen lässt sich eben nicht exakt voraussagen.

ALTERNATIVEN ZUM KELLER

Es muss nicht immer ein Keller sein, wenn Vorräte oder selten gebrauchte Dinge verstaut werden müssen. Alternativen für Stauraum finden Sie bei genauem Hinsehen viele. Hat Ihr Haus ein Steildach? Dann bringen Sie in den Abseiten Drempelschränke unter. Im Hauswirtschaftsraum können Sie neben Bügelbrett und Waschmaschine vielleicht noch Regale für allerlei Kram anbringen. Und die Haustechnik ist vor Hochwasser weiter oben, vielleicht sogar direkt unter dem Dach, besser geschützt als im Keller. Mit gut geplanten Einbauschränken können Sie Ihre Innenräume zusätzlich strukturieren. Sie sind Stauraum und Wand in einem und verhelfen so selbst vergleichsweise kleinen Häusern zu viel Platz für alles, was nur gelegentlich gebraucht wird. Und dann ist da noch der Außenraum. Skier und vor allem Fahrräder sind in der Garage besser aufgehoben, Gartengeräte liegen griffbereit im Gartenhaus. All diese Möglichkeiten können Sie beim Neubau gleich mit einplanen.

→ **Gegen das Wasser aus der Kanalisation:** Wasser sucht sich seinen Weg. Und wenn es nicht anders geht, drückt es aus der Kanalisation über die Rohrleitungen wieder zurück ins Haus. Um dies zu verhindern, gibt es Rückstausicherungssysteme.

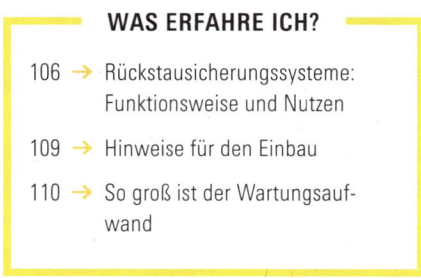

WAS ERFAHRE ICH?

Wenn die Kanalisation bei Starkregen überlastet ist, kann es dazu kommen, dass das Wasser seine Fließrichtung ändert und nicht in die öffentliche Kanalisation abfließt. Aus Toilettenschüssel, Waschbecken oder Abläufen quillt dann verunreinigtes Wasser. In aller Regel sind die zentralen Hausleitungen gemischte Abwassersysteme, bei denen mit und ohne Fäkalien verschmutztes Wasser gemeinsam abläuft. Bei einem Rückstau wird dieses Wassergemisch dann ins Haus zurückgedrückt.

Nicht jedes Gebäude ist gleichermaßen von einem Rückstau gefährdet. Es kommt darauf an, ob es Wasserabläufe unterhalb der Rückstauebene gibt. Die Rückstauebene, oder kurz RSE, markiert den höchstmöglichen Stand von Abwasser innerhalb eines Kanalsystems. Abflüsse im Haus, die unterhalb des Straßenniveaus liegen, befinden sich häufig auch unter dieser Rückstauebene. Sie müssen gesichert werden. Der beste Schutz vor einem Rückstau und der damit verbundenen Überschwemmung im Gebäude ist allerdings, Ablaufstellen unterhalb der Rückstauebene zu vermeiden. Das heißt, dass Sie bei einem Keller unterhalb der Rückstauebene besser keine Toilette oder Dusche installieren und Ihre Waschmaschine lieber im oberirdisch gelegenen Bad aufstellen sollten. Abläufe, die Sie nicht nutzen, sollten Sie vorsorglich verschließen.

Ob Sie eine Rückstausicherung installieren müssen, hängt davon ab, in welchem Bundesland Ihre Immobilie steht. Fragen Sie bei Ihrer örtlichen Baubehörde nach, ob Sie auf Ihrem Grundstück dazu verpflichtet sind. Auch ein Blick in die Abwassersatzung der jeweiligen Region verschafft Klarheit, ob für die Entwässerung Ihres Grundstücks eine Rückstausicherung vorgeschrieben ist.

Rückstausicherungssysteme: Funktionsweise und Nutzen

Es gibt zwei Varianten zu verhindern, dass das Wasser einer überlasteten Kanalisation über die Abwasserrohre zurück ins Haus drängt: eine Abwasserhebeanlage, die das Abwasser aktiv über die Rückstauebene pumpt, oder einen Rückstauverschluss, der passiv durch die Verriegelung des Abwasserrohres schützt.

DAS PRINZIP DER KOMMUNIZIERENDEN RÖHREN

Das öffentliche Kanalnetz funktioniert nach dem Prinzip der kommunizierenden Röhren. In einem System aus vertikal und horizontal verlaufenden, miteinander verbundenen, oben offenen Rohren gleicht sich der Wasserstand immer aus. Das heißt, an jeder Stelle im System liegt der Wasserstand auf der gleichen Ebene. Dieses Bestreben, den gleichen Wasserstand über das gesamte System zu erreichen, besteht immer. Fließt nun bei Regen an einer Stelle viel Wasser ein, gleicht sich der Wasserspiegel im gesamten System an und steigt, bevor das Wasser tatsächlich abfließt. Und genau hierin liegt das Problem. Denn wenn die Kanalisation bei einem Starkregenereignis überlastet ist, fließt das Wasser nicht ab. Stattdessen steigt auch in Abwasserrohren mit starkem Gefälle der Wasserspiegel. Das Abwasser fließt nicht vom Haus weg, sondern wird ohne eine zusätzliche Sicherung wieder zurückgedrückt.

Alle unterhalb der Rückstauebene gelegenen Abflüsse sollten entweder eine Hebeanlage oder einen Rückstauverschluss haben. Oberhalb ist dies nicht sinnvoll. Nur in Ausnahmefällen, etwa bei einer Altbausanierung, dürfen Sie hier eine Hebeanlage installieren.

RÜCKSTAUVERSCHLÜSSE

Beim Rückstauverschluss versperren Klappen dem ins Haus zurückdrängenden Wasser aus der Kanalisation den Weg. Im Normalfall, wenn das Abwasser aus dem Haus in das öffentliche Kanalsystem fließt, kann es ungehindert durchdringen. Ändert das Wasser seine Fließrichtung und will zurück ins Haus, stößt es auf eine Barriere. Der Mechanismus unterscheidet sich, je nachdem, ob es sich um fäkalienhaltiges oder fäkalienfreies Abwasser handelt:

→ Fließt fäkalienfreies Abwasser durch den Rückstauverschluss, verhindern zwei lose hängende Klappen, dass das Wasser zurück ins Haus fließen kann. Diese Klappen verschließen das Rohr durch ihr Eigengewicht. Abfließendes Wasser drückt sie auf, um hindurchzufließen. Bei einem Rückstau werden sie so fest gegen eine Dichtung in der Öffnung gepresst, dass kein Wasser durch das Rohr fließen kann – auch keines, das aus dem Haus abgeführt werden soll. Wichtig ist hier, welchem Druck die Rückstauklappe standhalten kann.

→ Für fäkalienhaltiges Abwasser sind Rückstauverschlüsse mit zwei Klappen ausgestattet, die immer offen sind. Ein Sensor erkennt, wenn es zum Rückstau kommt, und setzt einen elektrisch betriebenen Schließmechanismus in Gang.

Beide Varianten schließen in einer Gefahrensituation automatisch, können bei Bedarf aber auch von Hand geschlossen werden.

Probleme der Rückstauverschlüsse liegen zum Teil in ihrem Mechanismus. Durch die Klappen sind sie anfällig für Verstopfungen. Speiseabfälle oder andere gröbere Dinge sollten Sie daher nicht über die Toilette oder den Ausguss entsorgen, sondern besser über den Bio- oder Restmüll. Eine regelmäßige Revision

Eine intakte Rückstauklappe verhindert, dass Abwasser aus der Kanalisation zurück ins Leitungssystem des Hauses gelangt und dort für eine Überschwemmung sorgt.

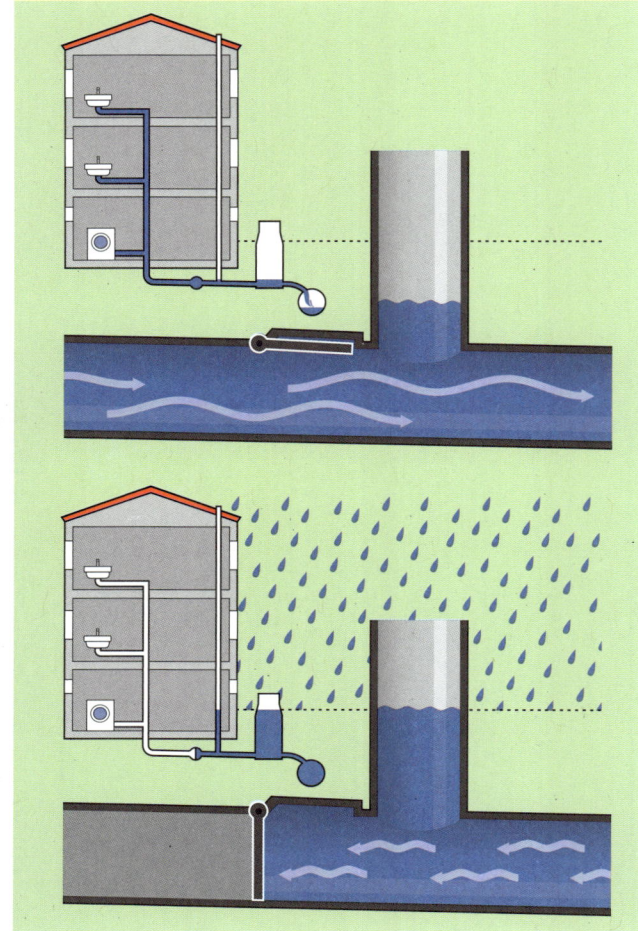

Eine Rückstauklappe lässt das Abwasser aus dem Haus hindurch, das dann in die Kanalisation fließt. Umgekehrt verhindert die Rückstauklappe, dass Wasser aus der Kanalisation ins Abwassersystem des Hauses eindringen kann.

empfiehlt sich schon deshalb, weil Ratten gerne die Klappen anknabbern und dadurch beschädigen. Dann schließen sie im Bedarfsfall nicht mehr ordentlich.

Für Kellerabflüsse haben Sie noch eine weitere Variante: Armaturen, die durch eine Schwimmerkugel oder mittels mehrfacher Rücklaufverschlüsse verschlossen werden. Auch hier wirkt das Prinzip der Schwerkraft.

Die Details zu Rückstauverschlüssen sind in der DIN EN 13564 „Rückstauverschlüsse" ge-

regelt. Ergänzt wird sie durch die DIN 1986-100, die Rückstauverschlüsse bestimmten Anwendungsgebieten zuordnet.

Ein großer Nachteil von Rückstauverschlüssen liegt darin, dass bei Rückstau kein Abwasser produziert werden darf. Denn das Wasser kann bei geschlossenen Klappen, auf die rückstauendes Wasser drückt, nicht abfließen. Das kann gerade bei plötzlich auftretendem Starkregen ein Problem sein, wenn etwa die Waschmaschine läuft, Sie die Toilettenspülung betätigen oder Hände waschen.

Rückstauverschlüsse eignen sich daher nur für Abläufe, die während eines Rückstaus nicht unbedingt genutzt werden müssen. Ihr Haus muss dann beispielsweise eine Toilette oberhalb der Rückstauebene haben.

ABWASSERHEBEANLAGEN

Abwasserhebeanlagen dagegen können auch bei Rückstau Abwasser in die öffentliche Kanalisation pumpen, wenn dies unbedingt erforderlich ist. Das Abwasser kommt bei diesem System zunächst in einen Sammelbehälter und wird von dort über ein Rohrsystem bis über die Rückstauebene gepumpt, die sogenannte Rückstauschleife. Danach fließt es dem öffentlichen Abwassersystem zu. Es wird quasi ein Ablauf oberhalb der Rückstauebene simuliert. Rückstauendes Wasser kann aufgrund der Druckverhältnisse die Rückstauschleife nicht überwinden. Dadurch sind Hebeanlagen grundsätzlich ein sicherer Schutz vor Rückstau. Allerdings sind sie auch teurer als Rückstauverschlüsse und müssen mit Strom betrieben werden.

Auch bei Abwasserhebeanlagen wird zwischen der Anwendung für fäkalienfreies und fäkalienbelastetes Abwasser unterschieden. Die Funktionsweise bleibt grundsätzlich die gleiche. Fäkalienhebeanlagen sind aber mit einem geschlossenen, gas- und wasserdichten Sammelbehälter gegen Geruchsbelästigung ausgestattet. Eine kleinere Variante der Fäkalienhebeanlage verfügt über einen Häcksler, mit dem die Fäkalien vor der Hebung zerkleinert werden. Der Geräuschpegel dieser Anlagen ist relativ hoch. Sie dürfen auch nur eingesetzt werden, wenn eine zusätzliche Toilette oberhalb der Rückstauebene existiert. Details zu „Abwasserhebeanlagen für Gebäude und Grundstücksentwässerung" regelt die DIN EN 12050.

Hinweise für den Einbau

Rückstausicherungen sind meist innerhalb des Hauses eingebaut oder in der Bodenplatte. Hier sind sie besser vor Frost geschützt. Wenn Sie nachträglich Rückstausicherungen einbauen, kann es aber finanziell und baulich sinnvoll oder erforderlich sein, diese außerhalb des Hauses zu installieren. Dann sollten Sie zusätzlich über Frostschutz nachdenken. Holen Sie sich Rat von einem Fachbetrieb.

Ein Fachbetrieb sollte auch den Einbau übernehmen, um die fachgerechte und damit im Notfall einsatzbereite Rückstausicherung zu gewährleisten. Eine Beratung durch Profis lohnt sich auch in der Frage, ob die Rückstausicherung zentral für alle Abflüsse unterhalb der Rückstauebene eingebaut werden sollte oder dezentral an den Stellen, die einzeln geschützt werden müssen oder sollen. Die Antwort hierauf ist individuell und muss auf Ihre Immobilie abgestimmt sein.

WAS SIE BEI RÜCKSTAUVERSCHLÜSSEN BEACHTEN MÜSSEN

Ob ein Rückstauverschluss sinnvoll und nützlich ist oder nicht eingebaut werden sollte, hängt von der Lage Ihres Hauses und den örtlichen Vorschriften ab. Einige Landesbauordnungen fordern mittlerweile Rückstauklappen. Die dürfen aber nur für Abflüsse eingebaut werden, die unterhalb der Rückstausicherungsebene liegen. Andernfalls kann es zu einer Selbstüberflutung kommen. Die örtlichen Entwässerungsbetriebe, ein Sanitärfachbetrieb, Architekten oder Fachplanerinnen können Sie hierzu beraten.

Soll oder muss es einen Rückstauverschluss geben, müssen Sie beim Einbau einiges beachten. Rückstauverschlüsse sind nur unter folgenden Bedingungen zulässig:

→ Die mit einem Rückstauverschluss gesicherten Räume werden nur wenig genutzt. Dazu gehören Lagerräume oder Waschküchen, nicht aber die Einliegerwohnung im Souterrain.

→ Es muss eine weitere Toilette oberhalb der Rückstauebene geben, da bei einem Rückstau die gesicherte Toilette nicht benutzt werden kann.

→ Die Abwasserleitung muss zum öffentlichen Kanalsystem hin abfallen.

→ Bei einer Überschwemmung darf weder die Gesundheit der Bewohnerinnen und Bewohner gefährdet sein noch darf es zu größeren Sachschäden kommen.

Der Einbau muss so erfolgen, dass der Rückstauverschluss gut zugänglich ist. Zwar muss er automatisch öffnen und schließen, aber es muss auch eine manuelle Sicherung geben. Der Zugang zum Rückstauverschluss ist aber auch für die regelmäßige Wartung sinnvoll. Planen Sie bei Ihrem Neubau die Rückstausicherung am besten gleich mit. So kann bereits beim Gießen der Bodenplatte ein Zugang dafür ausgespart werden.

Auch wenn Sie ein Bestandsgebäude haben, können Sie relativ unkompliziert einen Rückstauverschluss nachträglich einbauen lassen. Das geht beispielsweise, wenn es einen leicht zugänglichen Revisionsschacht gibt. Vielleicht hat Ihr Gebäude bereits einen Rückstauverschluss. Dann überprüfen Sie, ob dieser an der richtigen Stelle sitzt. Denn es kann vorkommen, dass das Regenwasser, das ebenfalls der öffentlichen Kanalisation zugeführt wird, noch vor der Rückstausicherung in das Abwassersystem des Hauses fließt. Die Idee dahinter ist, dass das Regenwasser die Rohre durchspült. Bei Starkregen kann das aber dazu führen, dass es trotz geschlossener Klappen zu einer Überflutung kommt. Sie können die Rohre für die Ableitung des Regenwassers neu verlegen lassen, sodass sie erst hinter der Rückstausicherung an die Hausleitungen anschließen. Das ist allerdings arbeitsaufwendig und damit teuer. Eine andere Möglichkeit ist, das Regenwasser bei Rückstau mit einer Pumpanlage in das öffentliche Kanalsystem zu pumpen. Oder Sie finden eine ganz andere Lösung für das Regenwasser. Dazu mehr im Kapitel zum Niederschlagsmanagement (S. 123).

WAS SIE BEI ABWASSERHEBEANLAGEN BEACHTEN MÜSSEN

Eine Abwasserhebeanlage ist die in der Regel teurere Alternative. Sie wird vor allem eingesetzt, wenn es kein natürliches Gefälle zum Kanal gibt und das Wasser in die Kanalisation gepumpt werden soll. Im Vergleich zu Rückstauverschlüssen kann über eine Abwasserhebeanlage Wasser auch bei einem Rückstau in die Kanalisation befördert werden, beispielsweise bei einer Toilettenspülung. Wenn also Abläufe immer funktionieren müssen, auch bei Rückstau, empfiehlt es sich, eine Hebeanlage einzubauen. Bedingungen hierfür sind:

→ Es muss ausreichend Platz für den Einbau zur Verfügung stehen. Als Richtwert gelten rund 60 Zentimeter.

→ Handelt es sich um eine Fäkalienhebeanlage ohne begrenzte Nutzung, muss es eine ausreichend dimensionierte Lüftungsleitung geben. Denn im Inneren des geschlossenen Sammelbehälters können sich explosive Gase bilden.

→ Bei fäkalienhaltigem Abwasser, und um dieses handelt es sich meist, dürfen die Abwassersammelbehälter nicht baulich mit dem Gebäude verbunden sein.

→ Die Abwasserleitungen dürfen sich nicht in Fließrichtung verengen.

→ Die Abwasserleitungen müssen so verlegt werden, dass sie selbstständig leerlaufen können.

→ Zu- und Ablauf zur Hebeanlage müssen mit Absperrschiebern versperrt werden können. Beim Ablauf ist zusätzlich ein Rückflussverhinderer notwendig.

→ Die Druckleitung der Hebeanlage muss über die Rückstauebene hinausragen und mündet erst dann in die Rückstauschleife.

Aufwendig ist die nachträgliche Installation vor allem, weil eine Rückstauschleife eingebaut werden muss. Häufig muss dafür die Geschossdecke zwischen Keller und Erdgeschoss durchbrochen werden. Es sind also nicht allein die Anschaffungskosten, sondern vor allem auch Bauarbeiten, die hier zu Buche schlagen.

Bei Ihrem Bestandsgebäude können Sie die Abwasserhebeanlage an offen liegenden Leitungen installieren. Es handelt sich hierbei um Hebeanlagen für Freiaufstellung. Die Installation sollte immer an einer frei zugänglichen Abwasserleitung erfolgen. Einfacher ist es, wenn schon ein Stromanschluss vorhanden ist. Andernfalls müssen Sie diesen zusätzlich verlegen lassen.

So groß ist der Wartungsaufwand

Das beste System nützt nichts, wenn es nicht funktioniert. Damit Ihre Rückstausicherung im Gefahrenfall einsatzbereit ist und Wasser aus dem Kanalsystem nicht in Ihr Haus lässt, sollte sie regelmäßig kontrolliert werden.

Das können Sie bei Rückstauklappen für fäkalienfreies Abwasser selbst machen. Am besten mehrmals im Jahr. Schauen Sie dabei, ob die Klappen noch intakt sind, ob sie sich gut bewegen, nicht angeknabbert oder durch Verstopfungen behindert sind. Wenn Sie die Wartung selbst machen, sollten Sie darüber Buch führen. Nur für den Fall, dass Sie im Versicherungsfall belegen müssen, dass die Rückstauklappen grundsätzlich funktionstüchtig waren.

Bei Rückstauklappen für fäkalienhaltiges Abwasser müssen Sie eine Fachkraft mit der Wartung beauftragen. Diese Systeme sind für Nichtfachleute zu komplex. Zudem haben Sie mit der fachgerechten Wartung eine gewisse Sicherheit, dass wirklich alles gut funktioniert. Bei der Revision wird auch ein Rückstau simuliert, bei dem funktionale Probleme sichtbar werden. Hier ist es ratsam, mindestens einmal im Jahr nachschauen zu lassen.

Den jährlichen Wartungsrhythmus durch eine Fachkraft sollten Sie auch bei Abwasserhebeanlagen einhalten. Verstopfungen sollten Sie sofort beheben lassen.

→ Hochwasserschutz für Türen und Fenster: Öffnungen im Haus sind am stärksten von Wassereintritt bei Starkregen gefährdet. Türen und Fenster sollten daher einen Eigenschutz haben. Setzen Sie aber auf Schutz, der darüber hinausgeht.

Geschlossene Fenster und Türen schützen im Allgemeinen vor Regen. Aber halten sie auch Starkregen stand? Und vor allem, halten sie auch dann das Wasser draußen, wenn es sich vor der Schwelle staut, durch den Wind seitlich eingeblasen wird oder in einem Schwall direkt auftrifft? Bei zunehmenden extremen Wetterereignissen werden Türen und Fenster künftig größeren physikalischen Belastungen ausgesetzt sein.

Wie dicht Ihre Türen oder Fenster tatsächlich sind, zeigt sich häufig erst im Extremfall. Anhand der Klassifizierung können Sie vorab erkennen, wie dicht sie sein sollten. Für diese Einteilung in Widerstandsklassen gibt es normierte Messverfahren. Die Schlagregendichtheit von Fenstern und Türen wird nach den Bestimmungen von DIN EN 1027 geprüft, was zu einer Klassifizierung nach DIN EN 12208 führt. Je widerstandsfähiger die Bauteile sind, desto besser schützen sie. (Mehr dazu erfahren Sie im Kasten auf der nächsten Seite.)

Mit Blick auf die erwarteten Extremniederschläge sollten Sie bei Ihrem Neubau, oder wenn Sie die Fenster in Ihrem Haus tauschen wollen, Fenster und Türen mit einer höheren Klassifizierung wählen. Dies gilt vor allem bei stärker gefährdeten Kellerfenstern und -außentüren. Denn die müssen bei auftretenden Überschwemmungen einem größeren Druck standhalten. Wie groß die Unterschiede sind, zeigt schon die Einteilung in wasserdichte und wasserbeständige Fenster. Wasserdichte Fenster halten Hochwasser mindestens 24 Stunden stand, während wasserbeständige das Wasser immerhin noch größtenteils fernhalten und maximal zehn Liter pro Stunde eindringen lassen. Dachflächenfenster müssen vor allem schnell und dicht schließen, wenn es zu einem plötzlichen Regenguss kommt.

Tiefe Laibungen, Vordächer oder eingerückte Hauseingänge schützen Öffnungen in der Fassade nur bedingt. Denn das Wasser kommt bei Regen nicht nur von oben. Verwirbelungen

Sandsäcke sind eine schnelle Übergangslösung, um Wohnräume vor Überflutung zu schützen.

SCHLAGREGENDICHTHEIT

Heftiger Regen wird häufig von Wind begleitet. Das führt dazu, dass Regen nicht nur gegen Fenster oder Türen schlägt, sondern vom Wind regelrecht dagegengedrückt wird. Das Wasser fließt dann nicht nur senkrecht ab, sondern wird über die ganze Fläche getrieben. Dadurch werden zusätzlich zur Fläche vor allem die Ränder beansprucht. Wie gut Fenster und Türen nun Schlagregen widerstehen können, wird in zwei verschiedenen Verfahren ermittelt. Abhängig von der Einbausituation wird unterschieden zwischen Fenstern und Türen ohne baulichen Schutz wie vertiefte Laibungen oder Dachüberstände (Prüfverfahren A), und solchen mit baulichem Schutz (Prüfverfahren B). In beiden Prüfverfahren werden die Proben über eine festgesetzte Zeit mit einem bestimmten Druck, gemessen in Pascal (Pa), besprüht. Sowohl der Druck wird dabei erhöht als auch die Zeit verlängert. Ohne Druck müssen beispielsweise Fenster oder Türen ohne baulichen Schutz 15 Minuten Regen standhalten, um die niedrigste Klassifikation A1 zu erhalten. Um in die höchste Klassifikation A9 eingestuft zu werden, müssen dieselben Fenster und Türen über 25 Minuten hinweg einem Druck von 600 Pascal widerstehen, was der Windstärke elf entspricht und damit knapp unter einem Orkan liegt.

durch Auf- und Abwinde, Spritzer oder fast vertikal getriebener Regen können dazu führen, dass Regen auch von unten oder seitlich eindringen kann. Achten Sie also auf einen guten Schutz für Türen und Fenster.

Sicherungen für Türen und Fenster gegen Wasser

Türen und Fenster bilden den primären Schutz vor Starkregen. Wie gut sie dies können, wie dicht sie selbst sind, hängt von einer Kombination verschiedener Faktoren ab. Das Material der Rahmen oder Profile, der Scheiben und Ausfachungen muss widerstandsfähig sein. Zwischen Rahmen und Glas, Profil und Ausfachung darf kein Wasser durchdringen, und auch nicht an der Verbindung zur Wand, in die sie eingebaut sind. Dichtungen und Schienen, Entwässerungen und Druckausgleichsöffnungen sorgen dafür, dass die Tür- und Fenstersysteme möglichst dicht sind und auch bei größerer Belastung nicht brechen. Diesen Eigenschutz von Türen und Fenstern können Sie durch zusätzliche Maßnahmen gegen Wassereintritt verstärken. Einige davon wurden bereits im Kapitel zur Abdichtung von Kellern erwähnt, wie etwa Abdeckungen und Klappen an Kellerfenstern und Kelleraußentüren oder extra drucksichere Fenster. Darüber hinaus gibt es weitere Möglichkeiten, wie Sie Fenster und Türen oberhalb der Geländekante schützen können.

SANDSÄCKE UND SCHLAUCHSYSTEME

Sandsäcke bieten gefüllt eine schnell verfügbare Abdichtung, die sich schon lange im Hochwasserschutz bewährt hat. Meist bestehen die zu zwei Dritteln mit Sand befüllten Säcke aus Naturfasern oder Kunststoff. Bei Kunststoff besteht die Gefahr, dass sie beim Stapeln verrutschen. Diese Säcke sind aber besser lagerfähig. Sandsäcke aus Naturfasern liegen aufgrund ihrer rauen Materialoberfläche stabiler. Zudem saugen sie sich mit Wasser voll, was zu einer Verdichtung führt und daher einen noch besseren Schutz bietet. Auch zum Schutz der Umwelt sollten Sie Sandsäcke aus Naturmaterialien vorziehen. Denn wenn sie weggeschwemmt werden, kann das Material einfach verrotten, ohne schädliche Rückstände zu hinterlassen.

Eine Alternative zu Sandsäcken sind Schlauchsysteme. Sie erweitern auch deren Möglichkeiten. Dabei werden Schläuche mit Wasser, Sand oder einem Wasser-Luft-Gemisch gefüllt. Je nach Dimensionierung können Sie die Schläuche vor Türschwellen oder Fenster legen oder aber größere Bereiche umfassend vor einer Überflutung schützen. Sie können die Schläuche auch als Barriere nutzen, um Wasser in eine bestimmte Richtung zu lenken. Schlauchsysteme können Sie in leerem Zustand platzsparend lagern. Anders als Sandsäcke sind sie im Bedarfsfall schnell gefüllt, da Sie vermutlich Wasser eher zur Hand haben als große Mengen Sand.

DAMMBALKEN

Dammbalken verschließen Durchgänge mittels Balken oder Tafeln aus Holz, Metall oder anderen Materialien. Dieses System wird schon sehr lange im Hochwasserschutz eingesetzt. Die Balken oder Tafeln werden dabei in vertikale Schienen geschoben, die links und rechts der zu schützenden Öffnung angebracht sind. Das System eignet sich für Haustüren, aber auch für Garageneinfahrten oder vor außen liegenden Kellerabgängen

ERHÖHUNGEN UND SCHWELLEN

Zu möglichen baulichen Maßnahmen gehört ein höher gelegener Hauseingang, der Stauwasser von der Eingangstür fernhält. Bei nur geringen Wassermengen können Sie Kellerfenster durch eine erhöhte Lichtschachtumrandung schützen. Schwellen von mehr als 15 Zentimetern Höhe können an Balkon- und Terrassentüren und selbst am Hauseingang einen gewissen Schutz vor Überflutung bilden. Da sie nicht barrierefrei sind und auch sonst eine Stolpergefahr darstellen, sollten Sie diese Variante des Hochwasserschutzes allerdings nur in Ausnahmefällen in Betracht ziehen.

FENSTERLÄDEN UND ROLLLÄDEN

Fensterläden und Rollläden schützen nicht nur gegen Sonne, sondern können auch bei Stark-

Dammbalken sind ein bewährter und effizienter Hochwasserschutz, der gut geplant sein will. Die Führungsschienen müssen fachgerecht verankert sein.

regen eine erste Barriere sein. Sie halten das Regenwasser bei stärkeren Winden von den Fenstern fern, wodurch die Gefahr eines Wassereintritts gar nicht erst aufkommt. Ihr Nachteil: Sie verdunkeln die Innenräume.

REGENSENSOREN

Regensensoren können dabei helfen, Wassereintritt über Dachflächenfenster zu reduzieren. Meist werden sie von Fensterherstellern oder im Zusammenhang mit Smarthome-Funktionen installiert.

Position von Hochwasserschutzsystemen für Türen und Fenster

Wie Sie schon im Kapitel „Untenrum dicht: der Keller" (S. 99) erfahren haben, müssen Sie vor allem tiefer liegende Fenster und Türen vor Hochwasser schützen. Aber auch Hauseingangstüren und Terrassentüren im Erdgeschoss liegen häufig auf einer Ebene, die von kurzfristigen Überflutungen durch Starkregen betroffen sein kann. Gleiches gilt für Balkon- und Terrassentüren, die nicht in der Erdge-

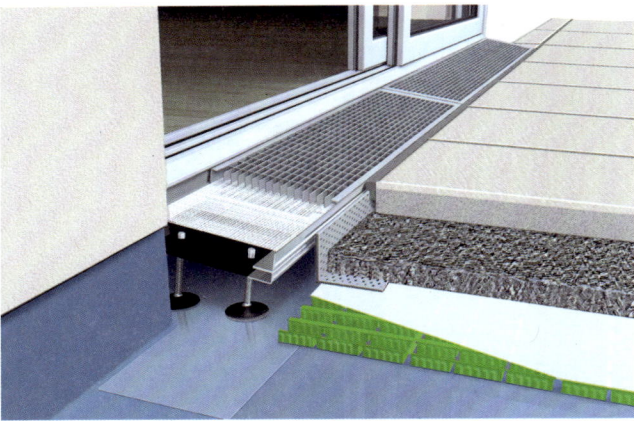

Schmutz- und Wasserfänger zugleich können Gitterroste vor Außentüren sein. Wichtig ist dabei, dass der Ablauf immer frei ist und das ablaufende Wasser dem Entwässerungs- oder Auffangsystem zugeführt werden kann.

schosszone liegen. Häufig verfügen die Flächen davor über kein oder kein ausreichendes Gefälle. Auch die Abläufe sind nicht immer ausreichend dimensioniert. Da diese Außentüren aber oft überdacht sind, werden sie als weniger gefährdet angesehen.

Sie sollten auf Hochwasserschutz für alle Außentüren und Fenster achten. Am besten wird er vor den Öffnungen, also außen, angebracht. So verhindern Sie, dass das Wasser in die Innenräume eindringen kann. Wo das nicht möglich ist, oder wenn Sie die außen liegenden Schutzmaßnahmen noch nicht umgesetzt haben, können Sie auch von innen schützen. Am einfachsten ist es, wenn Sie dafür Sandsäcke bereithalten, die Sie im Bedarfsfall vor die Türschwelle oder den unteren Fensterrahmen legen. Dies ist aber nur eine akute Nothilfe. Denn nicht immer werden Sie bei Starkregen zu Hause sein, und selbst wenn, fällt Ihnen das eindringende Wasser unter Umständen nicht sofort auf.

Dichtungen zwischen Fenster oder Tür und ihrem Rahmen verhindern, dass Wasser in das Gebäudeinnere dringt. Die Außenseite der Tür oder des Fensters kann allerdings beschädigt werden. Bei überdachten, eventuell sogar von mehreren Seiten geschützten Gebäudeöffnun-

gen können Sie das Wasser gegebenenfalls auch großflächig fernhalten. Hierfür eignen sich beispielsweise Schlauchsysteme, die nicht direkt vor Türen oder Fenstern liegen müssen. Bei Starkregen, zudem in Verbindung mit Sturm, kann es aber passieren, dass der Regen auch jenseits dieser Barrieren niederfällt.

Als weitere Maßnahme können Sie ein Drainagesystem direkt vor der Tür installieren, ähnlich einer offenen Ablaufrinne, die mit einem Gitterrost bedeckt ist. Das Wasser wird noch vor der Schwelle abgeführt. Den Gitterrost können Sie zusätzlich als Schmutzschleuse zwischen drinnen und draußen nutzen. Sie müssen ihn regelmäßig reinigen, damit es bei Starkregen nicht zu Verstopfungen kommt.

Hochwasserschutzsysteme für Fenster und Türen nachträglich einbauen

Nicht jedes Gebäude und nicht jedes Fenster oder jede Tür ist bei Starkregen gleichermaßen gefährdet. Liegen sie weiter oben oder werden von einem breiten Überstand geschützt, dringt meist weniger Niederschlag heran oder Wasser läuft schneller ab. Bei den meisten Gebäuden gibt es außerdem Seiten, die Regen und Wind mehr ausgesetzt sind als andere. Schützen Sie die Öffnungen an den Wetterseiten besonders gut.

Mobile Schutzsysteme gegen Hochwasser, wie Sandsäcke oder Schläuche, können Sie problemlos in Ihrem Bestandsgebäude verwenden. Solange Sie Ihre Türen und Fenster nicht anderweitig ausreichend geschützt haben, sollten Sie diese Schutzsysteme griffbereit neben den jeweiligen Öffnungen liegen haben. Die kostengünstige und schnelle Lösung bei einer Gefährdungslage ersetzt allerdings nicht weitere, dauerhafte Schutzmaßnahmen.

Setzen Sie also besser auf bauliche Maßnahmen. Beim Neubau können Sie von Anfang an die beste Lösung mit planen. Bei Ihrem Bestandsgebäude kann eine nachträgliche Montage aufwendig sein. Denn ob es nun Dammbalken oder Schwellen, wasserdichte Fenster oder Hochwasserschutztüren sind, es kommt immer darauf an, dass sie dicht mit der Außenwand abschließen. Das dichteste Fenster nutzt letztendlich nichts, wenn zwischen Rahmen und Laibung ein Schlitz klafft, durch den Wasser eindringen kann. Lassen Sie den Einbau daher unbedingt von einem Fachbetrieb vornehmen.

Klapp- und Schiebeläden oder Rollläden lassen sich hingegen auch nachträglich vergleichsweise einfach montieren. Je nach System muss hier nicht stark in den Bestand eingegriffen werden, sie verändern allerdings die Fassade und damit den Charakter des Hauses. Planen Sie daher auch unter ästhetischen Gesichtspunkten.

Ihr manuell bedienbares Dachflächenfenster können Sie in der Regel auch nachträglich noch mit einem Regensensor und der dazugehörigen Schließautomatik ausstatten lassen. Das hat zudem einen Vorteil im Hinblick auf den Hitzeschutz. Denn automatisierte Dachflächenfenster sind auch für die Nachtauskühlung nützlich, ebenso bei Wind und Sturm. Das Fenster öffnet und schließt sich dann jeweils selbstständig.

So gut schützen die verschiedenen Systeme

Je dichter der Hochwasserschutz, desto besser. Abhängig ist diese Dichtheit auch davon, welchem Druck das einzelne Bauteil standhalten kann und wie gut es den Fließkräften des Wassers widersteht. Nicht jedes System hält Überflutungen jeglicher Höhe gleich gut stand.

Sandsäcke saugen sich beispielsweise voll, werden dadurch schwerer und damit auch widerstandsfähiger. Allerdings muss eine Sicherung mit Sandsäcken über die gesamte Breite stabil sein. Wird bei der Deichbildung auch nur ein Sandsack von Oberflächenwasser weggeschwemmt, kann dies zu einem Dominoeffekt führen und den gesamten Sandsackwall zum Einsturz bringen. Auch kommt es auf das Oberflächenmaterial an. Säcke aus Kunstfaser beispielsweise rutschen eher weg als solche aus Naturfasern. Doch auch mit diesen ist ein hoher Wall nur mit einer breiten Sohle und damit viel Fläche und Material zu erreichen.

Anders sieht es bei Dammbalken aus, die eine beachtliche Höhe erreichen können. Allerdings müssen sie mit jedem Meter mehr in der Höhe auch größerem Wasserdruck standhalten. Ihre Stabilität haben Dammbalkensysteme in Extremsituationen vielfach bewiesen, beispielsweise als Hochwassersicherung im Uferbereich oder bei Sturmfluten. Sie können allerdings nur guten Hochwasserschutz bieten, wenn ihre Befestigungsschienen stabil verankert sind und das Material der Dammbalken selbst intakt und robust ist.

Für wasserdichte Fenster und Türen gilt: Sie können nur wirklich gut schützen, wenn sie fachgerecht eingebaut wurden. Selbst wenn eine Tür im Labor einem hohen Druck standhält, kann es in der Praxis zu Problemen kommen, wenn die Abdichtung zu den Gebäudewänden mangelhaft ist oder die Tür mitsamt ihrer Verankerung eingedrückt wird. Achten Sie daher beim Einbau auf eine professionelle Ausführung.

Erhöhte Schwellen schützen immer nur bis zu ihrer Oberkante. Je nach Gefährdungslage kann es durchaus sinnvoll sein, dass Sie Ihren

Mit dem Wasser zu bauen, kann auch bedeuten, dem Wasser einen Weg durch das Haus zu ermöglichen. Umgebindehäuser wurden häufig so gebaut, dass bei Überflutung das Wasser hindurchfloss und die Bausubstanz anschließend schnell trocknen konnte.

Neubau mit einem erhöhten Sockel planen. Das geht auch barrierefrei über einen stufenlosen Zugang. Bei Ihrem Bestandsgebäude können Sie den Sockel im Nachhinein allenfalls durch eine Veränderung des Geländes erhöhen. Setzen Sie dann besser auf andere Maßnahmen.

Wenn Sie Läden und Rollläden für Ihre Fenster wählen, haben Sie einen verhältnismäßig guten Schutz. Allerdings verdunkeln Sie damit die Räume und verhindern einen Blick

→ „Das beste Schutzsystem nutzt nichts, wenn es nicht fachgerecht eingesetzt und gewartet wird."

ins Freie. Setzen Sie auf ein System, das Sie von innen schließen können, ohne dafür das Fenster öffnen zu müssen. Das verschafft Ihnen im Ernstfall einen Vorteil, wenn es schnell gehen muss. Zudem müssen Sie dann, wenn es gefährlich ist, nicht aus dem Haus. Rollläden schließen Sie ohnehin von innen und außen liegende Läden können Sie motorisieren, sodass sie ebenfalls von innen geschlossen werden können.

Kosten und Wartungsarbeiten

Als Faustregel gilt: Je einfacher die Schutzsysteme, desto günstiger sind sie auch. Sandsäcke beispielsweise können Sie bereits gefüllt kaufen oder selbst befüllen. Wenngleich Sand nicht verderblich ist, sollten Sie die Sandsäcke regelmäßig überprüfen, die Hülle könnte Risse oder Löcher bekommen haben. Die Sandsäcke sind dann im Notfall nicht oder nur eingeschränkt zu gebrauchen. Das gilt auch für

Wassersäcke, deren Material noch anfälliger für Schäden durch Lagerung ist.

Bei Dammbalken müssen Sie sowohl die Balken als auch die Schienensysteme regelmäßig warten. Vor allem Verschmutzungen in den Schienen sollten Sie entfernen, damit Sie die Dammbalken bei Bedarf problemlos einschieben können und sie dicht auf dicht sitzen. Für die fachgerechte Montage und Verankerung der Schienen fallen sowohl Material- als auch Montagekosten an.

Wasserdichte Türen und Fenster sind grundsätzlich teurer als normal dichte Fenster und Türen. Wie alle Tür- und Fenstersysteme des Hauses sollten Sie sie regelmäßig warten und auf ihre Dichtheit überprüfen lassen. Verschleißerscheinungen können sich hier über die Jahre einstellen. Wenn Ihnen selbst ohne größere Fachkunde Mängel auffallen, ist die Schutzfunktion schon dahin. Daher sollten Sie bei diesem in der Anschaffung kostenintensiven Schutz besser nicht auf eine professionelle Wartung verzichten. Denn nur wenn die wasserdichten Türen und Fenster im Notfall ihre Funktion erfüllen, hat sich die Investition gelohnt.

Fensterläden können Sie in der Regel problemlos nachträglich anbringen, was auch für Aufsatzrollläden gilt. Sie sind, abhängig von ihrer Position und dem verwendeten Material, relativ einfach in der Wartung.

Der Umbau von Schwellen und Sockel ist relativ aufwendig und damit kostenintensiv. Bei Ihrem Bestand sollten Sie hier nur tätig werden, wenn Sie eine umfassende Sanierung planen. Ansonsten eignet sich diese Lösung eher für Neubauten, wenn höhere Sockel oder Schwellen von Anfang an eingeplant sind.

Regensensoren für Dachflächenfenster sind eine praktische Lösung, die sich auch relativ leicht umsetzen lässt. Sie wählen damit aber eine verhältnismäßig teure Lösung, was an der verbauten Technik und der notwendigen regelmäßigen Wartung liegt.

→ **Entwässerungssysteme planen und warten:** Wie das Abwasser von Ihrem Haus bis zur Grundstücksgrenze gelangt, ist Ihre Sache. Eine effiziente Entwässerung, die auch Niederschlagswasser einschließt, sollten Sie gut planen.

In einem durchschnittlichen Haushalt in Deutschland verbraucht jede Person rund 127 Liter Wasser pro Tag. Vieles davon für die Körperhygiene, zum Putzen und Waschen, weniger zum Kochen oder direkt zum Trinken. Eine relativ gut kalkulierbare Menge, die großteils nach Gebrauch als Schmutzwasser abgeleitet wird. Das ist ein Bestandteil Ihres Abwassers. Ein anderer ist das Regenwasser, das wesentlich schlechter kalkulierbar ist.

Denn Niederschläge fallen nun einmal nicht regelmäßig und in einer relativ gleichen Menge an. Vielmehr kann es zu sehr starken Regenfällen in kurzer Zeit kommen. Das stellt die Planung des Entwässerungssystems vor eine große Herausforderung.

Doch was ist das Entwässerungssystem eigentlich? Das Entwässerungssystem regelt das Sammeln und Ableiten von jeglichem Abwasser, das im und rund um ein Gebäude anfällt. Die Ableitung des Abwassers liegt bis zur Grundstücksgrenze in Ihrer Verantwortung. Wo genau der Übergabepunkt ist, an dem das Abwasser in den öffentlichen Kanal eingeleitet wird, können Sie bei Ihrer Kommune erfragen. Dass Sie Ihr Abwasser in das öffentliche Kanalsystem einleiten, ist zwingend vorgeschrieben. Nur in seltenen Fällen kann es davon eine Ausnahme geben, die müssen Sie im Einzelfall beantragen und prüfen lassen.

Das Wasserhaushaltsgesetz, ein Bundesgesetz, macht zum Schutz des Grundwassers und von Gewässern Vorgaben zu Entwässerungsanlagen, beispielsweise zu deren Funktionsfähigkeit und Dichtheit. Bis vor wenigen Jahren waren die Vorgaben in den Landesbauordnungen zumeist so, dass Regenwasser in das öffentliche Kanalsystem eingespeist werden musste. Als Reaktion auf die mit dem Klimawandel häufiger werdenden Starkregenereignisse und die damit verbundene zeitweise

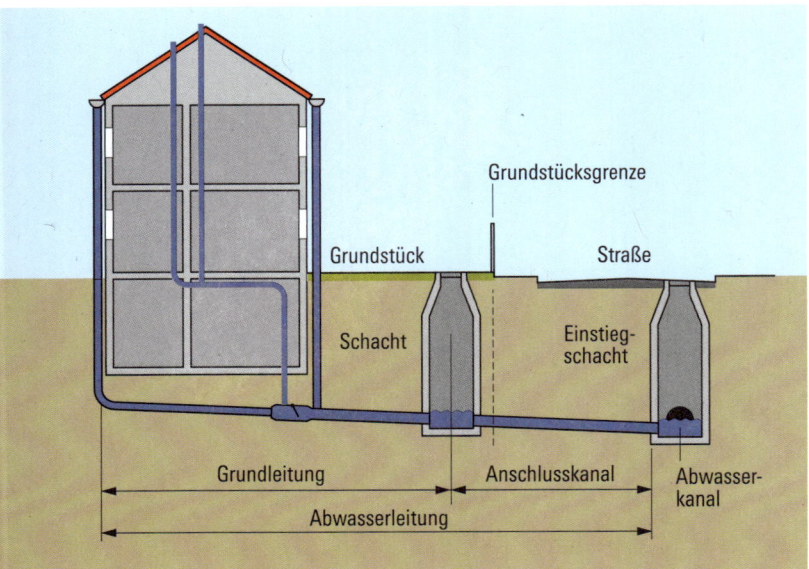

Grundstücksgrenze

Grundstück   Straße

Schacht   Einstieg-
schacht

Grundleitung   Anschlusskanal   Abwasser-
kanal

Abwasserleitung

Bis zur Grundstücksgrenze sind Sie für die Ableitung von Schmutz- und Regenwasser verantwortlich. Wo genau der Übergabepunkt zum öffentlichen Kanalnetz liegt, erfahren Sie bei der zuständigen Bauaufsichtsbehörde.

Überlastung der öffentlichen Kanalsysteme, wird mehr Wert auf eine Rückhaltung des Regenwassers auf den privaten Grundstücken gelegt. Manche Kommunen verbieten inzwischen gar das Einleiten von Niederschlags- oder Drainagewasser in ihr Kanalsystem. Fragen Sie daher direkt bei Ihrer zuständigen Bauaufsichtsbehörde nach.

Wie ein Entwässerungssystem funktioniert

Der Entwässerungsplan beschreibt die Ableitung und gegebenenfalls Nutzung des Abwassers und die zuvor ermittelte Dimensionierung des Entwässerungssystems. Geplant wird er in der Regel von einem Architekturbüro, häufig unter Einbeziehung der Installationsfirma, die das System umsetzen wird. Der Entwässerungsplan ist Teil des Bauantrags und wird mit ihm eingereicht. Nach seiner Genehmigung durch die Bauaufsichtsbehörde dient er als Vorlage für die bauliche Umsetzung.

GETRENNTES ODER GEMISCHTES ENTWÄSSERUNGSSYSTEM?

Grundsätzlich wird zwischen zwei Entwässerungssystemen unterschieden: dem getrennten und dem gemischten.

Beim getrennten System werden Schmutzwasser und Regenwasser in getrennten Rohrleitungen vom Grundstück abgeführt. Weniger schadstoffbelastetes Regenwasser kann statt im Regenwasserkanal auch direkt weniger sensiblen Gewässern oder Versickerungsanlagen zugeleitet werden. Regelungen hierzu treffen die Kommunen. Ökologisch sinnvoll sind Gräben und Sickermulden, in denen das Wasser zwischengespeichert und während der Versickerung im Erdreich zugleich gereinigt wird. Bei Starkregen wird das ohnehin sehr beanspruchte öffentliche Kanalsystem entlastet. Ein weiterer Vorteil, Regenwasser nicht gemeinsam mit Schmutzwasser abzuführen, kommt der Allgemeinheit zugute. Denn wenn weniger Regenwasser über die öffentliche Kanalisation in der Kläranlage landet, kann diese geringer dimensioniert werden. Dies drückt die Kosten beim Bau und im Betrieb.

Beim gemischten System werden Schmutzwasser und Regenwasser noch auf dem Grundstück zusammengeführt und landen gemeinsam im öffentlichen Kanalsystem. Dabei dürfen Schmutz- und Regenwasser nur in Schmutz- oder Grundleitungen zusammengeführt werden. Idealerweise geschieht das möglichst nah an der Übergabe zum Anschlusskanal. Lange Zeit war dies das am häufigsten verwendete Entwässerungssystem, da von den Kommunen die Einleitung auch von Regenwasser in das öffentliche Kanalsystem gefordert war. Bei Bestandsgebäuden wird das System daher vorwiegend vorzufinden sein. Mittlerweile findet ein Umdenken statt, nicht zuletzt aufgrund zunehmender Starkregenereignisse und der damit verbundenen Überlastung des öffentlichen Kanalsystems.

DER ENTWÄSSERUNGSPLAN

Der Entwässerungsplan bestimmt einerseits die Abwasserableitung aus dem Haus. Andererseits aber auch, wie das Regenwasser von Dachflächen und sonstigen versiegelten Flächen außerhalb des Hauses gesammelt und abgeleitet wird, welche Dimensionen Regenrinnen und -fallrohre haben müssen, wo Notüberläufe an Flachdächern und Balkonen notwendig sind oder wie mit Lichtschächten umzugehen ist. So dürfen Sie beispielsweise bei Balkonen nur dann auf einen Ablauf verzichten, wenn es keine geschlossene Brüstung gibt und der Ablauf des Wassers auch bei einer großen Niederschlagsmenge garantiert werden kann. Wenn Sie ein Flachdach haben oder planen, muss es neben den Abläufen zusätzliche Notüberläufe geben.

UNTERDRUCKENTWÄSSERUNG ODER FREISPIEGELENTWÄSSERUNG?

Speziell für große Flachdachflächen gibt es die Variante der Unterdruckentwässerung. Dabei werden alle Ablaufströme einzelner Gullys über Anschlussleitungen einer gemeinsamen Fallleitung zugeführt. In der Sammelleitung wird ein Unterdruck erzeugt, wodurch das Wasser mit hoher Geschwindigkeit von der Dachfläche abläuft. Ein zusätzlicher Vorteil: Das System wirkt selbstreinigend und reduziert so den Wartungsaufwand. Allerdings ist die Installation sehr aufwendig. Häufiger ist die Freispiegelentwässerung, die mittels Schwerkraft funktioniert. Die Fallleitungen münden hier in die Grundleitung, die selbst über ein Gefälle verfügt. Wie schnell das Wasser abläuft, hängt maßgeblich vom Gefälle der Rohrsohle ab. Die Rohrleitungen sind immer teilweise gefüllt, wobei eine maximale Füllhöhe nicht überschritten werden darf.

Wann Sie ein Entwässerungssystem brauchen

Ein Gebäude mit Wasseranschluss braucht immer einen Abfluss und damit ein Entwässerungssystem. Daher ist der Entwässerungsplan immer Teil der Bauplanung, unabhängig davon, wie umfangreich das Entwässerungssystem tatsächlich sein wird. Und selbst wenn Sie Ihr Abwasser dezentral bewirtschaften, was in Ausnahmefällen möglich ist, müssen Sie einen korrekten und im Sinne der Wasserwirtschaft ungefährlichen Umgang mit Ihrem Abwasser

nachweisen. Sie dürfen zudem Regenwasser nicht einfach auf öffentliche Verkehrsflächen leiten. Und auch auf Ihrem eigenen Grundstück müssen Sie nachweisen können, wohin das Regenwasser abfließt. Mehr dazu im Kapitel „Niederschlagsmanagement auf dem Grundstück" (S. 123).

Als Grundstückseigentümer oder Grundstückseigentümerin betreiben Sie die Entwässerungsanlage. Dafür hat Ihnen der Gesetzgeber die Verantwortung übertragen. Das liegt aber auch in Ihrem eigenen Interesse. Denn ein nicht funktionierendes Entwässerungssystem führt nicht nur bei Starkregen zu Störungen bei der Abwasserentsorgung und damit wiederum zu Umweltschäden, wenn etwa verschmutztes Wasser in sensible Gewässer fließt. Vor allem aber können Verstopfungen zu Rückstau führen und so Schäden in Ihrem Haus verursachen. Zudem kann ein mangelhaftes oder gestörtes Entwässerungssystem den Boden um Ihr Haus und den Grund darunter unterspülen, wodurch große Schäden entstehen können, bis hin zur Unbewohnbarkeit des Gebäudes. Sie sehen, die Folgekosten können erheblich sein.

Die passende Kapazität des Entwässerungssystems

Ihr Entwässerungssystem sollte weder zu groß noch zu klein dimensioniert sein. Wie viel Schmutzwasser anfällt, lässt sich über den durchschnittlichen Pro-Kopf-Wasserverbrauch eines Haushalts noch relativ gut berechnen. Allerdings gibt es durchaus Unterschiede, etwa was das Spülverhalten, die Häufigkeit von Wäschewaschen oder den Wasserverbrauch im Bad angeht. Ebenso wirken sich Wasserspararmaturen auf den Verbrauch aus und ein größeres Bewusstsein für die Ressource Wasser. Im Vergleich zu den 1990er-Jahren ist der Verbrauch von Trinkwasser erheblich gesunken, wenngleich in den letzten Jahren wieder ein leichter Anstieg zu verzeichnen war, auf zuletzt 127 Liter Trinkwasser pro Kopf und Tag. Diese Menge an Frischwasser wird fast komplett als Schmutzwasser in die Kanalisation eingeleitet. Anhand der Statistiken zum Was-

Sickermulden können durchaus bepflanzt werden. Sie tragen damit nicht nur zum Überschwemmungsschutz, sondern auch zur Biodiversität im Garten bei.

serkonsum lässt sich die Kapazität für die Entwässerung des Schmutzwassers hinreichend gut berechnen.

Anders sieht es bei Regenwasser aus. Zwar gibt es auch hier Statistiken zu Niederschlagsmengen, doch Regen fällt nicht überall gleichermaßen und nicht kontinuierlich. Zudem muss in der Berechnung neben den bloßen Wassermengen auch berücksichtigt werden, wie viel des Wassers tatsächlich gesammelt und abgeleitet werden muss. Regenwasser, das auf dem Grundstück versickern kann, müssen Sie nicht ableiten. Je mehr Fläche jedoch versiegelt ist, desto weniger Wasser kann auf natürliche Weise versickern. Dann muss ein anderer Weg gefunden werden, wie es behandelt werden kann. Das Regenwassermanagement wird umso schwieriger, je unberechenbarer die zu erwartenden Regenmassen sind. Zunehmende Starkregenereignisse erschweren die Planung eines ausreichend dimensionierten Entwässerungssystems.

Wenn Sie ein Trennsystem planen, haben Sie einen klaren Vorteil. Durch die Entkopplung

vom Regenwasser lassen sich die Schmutzwasserleitungen für das anfallende Abwasser minimal dimensionieren. Beim Regenwasser bleiben die genannten Probleme allerdings die gleichen. Planen Sie daher Sammel- und Rückhaltebecken ein. Über diese Zwischenspeicher lässt sich der Abfluss besser steuern, wodurch das Risiko einer Überlastung des Entwässerungssystems minimiert wird. Vor diesem Hintergrund kann es sinnvoll sein, dass Sie bei der Sanierung Ihres Hauses vom Mischsystem auf ein Trennsystem umstellen, zumal die Nutzung des Regenwassers im Haus und auf dem Grundstück mittlerweile Standard sein sollte.

Warum nicht einfach größer bauen und Kapazitäten auf Reserve vorhalten? Abgesehen von den Kosten, die mit der Größe des Entwässerungssystems steigen, können zu üppig berechnete Abflussrohre auch zu Problemen führen. Bei zu großen Rohrdurchmessern können Rohre innen trocknen und Ablagerungen festkleben. Neben der Geruchsbelästigung können die Rohre verstopfen, was Folgeschäden nach sich zieht. Zu klein darf allerdings auch nicht geplant werden, da es dann ebenfalls Verstopfungen und in der Folge Rückstau gibt, weil das Abwasser nicht schnell genug abfließt.

Über Nennwerte, die Innendurchmesser der Rohre, die hydraulische Berechnung der Rohrdimensionierung und das notwendige Gefälle wissen Planende und Installationsbetriebe Bescheid, die das Entwässerungssystem berechnen und installieren. Als fachfremde Person sollten Sie schon aus versicherungstechnischen Gründen nicht selbst Hand anlegen.

Bestandteile des Entwässerungssystems

Sämtliche Rohrleitungen, die Abwasser transportieren, gehören zum Entwässerungssystem. Im Haus selbst sind dies die Rohre vom Abfluss bis zur Sammelleitung. Diese verläuft üblicherweise waagerecht an der Kellerdecke und nimmt das Schmutzwasser aus Schmutzwasserfallleitungen auf, die von Einzelanschlüssen gespeist werden. Entweder von der Sammelleitung oder direkt von der Schmutzwasserfallleitung wird das Wasser über die Grundleitung weitertransportiert. Sie verläuft frostgeschützt unter dem Haus und danach ebenso frostgeschützt im Erdreich weiter bis zum Anschlusskanal. Vor allem bei älteren Gebäuden ist der Verlauf nicht immer so modellhaft. Sie sollten bei der Sanierung auf Überraschungen gefasst sein.

Der Anschlusskanal verbindet die Grundleitung mit dem öffentlichen Kanal. Er reicht von der Abzweigung am öffentlichen Kanalsystem bis zur ersten Reinigungsöffnung auf dem Grundstück. Das kann der Übergabe- oder Revisionsschacht in Ihrem Garten sein oder die Revisionsöffnung in Ihrem Keller. Normalerweise verfügen Grundleitung und Anschlusskanal über ein natürliches Gefälle hin zum öffentlichen Kanalsystem, das Abwasser kann ohne weitere Hilfe abfließen. Wenn dies auf Ihrem Grundstück nicht der Fall ist, weil beispielsweise der öffentliche Kanal höher als die Grundleitung liegt, muss eine Hebeanlage für den Abwassertransport sorgen.

Ein weiterer Bestandteil des Entwässerungssystems sind Regenwasserfallrohre. Sie

REGENWASSER FÜR WASCHMASCHINE UND TOILETTENSPÜLUNG

Bei der Planung des Entwässerungssystems können Sie darauf achten, in Haus und Garten kostbares Trinkwasser durch Regenwasser zu ersetzen. Das ist überall dort möglich, wo Trinkwasser aus hygienischen Gründen nicht unbedingt erforderlich ist. Bei der Gartenbewässerung beispielsweise wird das längst gemacht. Doch auch im Haus können Sie Regenwasser für Waschmaschine oder Toilettenspülung einsetzen. (Sie können auch gering verschmutztes, fäkalienfreies Wasser aus der Dusche oder der Waschmaschine für die Toilette nutzen. Das Spülwasser ist dafür nicht zugelassen.) Beim Waschen sparen Sie damit doppelt: Sie benötigen kein teures Trinkwasser und verbrauchen in der Regel weniger Waschmittel, da Regenwasser einen geringeren Härtegrad hat. Voraussetzung für die Nutzung ist ein separater Wasserkreislauf, der ebenso geplant werden muss wie eventuell notwendige Zwischenspeicher. Fragen Sie bei Ihrer Gemeinde nach, ob Sie hierfür einen Bauantrag benötigen. Die Regelungen sind sehr unterschiedlich – auch was die Auswirkungen auf Ihre Abwasserkosten betrifft. Eine Regenwassernutzungsanlage können Sie mit einigem Aufwand, und daher am besten im Rahmen einer ohnehin fälligen Sanierung der Wasserinstallationen, auch nachträglich installieren lassen.

können in die Grundleitung münden, müssen aber nicht. Ihre Kommune kann auch bestimmen, dass das Regenwasser nicht über die Grundleitung in das öffentliche Kanalsystem eingeleitet werden darf. Fragen Sie vor einer Veränderung oder der Planung nach. Auf jeden Fall darf bei neuen Anlagen das Regenwasser erst hinter der Rückstauklappe in die Grundleitung münden. Andernfalls kann es bei Regen zur Überflutung des Kellers kommen. Wenn bei Ihrem Haus nachträglich eine Rückstauklappe eingebaut wurde, überprüfen Sie, wo das Regenwasser in die Grundleitung fließt. Gegebenenfalls müssen Sie die Rückstauklappe versetzen. Sie ist ebenso Teil des Entwässerungssystems wie Notüberläufe von Flachdächern, mögliche Sammelbecken und Versickerungsflächen. Letztere sind insgesamt für das Niederschlagsmanagement auf dem Grundstück relevant. Mehr dazu im nächsten Kapitel.

Ein Entwässerungssystem planen und umsetzen

Wenn Sie neu bauen, erstellt das Architektur- oder Planungsbüro, das für den gesamten Bau verantwortlich ist, den Entwässerungsplan. Ausgangsbasis sind die Abwasseranschlüsse im Haus und die Abläufe von sämtlichen versiegelten Flächen, zu denen Dächer ebenso wie versiegelte Freiflächen auf dem Grundstück gehören. Für die Ableitung aus dem Haus heraus spielt es eine Rolle, ob ein Keller vorhanden ist oder nicht. Mit Keller werden die Abwasserleitungen an Kellerdecken oder -wänden entlanggeführt, stets frei zugänglich oder über einen Leitungskanal. Ohne Keller muss das Abwasser auf dem kürzesten Weg geradlinig aus dem Haus herausgeführt werden. Neben diesen Aspekten fließen in die Planung des Entwässerungssystems die Topografie Ihres Grundstücks und die Lage des Hauses relativ zum öffentlichen Kanalsystem ein. Davon hängt beispielsweise ab, ob es eine Hebeanlage geben muss, die das Abwasser in den öffentlichen Kanal pumpt.

Ebenfalls in der Planung wird der Anteil des Regenwassers berücksichtigt, der direkt auf die unversiegelten Flächen des Grundstücks abfließt, dort versickert oder in Rigolen gesammelt wird. Wollen Sie Regenwasser in oberirdische Gewässer einleiten, muss auch das gut geplant werden.

Von der Qualität der Planung hängt ab, wie gut das Entwässerungssystem später funktionieren wird. Bei Fehlern in dieser Phase kann es später beispielsweise durch Rückstau zu Schäden an Haus und Hausrat kommen. Sinnvoll ist es, in diesem Stadium auch schon den Installationsbetrieb einzubinden, der mit der Umsetzung beauftragt werden soll. Allerdings sind an der Umsetzung noch weitere Gewerke beteiligt, abhängig davon, wo beispielsweise die Grundleitung verlegt wird. Sie müssen auf jeden Fall mit Erdarbeiten im Garten rechnen, was bei einer Sanierung mehr ins Gewicht fällt als bei einem Neubau.

Eine durchgängige, möglichst genaue Dokumentation nicht nur in der Planungsphase, sondern auch bei der Umsetzung, erleichtert künftige Inspektionen, Wartungsarbeiten und Sanierungen. Vor allem sollten Sie die Revisionsöffnungen gut zugänglich halten.

Wartung des Entwässerungssystems

Wartungsarbeiten garantieren einen reibungslosen Betrieb, auch und gerade wenn Ihr Entwässerungssystem an seine Kapazitätsgrenze kommt. Für die Wartung sind Sie selbst verantwortlich. Das heißt aber nicht, dass Sie sämtliche Wartungsarbeiten selbst machen müssen. Für manches ist Fachwissen nötig, für anderes nicht. Offene Abflüsse wie Dachrinnen oder Abflussrinnen außerhalb des Hauses können und sollten Sie regelmäßig von allem reinigen, was eine Verstopfung verursachen könnte. Vor allem im Herbst sammelt sich Laub an. Je ungehinderter das Wasser abfließen kann, desto besser. Das gilt auch für leicht zugängliche Abläufe an Balkonen oder auf Dachterrassen.

Auch in den Revisionsschacht, der auf Ihrem Grundstück liegt, können und sollten Sie einmal im Jahr schauen. Lassen Sie sich von einem Profi erklären, worauf Sie in Ihrem Fall besonders achten sollten, und schalten Sie dann einen Fachbetrieb ein, wenn Sie Schäden oder Unregelmäßigkeiten entdecken.

Im Haus selbst sollten die Leitungen leicht zugänglich sein. Verstopfungen werden Sie schnell bemerken, wenn das Wasser nicht mehr durch den Abfluss läuft. Das gilt auch für Schäden an Rohren, die Sie sofort beheben lassen müssen.

Undichte Stellen in der Grundleitung werden Sie hingegen nicht so schnell erkennen. Lassen Sie daher regelmäßig Profis die Dichtheit überprüfen. Wenn Sie ein älteres Haus haben, sind die Abstände kürzer, bei einem neueren kann zwischen den Revisionen etwas mehr Zeit vergehen. Geprüft wird entweder optisch mit einer Kamera, die durch die Leitungen geführt wird, oder mittels Wasser oder Luft.

→ **Niederschlagsmanagement auf dem Grundstück:** Regenwasser von versiegelten Flächen abzuleiten, ist Aufgabe des Entwässerungsmanagements. Doch was geschieht mit dem Regenwasser, das auf unversiegelte Flächen trifft oder dort hingeleitet wird?

„Die Erdbeeren brauchen das Wasser." – Einer der häufigsten Sätze, wenn es im Mai regnet. Er soll darüber hinwegtrösten, wenn statt frühlingshaftem Sonnenschein wieder nur alles nass ist. Zugleich liegt die ganz andere Wahrheit darin, dass Regen eben auch sinnvoll genutzt werden kann. Im Hinblick auf Starkregen muss dafür allerdings einiges mehr geschehen, als einfach abzuwarten. das Wasser auf das Grundstück prasseln zu lassen, und zu hoffen, dass sich wenigstens die Erdbeeren darüber freuen. Zu groß können die Schäden sein,

wenn plötzliche Wassermassen auf trockenes Erdreich fallen und Oberflächenwasser sich seinen Weg sucht. Treffen Sie also besser Vorsorge und geben Sie dem Wasser Wege vor, wohin es abfließen, wo es versickern oder sich sammeln kann.

Niederschlagsmanagement auf dem Grundstück überschneidet sich mit der Planung Ihres Entwässerungssystems, geht in Teilen noch weiter. Es betrifft versiegelte und unversiegelte Flächen, bietet verschiedene Möglichkeiten, Wasser zu sammeln, zurückzuhalten und auch zu nutzen. Die individuellen Voraussetzungen Ihres Grundstücks, wie Gelände, Umgebung und Bebauung, spielen hier mit hinein. Eine felsige Hanglage ist anders als die sumpfige Ebene, eine geschlossene Bebauung wirkt sich anders aus als ein frei stehendes Einfamilienhaus. Auch Ihre Kommune darf mitreden, wenn es etwa um die Einleitung von Regenwasser in das öffentliche Kanalsystem geht.

Trotz aller Individualität gibt es wiederkehrende Muster. Sie können erprobte Maßnahmen oft mit wenig Aufwand an Ihre individuelle Situation anpassen. Rigolen, Zisternen, Sickermulden sollten Sie bei Ihrem Neubau gleich mit in Ihre Planung einbeziehen, mit mehr Aufwand lassen sie sich aber auch nachträglich bauen. Der Rückbau versiegelter Flächen, das Entsiegeln von Freiplätzen, stellt die

Eine Hanglage in Kombination mit Stelzen lässt das Haus über das Gelände auskragen. Es wird weniger Fläche versiegelt, das Regenwasser hat mehr Sickerfläche und der Eingriff ins Gelände bleibt minimal.

sinnvollste Variante auch im Hinblick auf das Mikroklima um Ihr Haus herum dar. Und selbst ungünstige topografische Lagen lassen sich verbessern. Teilweise hilft hier der Blick auf traditionelle Bauweisen. So haben etwa Warften in Küstenregionen oder Stelzenhäuser an Flüssen schon immer menschliche Behausungen vor Hochwasser geschützt.

Niederschlag bedeutet allerdings nicht nur Regenwasser in seinen verschiedenen Formen, sondern auch Schnee und Hagel. Das Wasser in seiner festeren Form kann auf unerwartete Weise zu Hochwasser führen, wenn etwa Abflüsse durch Hagel oder Schnee verstopft sind und einsetzender Regen dadurch nicht abfließen kann.

Wohin geht das Regenwasser?

Niederschlag, der auf eine Fläche fällt, fließt nie komplett ab. Ein Teil bleibt stets an der Oberfläche haften, um später zu verdunsten. Wie groß dieser Anteil ist, hängt von der Beschaffenheit der Oberfläche und ihrer Nutzung ab. Beschrieben wird der Anteil des abfließenden Wassers im Verhältnis zum zurückgehalte-

nen durch den Abflussbeiwert. Dieser liegt beispielsweise bei asphaltierten Flächen und mit einer harten Eindeckung belegten Schrägdächern zwischen 0,85 und 0,9, bei Kiesflächen zwischen 0,15 und 0,3 und bei Wiesenflächen zwischen 0,05 und 0,1. Wiesen halten also mehr Wasser zurück als Kiesflächen und noch viel mehr als asphaltierte Flächen.

Wohin das nicht zurückgehaltene Wasser abfließt, hängt ebenfalls von der Oberfläche und zusätzlich vom Untergrund ab. Auf einer versiegelten Fläche, beispielsweise einer mit Betonplatten belegten Terrasse oder einem geteerten Vorplatz, wird es dem Gefälle folgen und in dessen Richtung abfließen. Ohne Gefälle, vielleicht noch mit einer erhöhten Umrandung versehen, bleibt das Wasser wie in einem Wasserbecken stehen. Trifft es auf bepflanzte Beete, Rasen oder andere unversiegelte Flächen, kann es langsam in den Untergrund versickern. Wie tief es dort eindringen kann und wie viel Wasser der Boden aufnehmen kann, hängt von dessen Beschaffenheit ab. Lehmschichten oder Fels blockieren den Abfluss, das Wasser muss sich einen anderen Weg suchen und abfließen oder es staut sich. Damit kann auch eine unversiegelte Fläche bei Starkregen überflutet werden. Sie sollten also sowohl bei versiegeltem als auch bei unversiegeltem Boden wissen, wie das Regenwasser natürlicherweise abfließt. Dann können Sie zum Schutz Ihres Hauses und Grundstücks Vorkehrungen treffen, um Niederschläge zu lenken, zu sammeln und abzuleiten.

Regenwasser können Sie über Ihr Entwässerungssystem ableiten, wenn es über Dachrinnen, Fallrohre und andere Auffangvorrichtungen gesammelt wurde. Besser ist, wenn Sie das Wasser in Zisternen oder anderen Rückhaltebecken auf dem Grundstück sammeln und von dort einer weiteren Nutzung zuführen. Oder Sie dürfen es – sofern wenig schadstoffbelastet – in öffentliche Gewässer einleiten. Sie haben also sehr unterschiedliche Möglichkeiten, die Sie je nach Ihrer individuellen Situation vor Ort nutzen können. So sind beispielsweise nicht überall Gewässer in der Nähe, nicht in jeder Gemeinde ist das Einleiten von Regenwasser in die öffentliche Kanalisation erlaubt.

Regenwasser, das vom Dach über Dachrinne und Fallrohr abgeleitet wird, hat seinen Bestimmungsort noch nicht gefunden. Wohin geht es danach? Am besten wird es gesammelt und in Haus und Garten verwendet.

DAS KONZEPT DER SCHWAMMSTADT

Regenwassermanagement ist wie Klimaschutz und die Anpassung an den Klimawandel keine Privatsache. Viele kleine Maßnahmen tragen zu einem großen Ganzen bei. Umgekehrt können Sie auch auf das Große schauen und es für Ihr privates Grundstück abwandeln. Das können Sie – mit Einschränkungen – beispielsweise beim Konzept der Schwammstadt. Das mittlerweile von vielen Kommunen verfolgte Modell hat den natürlichen Wasserkreislauf als Vorbild. Der größte Anteil des Wassers wird dabei direkt vor Ort verdunstet, ein etwas kleinerer Anteil versickert und nur ein minimaler Rest fließt an der Oberfläche ab. In Siedlungsgebieten mit viel versiegelter Fläche kehrt sich dieses

Verhältnis um, es verdunstet der kleinste Teil, während das meiste Wasser in die Kanalisation fließt. Mit dem Umbau zur Schwammstadt soll das natürliche Regenwassermanagement auch in Siedlungsgebieten so weit als möglich wiederhergestellt werden. Dabei saugt ein Geflecht verschiedener Maßnahmen das Regenwasser wie ein Schwamm auf und hält es zurück, statt es direkt über das öffentliche Kanalsystem abzuleiten. Neben der Einrichtung von Rückhaltebecken müssen möglichst viele Flächen entsiegelt oder gar nicht erst versiegelt werden. Diese dann überwiegend begrünten Flächen nehmen generell Niederschläge und vor allem Starkregen auf, lassen das Wasser langsam versi

ckern. Die Schwammstadt wirkt sich aber nicht allein positiv auf das städtische Entwässerungssystem aus. Vielmehr unterstützt das Konzept generell die Begrünung, die vielfältige positive Folgen für das Stadtklima hat. Wasser, das eben nicht auf direktem Weg der Kanalisation zufließt, bewässert stattdessen die Grünflächen. Diese wiederum, und da zählen auch Dachbegrünungen dazu, haben durch ihre Verdunstung einen Kühleffekt, der besonders an heißen Tagen zu einer innerstädtischen Temperatursenkung beiträgt. Darüber hinaus verbessert die zusätzliche Begrünung die Luftqualität und hat eine schalldämmende Wirkungs im gesamten Stadtraum.

Eine naturnahe Nutzung des Regenwassers stellt die beste Alternative dar. Sie können Ihren Garten auf unterschiedliche Weise für die Versickerung nutzen. Bäume fangen als erste den Regen ab, verzögern sein Auftreffen auf der Erde. Sie wirken damit wie eine Rückhaltevorrichtung. Diese Funktion können auch Sträucher und Büsche übernehmen. Wie Stauden und Gras haben sie den Vorteil, dass sie die Erde bedecken und durch ihre Wurzeln vor Erosion und Austrocknung schützen. Denn ein ausgetrockneter Boden wirkt zunächst wie eine versiegelte Fläche, in die das Wasser nicht eindringen kann. Erst nach und nach wird er angelöst und kann dann langsam Wasser aufnehmen. Als besonders saugfähig erweisen sich Moose, die zudem auch längere Hitze- und Trockenperioden überstehen können.

Wie der Untergrund aussieht, wie der Boden auch in tieferen Schichten aufgebaut ist und wo das Grundwasser verläuft, können Sie durch ein Bodengutachten feststellen lassen. Es entstehen Ihnen dadurch Kosten, aber das Gutachten nutzt Ihnen auch für Ihren Neubau. Denn hieraus geht hervor, wie tragfähig der Untergrund ist, und es wird ersichtlich, welche Abdichtungen Sie für Ihren Keller und das Fundament benötigen.

Versiegeln Sie Flächen auf Ihrem Grundstück, planen Sie den Ablauf von Regenwasser immer mit ein. Das kann über Bodenrinnen geschehen, eine leichte, vom Haus wegführende Neigung oder mithilfe von Wasserspeiern etwa bei Balkonen oder Terrassen (mehr zur Abdichtung von Kellern im Kapitel „Untenrum dicht: der Keller", S. 99).

Mit der natürlichen Bewirtschaftung von Niederschlagswasser, das großteils auf dem Grundstück verbleibt, tragen Sie zu einer insgesamt positiven Wirkung auf den besiedelten Raum bei. Kühleffekte durch direkte Verdunstung und über Pflanzen senken die Temperatur. In tiefere Bodenschichten versickerndes Wasser ist förderlich für einen gleichbleibenden Grundwasserspiegel und kann regenerativ auf ihn einwirken.

Während konventionelle Entwässerungssysteme meist unterirdisch verlegt werden und die Fläche als solche, ihre Topografie und ihre Beschaffenheit eine weniger große Rolle spielen, ist dies bei einem möglichst naturnahen Umgang mit Niederschlägen anders. Hier müssen Sie stärker darauf achten, wie das Gelände geformt und der Boden beschaffen ist. Sie sind also nicht mehr ganz so frei in Ihren Gestaltungsmöglichkeiten.

Starkregensicherer Wasserablauf

Ob in Sammelstellen oder in die Kanalisation, letztlich muss das Regenwasser abgeleitet werden. Der wichtigste Grundsatz, Wasser immer vom Haus wegzuleiten, gilt auch hier. Es darf in der Regel aber auch nicht auf das Nachbargrundstück fließen. Je dichter die Bebauung, desto größer ist die Herausforderung, gerade Oberflächenwasser abzuleiten. Wenn Sie das Regenwasser in die Kanalisation leiten, gilt hier das Gleiche wie bei der Ableitung aus Dachrinnen und Fallrohren: Es darf erst hinter der Rückstausperre in den Anschlusskanal auf Ihrem Grundstück eingeleitet werden. Andernfalls kann es bei Starkregen durch Rückstau zu Überschwemmungen im Haus kommen.

Ein Friesenwall schützt traditionell in norddeutschen Küstenregionen die Häuser vor Hochwasser. Überflutungen werden in dieser Gegend weniger durch Wasser von oben erwartet, sondern eher durch Wasser, das von außerhalb des Grundstücks kommt. Als Vorbereitung auf zunehmende Starkregenereignisse sollten Friesenwälle daraufhin überprüft werden, ob Wasser vom Grundstück auch abfließen kann.

Offene Wasserabflüsse, etwa Rinnen oder Gräben, sollten immer funktionsfähig sein. Das bedeutet auch, dass Sie hier keine sperrigen Gegenstände zwischenlagern dürfen, auch keine Gartenabfälle oder Ähnliches. Je kleiner der Ablauf ist, umso wichtiger ist es auch, dass Sie ihn in Ordnung halten und regelmäßig reinigen. Laub und Äste oder Nester von Tieren haben hier nichts zu suchen.

Was häufig übersehen wird: Geschlossene Grundstücksumrandungen können bei Starkregen die umschlossene Grundstücksfläche schnell zum Wasserbecken werden lassen. Möchten Sie Ihren Garten einfrieden, planen Sie Durchlässe ein – vor allem an tiefer liegenden Grundstücksflächen. Eine auch nur zehn Zentimeter hohe, aber geschlossene Umrandung kann sonst zur Sammelstelle für Wasser werden, das nicht abfließen kann. Statt eine Mauer zu betonieren, pflanzen Sie besser eine lebendige Hecke heimischer Sträucher. Für Zaunpfosten reichen einzelne Punktfundamente. Damit sparen Sie zudem Material und Kosten. Vorsicht ist auch bei natürlichen Wällen oder Steinwällen geboten. Auch sie fangen Wasser ab. Wenn Sie sicher gehen möchten, dass es vor dem Wall keine überfluteten Flächen gibt, legen Sie davor eine Drainage. Das Rohrsystem leitet überschüssiges Wasser unterirdisch ab.

Bei Trockenmauern werden Steine ohne Mörtel aufeinander geschichtet. Überschüssiges Wasser kann abfließen. So halten Trockenmauern starken Regengüssen länger stand. Allerdings müssen sie gewartet, gepflegt und nach einem Schaden repariert werden.

Regenwasser sammeln und nutzen

Es gibt nicht die eine, richtige Möglichkeit, mit Niederschlägen umzugehen. Vielmehr stehen verschiedene Methoden zur Wahl, um das Regenwasser zu sammeln und dann zu nutzen oder es versickern zu lassen. In vielen Fällen ist auch eine Kombination aus verschiedenen Methoden sinnvoll. Nicht zuletzt bestimmen die Gegebenheiten vor Ort, was Sie wie umsetzen können. Die gängigsten Sammelmöglichkeiten sind folgende:

REGENTONNEN

Als klassische Auffangbehältnisse lassen Regentonnen sich mit einer einfachen Klappe an die Regenrinne anschließen. Mit einem Mechanismus versehen, meist einer Schwimmerkugel, schließt sich die Klappe automatisch, sobald die Regentonne voll ist. Da Regentonnen häufig direkt am Haus stehen, kann es schlimmstenfalls zu Wasserschäden und Überschwemmungen kommen, etwa wenn ein Leck an der Tonne entsteht oder der Wasserstopp nicht funktioniert. Lassen Sie Regentonnen außerdem nicht in der prallen Sonne stehen, da sich im stehenden Wasser schnell Algen bilden.

TEICHE

Teiche bilden in jedem Garten kleine Ökotope, die zahlreiche Insekten anlocken. Über die offene Wasseroberfläche kann das Wasser verdunsten und so einen zusätzlichen Kühleffekt erzeugen. Da Regenwasser nicht kontinuierlich vorhanden ist, kann es bei längeren Trocken- und Hitzeperioden problematisch für den Wasserstand werden. Dann müssen Sie unter Umständen Wasser aus anderen Quellen nachfüllen. Zudem sollten Sie bei Teichen und anderen offenen Wasserflächen im Garten die Sicherheit beachten. Vor allem Kleinkinder lieben Wasser und sollten nie allein an einem ungesicherten Teich sein – selbst wenn dieser nicht tief ist.

Eingegrabene Zisternen nehmen oberirdisch keinen Platz weg und halten das Wasser im Sommer kühl und im Winter frostfrei.

Auffangbecken wie Regentonnen können auch nachträglich relativ einfach an die Dachrinne angeschlossen werden.

ZISTERNEN

Als unterirdische Wasserspeicher haben Zisternen gleich mehrere Vorteile. In der Erde vergraben, halten sie das Wasser kühl und dunkel, wirken damit der Algenbildung entgegen. Zudem bleibt über ihnen noch viel Fläche, die Sie anderweitig nutzen können. Der Garten kann darüber wachsen und selbst leichtere Bebauungen, etwa mit Garagen oder befahrbaren Stellplätzen, sind möglich. Wenn der unbebaute Teil Ihres Grundstücks nicht ausreicht, Bodenbeschaffenheit oder Gelände es nicht zulassen, können Sie die Zisterne auch unter Ihrem Haus anlegen. Damit wird zugleich der Nachteil ausgeglichen, dass Zisternen den Boden im Untergrund versiegeln. Liegt Ihre Zisterne im Keller, können Sie damit an Hitzetagen die Kühlung unterstützen (mehr dazu unter dem Stichwort „Badgir" auf S. 40). Allerdings müssen Sie dann besonders darauf achten, dass das Wasserbassin dicht ist und nicht etwa die Bausubstanz Ihres Hauses schädigt. Ebenso muss Frostsicherheit gewährleistet sein. Über längere Hitze- und vor allem Trockenperioden wird jedoch auch das Wasser der Zisterne zur Neige gehen. Das Wasser einer 20 Kubikmeter großen Zisterne reicht, um eine Fläche von 1 000 Quadratmetern eine Woche lang zu bewässern.

DAS REGENWASSER NUTZEN

Gesammeltes Wasser können Sie im Haus überall dort einsetzen, wo Trinkwasser nicht erforderlich ist, etwa für die Toilettenspülung, die Waschmaschine oder die Gartenbewässerung. Für Auffangbecken müssen Sie einen Überlauf oder eine Zuflussunterbrechung einplanen, um ein unkontrolliertes Zulaufen oder Abfließen von Niederschlägen und daraus resultierende Schäden zu verhindern. Wie viel Wasser Sie speichern müssen, um Ihren Bedarf zu decken, hängt davon ab, wofür Sie das Regenwasser nutzen wollen. Die Berechnungen können Sie selbst durchführen. Da Sie aber für die Umsetzung in der Regel auf Profis zurückgreifen müssen, lassen Sie sich von denen die Dimensionen berechnen. Für die reine Gartenbewässerung können Sie bei Garten- oder Landschaftsbaubetrieben nachfragen, für die

Nutzung von Regenwasser als Brauchwasser sind Architekturbüros und Sanitärbetriebe die richtige Adresse.

Regenwasser versickern lassen

Statt das Wasser zu sammeln und damit zurückzuhalten, kann auch seine Versickerung sinnvoll sein. Sie halten das Wasser damit ebenfalls von der Kanalisation zurück, unterstützen aber zugleich die Regeneration des durch Flächenversiegelung beeinträchtigten Grundwasserspiegels. Umgekehrt wirkt der Grundwasserspiegel darauf ein, ob Sie überhaupt Wasser versickern dürfen. Das Wasser muss mindestens eine Versickerungsstrecke von einem Meter in die Tiefe zurücklegen, bevor es den höchsten Grundwasserspiegel erreicht. Das heißt, dass zwischen der Oberfläche und dem Höchststand des Grundwassers mindestens ein Meter liegen muss. Wenn das auf Ihrem Grundstück der Fall ist, können Sie weniger belastetes Niederschlagswasser, das etwa vom Hausdach, vom Vorplatz oder von der Terrasse abläuft, im Garten versickern. Wie gut dies funktioniert, hängt auch vom Durchlässigkeitsbeiwert Ihres Erdreichs ab. Er gibt an, wie gut Wasser durch die einzelnen Bodenschichten dringen kann. Sand und Kies beispielsweise sind sehr gut durchlässig, Ton und Schluff dichten ab und lassen keine Versickerung zu.

Lassen Bodenqualität und Grundwasserspiegel eine Versickerung zu, geschieht dies bei privaten Wohnhäusern meist über folgende Methoden:

RETENTIONSMULDEN

Retentionsmulden können Sie meist genehmigungsfrei auf Ihrem privaten Wohngrundstück anlegen. In den flachen, begrünten Mulden sammelt sich das Wasser, bevor es langsam versickert. Sie benötigen für eine Versickerungsmulde zwischen 8 und 20 Prozent der Fläche, von der das Wasser über die Mulde versickert werden soll. Ihr Wasserspiegel sollte maximal 30 Zentimeter betragen, abhängig davon, wie tief die Mulde tatsächlich ist. Als Faustregel gilt: Die Tiefe liegt bei einem Fünftel

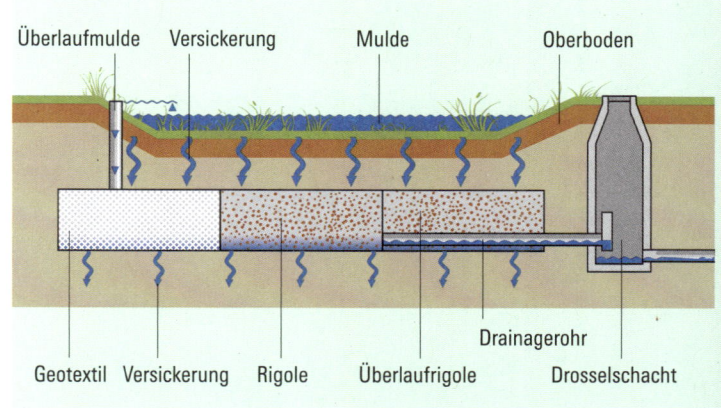

Bei einer Mulden-Rigolen-Kombination wird ein Teil des Niederschlags versickert, ein anderer über die öffentliche Kanalisation abtransportiert. Dies geschieht mit erheblicher Zeitverzögerung.

der Breite. Bei einer Breite von einem Meter sollte die Mulde dann 20 Zentimeter tief sein.

RIGOLEN

Rigolen sind unterirdische Pufferspeicher, Sie können sie aber auch oberirdisch anlegen. Sie sind mit Füllmaterial wie beispielsweise Kies aufgefüllt, das das Regenwasser aufnimmt und langsam versickert. Sie halten das Wasser gut zurück und haben einen geringen Flächenbedarf, da sie unterirdisch angelegt sind. Rigolen können Sie befahren und mit Wegen überbauen. Allerdings besteht die Gefahr, dass die Rigolenporen verstopfen. Eine Wartungsmöglichkeit gibt es nicht. Ein Sandfang kann verhindern, dass Schmutz und Sand die Poren verfüllen und die Versickerung damit behindert wird.

Vor- und Nachteile

Wie Sie mit den Niederschlägen verfahren, wirkt sich auf Ihr Grundstück und die Umgebung aus. Ein offenes Auffangbecken beispielsweise ist zugleich ein Wasserreservoir, aus dem Sie für die Bewässerung Ihres Gartens in Trocken- und Hitzeperioden schöpfen können. Durch die Verdunstung des Wassers

VOR- UND NACHTEILE VERSCHIEDENER ENTWÄSSERUNGSARTEN

Art der Entwässerung	Vorteile	Nachteile
Ableitung	einfache Lösung	problematisch bei Starkregen, kostenintensiv durch Abwassergebühren der Kommunen, teilweise in Kommunen nicht mehr erlaubt
offenes Auffangbecken	Wasserreservoir für die Bewässerung des Gartens, Kühleffekt durch Verdunstung des Wassers, individuelle Gestaltung möglich	schwer abschätzbare Dimensionierung bei oberirdischen Lösungen, großer Platzbedarf im Garten (bei unterirdischen Lösungen zu vernachlässigen), ein Überlauf oder Zuflußstopp muss eingeplant werden
Versickerung Mulden und Rigolen	Mulden: individuelle Gestaltung, durch Bepflanzung positive Wirkung auf die Umgebung; Rigolen: Flächenbedarf fällt weniger ins Gewicht; Beide: wirken sich positiv auf Grundwasserspiegel aus	schwierige Berechnung der Kapazität, großer Flächenbedarf bei oberirdischen Lösungen
Regenwassernutzungsanlage	geringerer Trinkwasserverbrauch und damit niedrigere Kosten, ressourcenschonend, geringere Abwassereinleitung und damit geringere Abwasserkosten	einmalige Kosten für die Anschaffung eines zweiten Rohrleitungssystems

entsteht ein Kühleffekt für die Umgebung. Sie können hier ganz individuell gestalten. Aber Sie brauchen Platz für solch ein oberirdisches Sammelbecken. Wie viel, hängt davon ab, was Sie planen, und von der erwarteten Wassermenge. Die lässt sich allerdings – wie schon gesagt – meist schwer abschätzen. Gleiches gilt für unterirdische Auffangbecken. Ihr Vorteil liegt darin, dass der Flächenbedarf vernachlässigbar ist.

Auch bei der Versickerung stellt die Berechnung der Kapazität eine große Herausforderung dar. Der Flächenbedarf ist hier relativ groß, wenn es sich um oberirdische Versickerungsflächen handelt. Bei Rigolen hingegen fällt die Fläche nicht so sehr ins Gewicht. Gerade oberirdische Versickerungsflächen können Sie so gestalten, dass sie eine positive Wirkung auf die Umgebung haben. Die entsteht bei unterirdischen wie oberirdischen Versickerungsanlagen zudem dadurch, dass sie sich positiv auf den Grundwasserspiegel auswirken.

In Siedlungsgebieten ist der durch erhöhte Wasserentnahme und generell die Bautätigkeit zumeist erheblich beeinträchtigt. Hier gegenzusteuern wirkt sich positiv auf die gesamte Umgebung aus.

Niederschläge einfach abzuleiten, scheint die einfachste Möglichkeit, sie vom Haus fernzuhalten. Bei Starkregen können dabei erhebliche Probleme auftreten, weswegen die Lösung auf den zweiten Blick nicht mehr so attraktiv erscheint. Zudem verlangen immer mehr Kommunen erhebliche Abwassergebühren, es entstehen Ihnen also durch die Einleitung von Niederschlagswasser Kosten. Nutzen Sie das Niederschlagswasser besser und sparen Sie so gleich mehrfach: nämlich kostbares Trinkwasser, Gebühren für das Abwasser und Gebühren für das anstelle von Niederschlagswasser verwendete Trinkwasser.

Auch eine Regenwassernutzungsanlage wird unter dem Kostenaspekt attraktiv, selbst wenn Sie dafür ein zusätzliches Leitungssystem verlegen müssen. Denn der Trinkwasserkreislauf muss von dem des Regenwassers aus hygienischen Gründen strikt getrennt werden. Eine Regenwassernutzungsanlage lohnt sich allerdings nur in Kombination mit der Regenwassersammlung. Ein Aspekt, der sich durch die gesamte Planung Ihres Niederschlagsmanagements zieht. Denn ein sinnvoller Umgang mit Niederschlägen enthält sowohl die Sammlung und Nutzung als auch die Versickerung und Ableitung.

Lieber spät als nie – Niederschlagsmanagement

Ein gutes Niederschlagsmanagement besteht aus verschiedenen Komponenten, die Sie ergänzen oder verändern können. Was geht und was sinnvoll ist, hängt immer von den Gegebenheiten vor Ort ab. Bei felsigem Untergrund beispielsweise sind Lösungen unter der Oberfläche, wie etwa Zisternen, unter Umständen wirtschaftlich nicht sinnvoll. Liegt der Grundwasserspiegel sehr hoch, stellt das die Planung von Versickerungsanlagen vor Herausforderungen. Mit einem guten Planungsbüro werden Sie eine Lösung finden, die genau zu Ihrem Grundstück passt.

VERSICKERUNGSMÖGLICHKEITEN SCHAFFEN

Sie können auf jeden Fall Flächen entsiegeln und so Versickerungsmöglichkeiten schaffen. Verwenden Sie für Gartenwege und Autostellplätze beispielsweise Schotterrasen oder Rasengittersteine. Sie können beide Oberflächen problemlos befahren und begehen, obwohl sie durchlässig sind. Setzen Sie auch bei Terrassen und anderen Plätzen auf versickerungsfähige Beläge.

EINE ZISTERNE IM GARTEN ANLEGEN

Eine Zisterne nachträglich im Garten zu vergraben, ist vergleichsweise aufwendig, zumal der Garten hierfür aufgegraben werden muss. Sie können aber unter Umständen mehrjährige Pflanzen nach dem Umgraben wieder einpflanzen. Sehen Sie eine solche umfangreiche Maßnahme als Chance: Sie können bei der Umgestaltung Ihren Garten an den Klimawandel

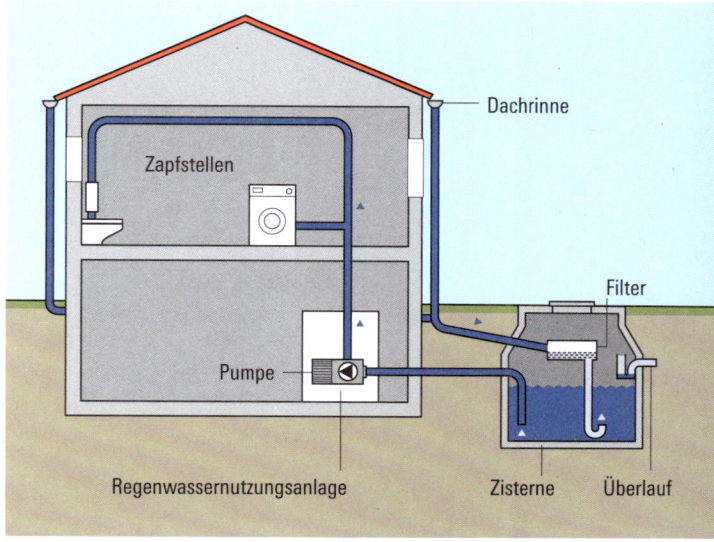

Um Regenwasser im Haus nutzen zu können, muss ein zusätzlicher Wasserkreislauf installiert werden. Eine Investition, die sich auch angesichts der vielerorts angekündigten Wasserknappheit lohnt.

anpassen. Garten- und Landschaftsplanungsbüros können dafür einen individuellen Garten- und Pflanzplan erstellen.

AUFFANGBECKEN AUFSTELLEN

Recht unkompliziert können Sie Auffangbecken wie Regentonnen aufstellen. Sie können dies auch als Übergangslösung sehen, um etwa zu testen, wie viel Wasser tatsächlich anfällt, wie viel gesammelt werden könnte und wie viel Sie benötigen.

REGENWASSERNUTZUNGSANLAGE NACHTRÄGLICH EINBAUEN

Die Investition in eine Regenwassernutzungsanlage und das hierfür benötigte zusätzliche Leitungssystem, das Trinkwasser von Regenwasser trennt, lohnt sich auch nachträglich. Denn mit der Regenwassernutzung fallen weniger Gebühren für Frischwasser an und auch die Abwassermenge reduziert sich, worin zusätzliches Sparpotenzial liegt. Zwar wird das genutzte Regenwasser letztlich der Kanalisation zugeführt, doch ersetzt es das ansonsten verwendete Frischwasser, wodurch die Abwas-

Gute Nachbarschaft sollte nicht an einem mangelhaften Niederschlagsmanagement scheitern. Arbeiten Sie lieber gemeinsam an Lösungen.

sermenge tatsächlich reduziert wird. Die Investition in das zweite Leitungssystem lohnt sich besonders, wenn Sie ohnehin sanieren und Wände und Schächte hierfür öffnen.

Setzen Sie Ihre Nachbarschaft nicht unter Wasser

Niederschläge wie Starkregen können auf einem sehr begrenzten Gebiet auftreten, sich aber weit darüber hinaus auswirken. In bewohnten Gebieten herrscht zumeist eine recht hohe Flächenversiegelung, allein schon durch Gebäude und Zuwegungen. Wie der Niederschlag selbst haben auch Maßnahmen zu seiner Ableitung eine Auswirkung auf die Umgebung und die Nachbarschaft. In den meisten Landesbauordnungen ist daher geregelt, dass Regenwasser nicht so abgeleitet werden darf, dass es Nachbargrundstücke beeinträchtigt. Das bezieht sich ganz klar auf die Regenrinnen und Fallrohre, aber auch auf Wasserspeier von Balkonen oder Abflüsse von Terrassen.

In den meisten Bundesländern regelt das Nachbarrecht auch die Frage, wie und ob Wasser auf das Nachbargrundstück geleitet werden darf und was die Konsequenz aus Fehlverhalten ist. Wo es keine Regelung gibt, kann auf das Bürgerliche Gesetzbuch oder das in Konkurrenz zur Ländergesetzgebung stehende Wasserhaushaltsgesetz verwiesen werden. In den meisten Fällen gilt, dass Oberflächenwasser, das sich bei Starkregen oder Schneeschmelze bildet, ohne rechtliche Konsequenz über benachbarte Grundstücke fließen darf. Sie dürfen aber weder Niederschläge gezielt dorthin ableiten noch Ihr eigenes Grundstück so verändern, dass Oberflächenwasser eher zum Nachbargrundstück fließt, als auf Ihrem eigenen Grundstück zu versickern. Um Nachbarschaftsstreitigkeiten von vornherein aus dem Weg zu gehen, planen Sie Ihr Niederschlagsmanagement so, dass Oberflächenwasser nicht auf benachbarte Grundstücke abfließt. Eine besondere Herausforderung, wenn Ihr Grundstück am Hang liegt oder Ihr Haus im Vergleich zur Umgebung auf einer Erhöhung steht. Hier ist besonderes Augenmerk gefragt. Denn nicht immer ist eindeutig vorhersehbar, wohin das Wasser abfließen wird.

Gerade Starkregen wird häufig als gemeinschaftliche Aufgabe für Kommunen gesehen. Das nimmt Sie nicht aus der Pflicht, zeigt aber, dass nicht einzelne, sondern Gemeinschaften besser mit diesen Extremwetterereignissen umgehen können. Einzelne Maßnahmen können Sie für Ihre Immobilie allein umsetzen, für andere kooperieren Sie besser mit Ihrer Nachbarschaft. Ein gemeinsamer Teich oder eine Versickerungsmulde etwa an der Schnittstelle verschiedener benachbarter Grundstücke sind Projekte, die nicht nur die Nachbarschaft zusammenbringen können, sondern einen konkreten Nutzen für jedes einzelne Grundstück haben. Ganz abgesehen von den Kosten, die Sie sich mit den anderen Beteiligten teilen können. Beziehen Sie vorab auch die Kommune ein, die gegebenenfalls ein solches Gemeinschaftsprojekt genehmigen muss.

→ Versickern über die Dachbegrünung:

Dachflächen, auch als fünfte Fassade bezeichnet, lassen sich begrünen. Das hat gleich mehrere positive Effekte: Sie bekommen eine Pufferzone sowohl gegen Starkregen als auch gegen Hitze.

Wenn Ihr Haus oder Ihre Garage ein Flachdach hat, liegt die Idee, es zu bepflanzen, besonders nahe. Denn meist sind es Flachdächer, die begrünt werden. Die ebene Fläche bietet sich an, zumal die Abdichtung des Daches ohnehin vor Sonneneinstrahlung geschützt werden muss. Es kommen aber auch immer mehr Systeme auf den Markt, mit denen Dachschrägen be-

grünt werden können. Die Kunst liegt dabei darin, den auf dem Dach angebrachten Pflanzgrund vor dem Abrutschen zu sichern.

Wie stark begrünt werden kann, hängt vor allem von der Statik Ihres Gebäudes ab. Substrat oder Erde bringen ein zusätzliches Gewicht mit, das sich durch die Pflanzen und die Zulast durch Regenwasser weiter erhöht.

Bei Starkregen können bereits in der ersten Warnstufe des Deutschen Wetterdienstes bis zu 25 Liter pro Quadratmeter in einer Stunde oder bis zu 35 Liter pro Quadratmeter innerhalb von sechs Stunden fallen. Bei der höchsten Warnstufe sind es 40 beziehungsweise 60 Liter pro Quadratmeter. Auf eine Dachfläche von 100 Quadratmetern kommt also innerhalb von nur einer Stunde ein zusätzliches Gewicht von 4 Tonnen auf die Dachkonstruktion. Sowohl bei der Dimensionierung der Notüberläufe als auch bei der Berechnung der Statik muss das Zusatzgewicht beachtet werden.

Wie ein Gründach bei der Regenwasserversickerung hilft

Das Prinzip von Gründächern als Pufferzone bei Starkregen gleicht dem eines Gartens. Eine begrünte Dachfläche kann durch ihren Aufbau den Abfluss von Regenwasser verzögern und so als Puffer bei starken Regenfällen wirken. Wie stark diese Regenwasserrückhaltung des

Gründächer können ganz unterschiedlich gestaltet sein. Die Bepflanzung hängt von der Statik und dem Untergrund, dem Pflanzsubstrat, ab.

Daches ist, wird über den Abflussbeiwert bestimmt. Der Abflussbeiwert ist die Differenz aus dem tatsächlichen Niederschlag und dem direkt abgeleiteten Wasser, wobei das nicht abfließende Wasser versickert oder verdunstet. Mit anderen Worten: Je höher der Abflussbeiwert des Daches ist, desto mehr Niederschlag fließt direkt ab. Der Vorteil von Gründächern äußert sich in einem niedrigen Abflussbeiwert, da hier viel Niederschlag versickert. Wie hoch der Abflussbeiwert eines Gründachs ist, hängt stark von der Art der Bepflanzung ab:

EXTENSIVE BEGRÜNUNG

Die extensive Begrünung mit Moosen, Gräsern und Sedumarten passt sich dem Standort Dach mit seinen herausfordernden Umweltbedingungen wie Hitze, Trockenheit oder Wind an. Im Gegensatz zur intensiven Begrünung ist sie pflegeleicht, allerdings ist der Abflussbeiwert nicht ganz so niedrig. Das liegt auch an der bei extensiver Begrünung geringeren Substratschicht. Hier kann weniger Wasser versickern.

INTENSIVE BEGRÜNUNG

Intensiv begrünte Dächer haben niedrigere Abflussbeiwerte, halten also das Wasser besser zurück als extensiv begrünte Dächer. Zum einen ist hier eine stärkere Substratschicht vorhanden, die mehr Wasser aufnehmen kann. Zum anderen liegt dies an den Pflanzen, die bei intensiver Begrünung mehr Wasser aufnehmen und langsamer über ihre Blätter ableiten. Mit intensiver Begrünung gewinnen Sie überdies einen zusätzlichen Garten auf Ihrem Dach, der durch seine fast unbegrenzten Bepflanzungsmöglichkeiten einen größeren Beitrag zur Verbesserung des Mikroklimas und der Biodiversität leistet.

Worauf Sie bei Dachbegrünung achten müssen

Ihr Dach sollte dicht sein. Das gilt natürlich immer, aber es ist besonders wichtig, wenn Sie eine Dachbegrünung planen, die Feuchtigkeit speichern soll. Die Dachbegrünung beginnt daher nicht erst mit dem Aufbringen von Substrat oder der Bepflanzung, das ist nur der später sichtbare Teil. Vielmehr gehört der gesamte Aufbau des Daches dazu, inklusive Wurzelschutz und Dämmung.

Das Gewicht des Daches hängt von der Art der Bepflanzung ab, vor allem aber von dem Feuchtigkeitsgrad der Begrünung. In trockenem Zustand ist ein Gründach leichter. Statikerinnen und Statiker gehen bei ihren Berechnungen vom Gewicht in wassergesättigtem Zustand aus.

Diese Berechnungen beziehen mit ein, dass überschüssiges Wasser abfließt, sobald die Dachbegrünung gesättigt ist. Bei einer Speicherkapazität von 50 bis 90 Prozent der jährlichen Niederschlagsmenge ist das im Normalfall nicht viel. Dennoch sollte immer gewährleistet sein, dass es nicht zu Staunässe kommt. Deshalb müssen ausreichend Abläufe vorhanden sein. Dies können Punktabflüsse sein, deren Anzahl sich nach der Größe der Dachfläche richtet, oder Dachrinnen. Immer aber liegen sie am tiefsten Punkt des Daches. Das ablaufende Wasser kann in Zisternen aufgefangen oder abgeleitet werden – auch abhängig davon, wie die örtlichen Vorschriften für die Regenwasserentsorgung aussehen. Die Abläufe müssen zudem so liegen, dass sie nicht durch die Begrünung beeinträchtigt werden. Sie dürfen nicht überwachsen oder verstopft sein. Denn damit hätten sie im Notfall, beispielsweise bei Starkregen, keinen Nutzen.

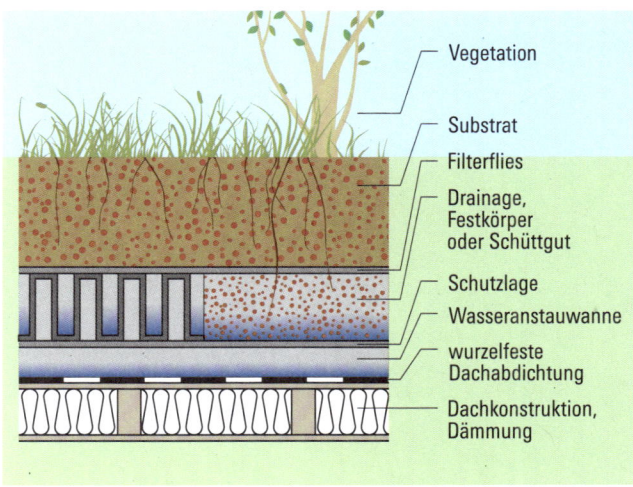

Der Aufbau eines Gründachs hängt davon ab, ob intensiv oder extensiv bepflanzt wird. Immer aber besteht er aus mehreren Schichten.

Damit die Begrünung lange erhalten bleibt, muss sie in der Lage sein, auch Trockenperioden zu überstehen. In der Regel können extensive Begrünungen besser mit Hitze- und Trockenzeiten umgehen. Bei intensiven Dachbegrünungen muss unter Umständen, abhängig auch von der Bepflanzung, bewässert werden. Auf jeden Fall muss die Auswahl der Pflanzen an die Stärke der Substratschicht angepasst sein. Während Sedumarten, die für extensive Begrünung genutzt werden, nur 6 bis

VERGLEICH EXTENSIVE UND INTENSIVE DACHBEGRÜNUNG

	extensive Begrünung	intensive Begrünung
Bepflanzungsart	Moose, Gräser, Sedum, Sukkulenten, Kräuter	vielfältig, auch mehrjährige Sträucher und Bäume möglich
Bewässerung	nur in der Anwachsphase	notwendig
Nutzungsmöglichkeiten	Kein Betreten vorgesehen	Dachgarten, Erholungsraum
Gewicht pro Quadratmeter in wassergesättigtem Zustand	50 – 170 kg/m²	150 – 1 300 kg/m²
Regenwasserrückhaltung	mittel	hoch
Dämmwirkung	mittel	hoch

PHOTOVOLTAIKANLAGEN UND GRÜNDÄCHER

Eine Dachfläche kann gleichzeitig mehrere Nutzungen haben, beispielsweise schließen sich der Betrieb einer Photovoltaikanlage und die gleichzeitige Dachbegrünung nicht aus. Statt einander zu beeinträchtigen, können sich beide sogar unterstützen. Durch ihre natürliche Verdunstung kühlen die Pflanzen die Photovoltaikmodule rückseitig. So kann die Betriebstemperatur der Anlage auch an heißen Tagen nah an der Temperatur gehalten werden, die den effizientesten Stromertrag verspricht. Zudem kann die Begrünung als Auflast für die Modulverankerung dienen. Dadurch muss nicht in die Dachabdichtung eingegriffen werden. Umgekehrt spenden die Module den Pflanzen Schatten und schützen sie damit vor zu großer Sonneneinstrahlung. Allerdings dürfen die Pflanzen nicht so groß werden, dass sie die Photovoltaikmodule verschatten. Das würde deren Effizienz wiederum senken. Bei Neubauten sollten Sie das Gewicht, das die Kombination aus Gründach und Photovoltaikanlage mit sich bringt, gleich bei der Planung der Statik berücksichtigen. Und auch bei Bestandsgebäuden müssen Sie eine Statikerin oder einen Architekten hinzuziehen.

Umrüstung für nachträgliche Dachbegrünung

Abhängig davon, wie Ihr Dachaufbau aussieht, können Sie Ihr Dach auch nachträglich begrünen. Vergleichsweise einfach ist dies, wenn es bereits eine Kiesschüttung auf Ihrem Flachdach gibt. Die kann in der Regel durch eine extensive Begrünung mit einer dünnen Substratschicht von 8 bis 10 Zentimetern ersetzt werden. In wassergesättigtem Zustand hat diese meist in etwa dasselbe Gewicht wie die Kiesschicht.

Schwieriger wird es mit einer intensiven Begrünung mit einer Substratstärke von 30 bis 100 Zentimetern. Ihr Gewicht liegt im wassergesättigten Zustand bei über tausend Kilogramm pro Quadratmeter. Für diese Auflast muss Ihr Bestandsgebäude höchstwahrscheinlich statisch ertüchtigt werden. Statiker und Architektinnen, aber auch erfahrene Fachkräfte aus Dachdeckerbetrieben, können qualifizierte Aussagen dazu machen, ob und in welchem Umfang das erforderlich ist.

Sie müssen auch bei der nachträglich ausgeführten Dachbegrünung darauf achten, dass überschüssiges Wasser ungehindert ablaufen kann. Eventuell wird es erforderlich, zusätzliche Abläufe zu installieren oder die vorhandenen an die Begrünung anzupassen.

Voraussetzungen für Dachbegrünung beim Neubau

Planen Sie bei Ihrem Neubauvorhaben ein Gründach von Anfang an, zumal wenn Sie ein Flachdach haben werden. Doch auch bei einem Steildach sollten Sie ein Gründach in Erwägung ziehen. Erkundigen Sie sich vorher, ob die örtlichen Bestimmungen dies erlauben oder beispielsweise eine vorhandene Gestaltungssatzung dagegenspricht. Fragen Sie nach und argumentieren Sie im Zweifelsfall mit dem Nutzen, den Ihr Gründach für die Umgebung hat.

Wichtig bei der Planung sind auch hier Statik und Abläufe. Beides sollten Profis ausreichend berechnen und angemessen dimensionieren. Auch wenn im Endeffekt bei einem

10 Zentimeter Substratstärke benötigen, hat der Bewuchs intensiver Gründächer einen größeren Anspruch. Staudengräser etwa benötigen 15 bis 25 Zentimeter Substratdicke, Bäume mit mindestens 150 Zentimeter.

Wollen Sie die begrünte Dachfläche als zusätzlichen Außenraum nutzen, was sich bei Flachdächern anbietet, brauchen Sie eine Absturzsicherung für die Bereiche, die tatsächlich betreten werden dürfen.

Gründach nur wenig Wasser abfließt, sollten Sie dieses auffangen und in Haus und Garten weiterverwenden.

Die Dachneigung spielt bei der Planung eines Gründaches eine große Rolle. Sie müssen nicht zwingend ein Flachdach planen, doch sollte die Dachneigung nicht zu steil sein. Mit Schubsicherungssystemen ist es mittlerweile möglich, Dächer mit einem Neigungswinkel von bis zu 45 Grad zu begrünen. Damit ergeben sich weitere Gestaltungsmöglichkeiten für Dachbegrünungen jenseits herkömmlicher Flachdächer.

Nebeneffekte der Dachbegrünung

Gründächer sehen meist nicht nur schön aus, sondern haben etliche Zusatznutzen für das Gebäude und seine Umgebung. Damit tragen sie nicht nur bei Starkregen und Hitze zu einer Verbesserung des Wohnumfeldes bei.

→ Es entsteht vor allem bei intensiv begrünten Flachdächern ein zusätzlich nutzbarer grüner Außenraum mit vielen Gestaltungsmöglichkeiten.

→ Die Pflanzen auf dem Dach sorgen durch Verdunstung ebenso wie die feuchte Dachfläche für einen Kühleffekt in Hitzeperioden.

→ Je nach Aufbaustärke und Art der Bepflanzung wirkt die Dachbegrünung als zusätzliche Dämmung des Daches sowohl gegen Hitze als auch gegen Kälte.

→ Die Begrünung schützt die Dachabdichtung vor direkter UV-Strahlung und erhöht damit die Lebensdauer der Abdichtung.

→ Eine Dachbegrünung hält die Temperatur auf dem Dach niedriger. Dadurch ist der gesamte Dachaufbau, einschließlich der Dachabdichtung, geringeren Temperaturschwankungen ausgesetzt. Das wirkt sich positiv auf die Lebensdauer des Materials aus.

→ Durch die Begrünung ist die Dachabdeckung bei Hagel besser geschützt, wodurch es seltener zu schweren Schäden kommt.

→ Die Begrünung unterstützt die Leistung von ebenfalls auf der Dachfläche montierten Photovoltaikanlagen.

Auch Steildächer können begrünt werden, wenngleich der Aufwand mit speziellen Schubsicherungen höher ist als bei Flachdächern. Auf jeden Fall muss die Statik für das Zusatzgewicht der Begrünung ausgelegt sein.

→ Mit der Aufbaustärke und Bepflanzung hängt auch die lärm- und schalldämmende Wirkung des Gründaches zusammen. Je dicker und dichter, desto größer der Effekt.

→ Die Bepflanzung auf dem Dach wirkt als zusätzlicher Luftfilter und leistet damit einen wertvollen Beitrag zur Verbesserung der Luftqualität.

→ Besonders von blühenden Pflanzen auf dem Dach werden Insekten und damit auch Vögel angezogen. Insgesamt trägt die Dachbegrünung in besiedelten Gebieten so zur Steigerung der Biodiversität bei.

→ Ein Gründach gleicht zumindest ansatzweise die Bodenversiegelung aus, die durch das Haus entstanden ist.

Ihr Gründach leistet also einen wertvollen Beitrag für die gesamte Umgebung. Der Effekt ist umso größer, wenn Ihr Haus in einem Neubaugebiet steht, in dem nach der Bauphase Häuser und Straßen liegen, aber kaum mehr Grün. Sei es, weil neu angepflanzte Bäume und Pflanzen noch nicht groß genug sind, sei es, weil in der Budgetplanung der Garten schlicht nicht vorgesehen war und nach dem Einzug kein Geld mehr dafür vorhanden ist. Bei Ihrem

Bestandsgebäude mag dieser Effekt geringer sein, sofern die Gartengestaltung nicht allein aus Terrassenflächen, Hofeinfahrten und Schotterflächen besteht. Insgesamt profitieren Sie aber auch dann von einem Gründach.

Diese Pflanzen eignen sich besonders gut

Für den Schutz bei Starkregen sollten Sie, wenn immer möglich, eine intensive Begrünung vorziehen. Durch ihren höheren Aufbau kann sie mehr Wasser aufnehmen. Auch die Pflanzen selbst, die für die intensive Begrünung geeignet sind, können besser mit viel Wasser umgehen. Ihr dichteres Blattwerk lässt den Regen langsamer hindurch, verzögert auf diese Weise zusätzlich den Abfluss.

Sukkulenten hingegen, die bei der extensiven Dachbegrünung verwendet werden, sind meist hitzeresistenter. Allerdings haben diese Anpflanzungen einen geringeren Puffereffekt bei Starkregen und sind auch in Sachen Mikroklima und Dämmwirkung schwächer als die intensive Begrünung.

Für die extensive Begrünung werden Sukkulenten und Gräser bevorzugt, die wenig pflegeintensiv sind und keine allzu große Wuchshöhe haben. Mit seinen 80 Zentimetern ist der gelb blühende Rainfarn hier schon ein Riese. Die meisten Gewächse, wie verschiedene Laucharten, Wolfsmilchgewächse oder diverse Nelkenarten, erreichen eine Höhe von 10 bis 30 Zentimetern. Hinzu kommen bodendeckende Pflanzen wie Thymian oder verschiedene Sedumarten mit gerade mal fünf Zentimetern Wuchshöhe.

Bei der intensiven Dachbegrünung bestimmen die Substratstärke und die Statik Ihres Hauses Ihre individuellen Gestaltungsmöglichkeiten. Selbst Bäume können Sie auf Ihrem Dach anpflanzen. Das ist allerdings mit erheblichen Kosten verbunden, schon um die dafür notwendige Tragfähigkeit des Daches zu erreichen – ganz zu schweigen von dem höheren CO_2-Verbrauch, der mit dem größeren Material- und Arbeitseinsatz einhergeht. Greifen Sie besser auch für die intensive Bepflanzung zu Gräsern, Sträuchern und Stauden. Deren Wuchshöhe reicht schnell über 50 Zentimeter hinaus. Selbst essbare Pflanzen, wie die Waldbeere, wachsen hier. Mit einer Mischung aus bodendeckenden, duftenden Polstern wie Katzenminze oder Blaukissen, ausdauernden Pflanzen wie Lavendel oder wintergrünen wie Hainsimse haben Sie eine große Auswahl für eine ganzjährig ansprechende Grünfläche. Achten Sie auf eine Kombination von Pflanzen, die einander begünstigen.

Beratung bekommen Sie bei Dachdeckerbetrieben und Gärtnereien, die auf Dachbegrünung spezialisiert sind. Für eine erste Information lohnt sich der Blick ins Internet: Der Bundesverband Gebäudegrün e. V. hält beispielsweise eine Liste mit Pflanzen für die intensive und extensive Dachbegrünung bereit, in der neben Wuchshöhe, Blühzeit und -farbe auch weitere Besonderheiten der Pflanzen aufgelistet sind.

Eine extensive Begrünung kann in den Sommermonaten ganz unterschiedliche Farben annehmen. Und selbst im Winter sind manche Pflanzen grün.

PLANUNGSHINWEISE DES BUNDESVERBANDS GEBÄUDEGRÜN E. V.:
www.gebaeudegruen.info/gruen/dachbegruenung/planungshinweise#c3150

Kosten für Anschaffung, Wartung und Pflege

Insgesamt können die Kosten für eine Dachbegrünung stark variieren. Grundsätzlich lässt sich sagen, dass extensive Dachbegrünungen in der Regel günstiger sind als intensive. Das liegt am Aufbau mit einer geringeren Substratschicht und meist weniger und günstigerer Bepflanzung. Dagegen muss bei einer intensiven Begrünung mehr Substrat aufgetragen werden und die Gestaltung inklusive der Pflanzen ist in aller Regel aufwendiger. Letztlich bestimmen auch Sie mit Ihren individuellen Vorstellungen, Ihrer Pflanzenauswahl und der sonstigen Gestaltung die Kosten.

Da sich Städte und Gemeinden und auch der Bund bewusst sind, dass die Dachbegrünung in vielfacher Hinsicht einen wertvollen Beitrag zur Bekämpfung der Folgen des Klimawandels leistet, gibt es zahlreiche Fördermöglichkeiten. Über die Bundesanstalt für Wirtschaft und Ausfuhrkontrolle (BAFA) können im Rahmen der Dachsanierung und -dämmung auch Gründächer gefördert werden. Ebenso lohnt es sich, bei der eigenen Kommune nachzufragen. Denn viele Städte unterstützen die Begrünung von Dächern wegen ihrer positiven Effekte auf das Stadtklima (mehr zu Förderungen in Kapitel 5 ab S. 189).

In puncto Pflege sind intensive Begrünungen etwas aufwendiger. Während längerer Trockenperioden müssen Sie unter Umständen gießen und je nach Pflanzenart werden Rückschnitte notwendig, auch, um selbstaussäende Pflanzen im Zaum zu halten. Bei intensiver wie extensiver Begrünung müssen Sie darauf achten, dass die Pflanzen die vorgesehenen Abflüsse nicht überwuchern. Überschüssiges Wasser muss im Notfall schnell abfließen können. Sonst kann die Last durch Niederschlagswasser zu hoch, das Gebäude insgesamt statisch gefährdet werden.

Intensiv begrünte Dachflächen bieten einen zusätzlichen Freiraum mit großem Erholungswert für Menschen und Tiere. Unterschiedliche Wuchshöhen und Blütenfarben tragen zur Gestaltungsvielfalt bei.

MOOSE ALS SAUGFÄHIGE UND KÜHLENDE BEGRÜNUNG

Unbeliebt in der Rasenfläche des Gartens werden Moose allzu oft geradezu bekämpft. Dabei leisten sie einen wertvollen Beitrag für den Klimaschutz – global betrachtet in Mooren und im Kleinen auch im eigenen Garten. Wer genau hinschaut, erkennt die Struktur aus vielen einzelnen, teils winzigen Blättchen. Moose haben damit eine enorme Oberfläche, über die sie bei steigenden Temperaturen Feuchtigkeit abgeben, den Boden kühlen und damit zum Hitzeschutz beitragen. Bei Starkregen wiederum saugen sie sich wie Schwämme voll und mindern so die Gefahr von Überschwemmungen durch Oberflächenwasser. Sind sie extremer Hitze und Trockenheit ausgesetzt, stellen die Pflanzen ihr Wachstum ein und warten auf bessere, also kühlere und feuchtere Zeiten. Damit können sie als wahre Überlebenskünstler gelten. Argumente für Moos im Garten gibt es zahlreich, nicht so zahlreich aber wie Moose selbst, von denen es weltweit rund 16 000 Arten gibt. Darunter dürfte auf jeden Fall auch die eine sein, die in Ihren ganz individuellen Garten passt – oder eben aufs Dach.

INTERVIEW MIT ARCHITEKT JÜRGEN LEHMEIER

→ Regenwassermanagement muss effizient und einfach sein: Abseits medial aufbereiteter Katastrophen ist die Zerstörungskraft von Starkregenereignissen den meisten Menschen nicht präsent. Hier ist ein Umdenken notwendig.

Architekt Jürgen Lehmeier geht mit seinem „Büro für Bauform" gerne abseits ausgetretener Pfade, nutzt etwa Materialien aus dem Industriebau auch für den Wohnungsbau oder legt Gärten auf Dachräumen an. Der Schwerpunkt liegt dabei auf ökologischem Bauen im Sinne von ressourcenschonendem Umgang mit Baustoffen ebenso wie mit Land und Wasser.

Herr Lehmeier, wie sieht Regenwassermanagement derzeit standardmäßig aus?

Oft schlagen Planende Rigolen oder ähnliche Versickerungsanlagen vor. Aktuell wird in der Forschung aber ein natürlicher Umgang mit Regenwasser angestrebt, auch aus Gründen von Ökologie und gesteigerter Resilienz. Insgesamt rückt das Wassermanagement sowohl bei den Ausführenden als auch in Forschung und Lehre stärker ins Bewusstsein.

Wie sollte Regenwassermanagement idealerweise aussehen?

Es sollte generell keine Verschwendung von Wasser geben. Wir sollten es besser nutzen und wenn notwendig großflächiger versickern. Wer ökologisch bauen will, sollte das Niederschlagsmanagement mit einbeziehen. Bei vielen Bestandsgebäuden wird das Wasser einfach in die Kanalisation abgeleitet.

Kann das Regenwassermanagement auf dem eigenen Grundstück auch nachträglich verbessert werden?

Bei einer Gebäudesanierung kann das Thema Regenwassermanagement in der Planung berücksichtigt werden. Das wird auch meistens gemacht, da die Fachleute ohnehin vor Ort sind. Es lohnt sich, hier jemanden für die größere Konzeption einzubinden. Manchmal geht es auch ganz einfach, wenn beispielsweise das Regenwasser vom Garagendach in die Hecke abgeleitet werden kann.

Was ist das Wichtigste beim Regenwassermanagement?

Regenwassermanagement muss effizient und einfach sein. Sonst setzen es die wenigsten Menschen um. Der Fokus sollte immer auf einer offenen Versickerung liegen, beispielsweise in offenen Rigolen oder Gräben. Das sind einfache Systeme ohne Plastik. Es muss nicht in den Boden eingegriffen werden und er behält dadurch seine natürlichen Eigenschaften.

Das klingt nach Eigenleistung. Ist Regenwassermanagement was für Heimwerkerinnen und Heimwerker?

Je technischer eine Lösung ist, umso eher brauchen Bauende einen Fachbetrieb. Umgekehrt ist bei Lösungen mit wenig Technik viel Eigenleistung möglich. Vor allem, wenn es sich um Arbeiten außerhalb des Hauses handelt. Das Wasser muss grundsätzlich vom Haus weggeleitet werden, um Schäden zu vermeiden. Wichtig ist es, sich bei der Planung von Fachleuten beraten zu lassen. Die Umsetzung der Einzelmaßnahmen kann dann auch in Eigenleistung stattfinden.

Was sollte dem Fachbetrieb überlassen werden?

Immer wenn es um Trinkwasser und Hygiene geht, sollte eine Fachfirma die Arbeiten übernehmen. Heimwerker und Heimwerkerinnen können sich dann immer noch bei den groben Arbeiten einbringen, wie etwa Löcher stemmen oder Schlitze fräsen. Welche Arbeiten selbst gemacht werden können, sollte mit dem federführenden Handwerksbetrieb abgesprochen werden. Bauende sollten aber auf Versicherungsschutz und Gewährleistung achten.

Apropos Versicherungen. Fordern die eine Veränderung des Regenwassermanagements?

Versicherungsunternehmen spüren die Folgen des Klimawandels in ihren Bilanzen und legen den Fokus auf Anpassung. Die Flutkatastrophe im Ahrtal hat zu vielen Diskussionen über das Thema geführt. Versicherungen werden in Zukunft immer weniger gegen die Folgen des Klimawandels versichern können und auch der Staat kann mit zunehmenden Ereignissen nicht mehr in die Bresche springen. Langfristig wird von den Eigentümerinnen und Eigentümern daher mehr Eigeninitiative beim Schutz ihrer Häuser gefragt sein. Und dazu gehört auch, dass die Bauweise verändert werden muss.

Und von wem geht die Initiative zur Klimaanpassung von Gebäuden aus?

Für die meisten Menschen stellt sich die Frage nach einer Anpassung an vermehrten Starkregen derzeit nicht. Das Thema taucht nur auf, wenn es im Umfeld von Katastrophen medial aufbereitet wird. Doch auch unabhängig von Katastrophenereignissen sind viele Kläranlagen bei Starkregen überfordert. Das ist mit ein Grund, warum Städte und Gemeinden beim Regenwassermanagement sehr aktiv sind

und inzwischen oft höhere Anforderungen stellen. Viele Landesbauordnungen fordern mittlerweile bei Neubauten, das Regenwasser auf dem Grundstück zu versickern. Neben der Beratung, wie Schäden für das Haus vermieden werden können, berücksichtigen Architektinnen und Architekten bei der Planung auch diese neuen Anforderungen.

Also auch unabhängig von medial präsenten Katastrophen wird das Thema Regenwassermanagement immer wichtiger. Wie sieht bei Ihnen das ideale Regenwassermanagement aus?

Bei uns steht die Frage im Vordergrund: Wie würde sich das Regenwasser natürlicherweise verhalten? In diesem Sinne planen wir das Regenwassermanagement. Grundsätzlich muss Wasser vom Haus weggeführt und möglichst offen versickert werden. Da Starkregen meist im Sommer, in der heißen Jahreszeit, auftritt, kann bei der Verdunstung zugleich die Kühlleistung genutzt werden.

Können Sie ein Beispiel nennen, wie das aussieht?

Wir arbeiten möglichst großflächig. Beispielsweise haben wir in einem Garten einen Teich geplant. Der ist meistens trocken, es steht eine Schaukel drin. Bei Starkregen füllt sich das Becken, es entsteht ein Teich. Nach und nach versickert ein Teil des Wassers, der andere verdunstet. Solange Wasser vorhanden ist, trägt der Teich durch die Verdunstungskühlung zu niedrigeren Temperaturen in seinem Umfeld bei.

Wie wird sich das Bauen verändern?

Derzeit geht es oft nur um die Ästhetik. Künftig werden wir Häuser anders planen, besser an die Witterung anpassen.

Danke für das Gespräch

→ Der Fokus sollte immer auf einer offenen Versickerung liegen, beispielsweise in offenen Rigolen oder Gräben.

4

Stürme treten in unseren Breiten häufig als sogenannte Winterstürme von September bis April auf. Hagel und Blitzschlag hingegen sind überwiegend Begleiterscheinungen von Sommergewittern. Zu Schäden kommt es in beiden Fällen vor allem an Dach und Fassade.

→ **Vorbereitet auf stürmische Zeiten:**
Zieht ein Sturm auf, sind zuerst Bäume und alle beweglichen Gegenstände rund um das Haus zu sichern. Lassen Sie danach Ihren Blick über Fenster und Türen bis zum Dach wandern. Ist alles stabil und fest verankert?

Dass Eigentum verpflichtet, gilt auch in Bezug auf die Sturmsicherung Ihres Hauses. Sie haben eine Verkehrssicherungspflicht, die im Bürgerlichen Gesetzbuch festgeschrieben ist und der Abwehr von Gefahren dient. Es geht also nicht allein um den Schutz Ihres Eigentums, sondern auch darum, dass der Allgemeinheit kein Schaden entsteht. Fliegen etwa Teile der Dacheindeckung, Fensterläden oder sonstige Gegenstände umher oder fallen Bäume um, besteht Gefahr für das eigene Haus und die benachbarten Häuser. Ganz zu schweigen von Menschen, die auch bei Sturm noch unterwegs sind. Bereiten Sie Ihre Immobilie daher gut auf Stürme, also Winde von 75 Stundenkilometern oder mehr vor.

Sturmfestigkeit der Immobilie prüfen

Wie gut Ihr Haus einen Sturm übersteht, lässt sich definitiv nach dem Sturm erkennen. Doch Sie müssen nicht abwarten, bis der nächste Sturm aufzieht, um dann bange Stunden zu erleben, in denen sich die Sturmfestigkeit des Gebäudes zeigt. Mängel und Schwachstellen haben Sie eventuell schon bei vorangegangenen Wetterereignissen entdeckt. Für Gebäude, die vor 2011 errichtet wurden, galten geringere Anforderungen an die Sturmfestigkeit der Dacheindeckung. Schauen Sie daher vor allem bei Ihrem älteren Bestand genau hin: Sind bereits Beschädigungen an der Dacheindeckung sichtbar? Hat die Schornsteineinfassung Risse? Größere Schäden wie beispielsweise abgebrochene Dachziegel oder eine bröckelnde Schornsteineinfassung erkennen Sie auch mit ungeschultem Auge.

Schon bei Gebäuden, die erst um die Jahrtausendwende errichtet wurden, ist es ratsam, einen Profi für die Begutachtung hinzuzuziehen. Architekten oder Dachdeckerinnen können sich relativ schnell ein Bild des tatsächlichen Zustands vom Dach und von der Fassade Ihrer Immobilie machen. Lassen Sie außerdem von einem Gartenprofi beurteilen, wie der Zustand der um das Haus und auf dem Grundstück stehenden Bäume ist.

Auswirkung der Bauweise auf die Sturmfestigkeit

In Regionen, die immer schon mit Stürmen konfrontiert waren, wurden Häuser daran angepasst gebaut. In norddeutschen Küstenregionen etwa ziehen sich steile Dächer oft weit herunter. Neben dem Erdgeschoss gab es häufig nur noch den Raum im Dachgeschoss. Auch wenn bei großen Bauernhäusern der Dachstuhl recht hoch sein konnte, war dies die Ausnahme. Denn mit zunehmender Höhe wird der Wind stärker. Gebaut wurde in sturmreichen Gegenden daher eher niedrig mit steilem

BEAUFORT-SKALA

Die Beaufort-Skala ist ein Hilfsmittel, mit dem die Windstärke anhand der Auswirkungen des Windes geschätzt werden kann. Sie reicht von Stärke 0 (Windstille) bis Stärke 12 (Orkan).

Beaufort-Grad	Bezeichnung	mittlere Windgeschwindigkeit in 10 m Höhe über freiem Gelände		Beispiele für die Auswirkungen des Windes im Binnenland
		in m/s	in km/h	
0	Windstille	0–0,2	< 1	Rauch steigt senkrecht auf
1	leiser Zug	0,3–1,5	1–5	Windrichtung angezeigt durch den Zug des Rauches
2	leichte Brise	1,6–3,3	6–11	Wind im Gesicht spürbar, Blätter und Windfahnen bewegen sich
3	schwache Brise schwacher Wind	3,4–5,4	12–19	Wind bewegt dünne Zweige und streckt Wimpel
4	mäßige Brise mäßiger Wind	5,5–7,9	20–28	Wind bewegt Zweige und dünnere Äste, hebt Staub und loses Papier
5	frische Brise frischer Wind	8,0–10,7	29–38	kleine Laubbäume beginnen zu schwanken, Schaumkronen bilden sich auf Seen
6	starker Wind	10,8–13,8	39–49	starke Äste schwanken, Regenschirme sind nur schwer zu halten, Stromleitungen pfeifen im Wind
7	steifer Wind	13,9–17,1	50–61	fühlbare Hemmungen beim Gehen gegen den Wind, ganze Bäume bewegen sich
8	stürmischer Wind	17,2–20,7	62–74	Zweige brechen von Bäumen, erschwert erheblich das Gehen im Freien
9	Sturm	20,8–24,4	75–88	Äste brechen von Bäumen, kleinere Schäden an Häusern (Dachziegel oder Rauchhauben abgehoben)
10	schwerer Sturm	24,5–28,4	89–102	Wind bricht Bäume, größere Schäden an Häusern
11	orkanartiger Sturm	28,5–32,6	103–117	Wind entwurzelt Bäume, verbreitet Sturmschäden
12	Orkan	ab 32,7	ab 118	schwere Verwüstungen

Dach. Das können Sie berücksichtigen, wenn Sie einen Neubau in einer stürmischen Region planen.

Türme, Erker, Gauben oder andere Aufbauten bieten Sturm mehr Angriffsfläche und können zu Schäden führen, die Folgen für das gesamte Gebäude haben. Bei Neu- und Umbauten sollten Sie daher genau überlegen, welche Aufbauten tatsächlich notwendig sind. Das sollten Sie auch bei Ihrem Bestand überprüfen. Brauchen Sie mit Ihrem Kabelanschluss die Antenne oder Satellitenschüssel noch? Selbst Ihren Schornstein können Sie zurückbauen, wenn Sie zum Heizen ausschließlich auf eine Wärmepumpe, Solaranlage oder eine Elektroheizung setzen. Aber nicht nur Dächer, sondern generell Ecken und Kanten sind durch Windkräfte gefährdet. Daher sollten Sie vor allem bei hinterlüfteten Fassaden genau überprüfen, ob Kanten und Ecken dicht schließen. Offene Stellen können bei Sturm dazu führen, dass Teile der Fassade abgerissen werden.

Was Sie vor allem bei Neubauten berücksichtigen können: Eine größere Masse hält stärkerem Wind besser stand. In Leichtbauweise errichtete Gebäude werden bei hohen Windstärken eher beschädigt. Das Baurecht in Deutschland ist allerdings generell so ausgelegt, dass auch Häuser in Leichtbauweise eine gewisse Sturmresistenz belegen müssen. Zur Vermeidung von Windsogschäden müssen Bauteile so konstruiert werden, dass sie die Windlasten und zugehörigen Kräfte sicher aufnehmen können. Angaben hierzu finden sich in den einschlägigen Normen wie der DIN 1055-4 und dem Eurocode 1991-1-4. Ergänzend dazu gibt es für Dachflächen die Fachregeln des Deutschen Dachdeckerhandwerks, die vom Zentralverband des Deutschen Dachdeckerhandwerks e. V. herausgegeben werden. Sie gelten als anerkanntes Regelwerk der Technik. Sprechen Sie die von Ihnen beauftragten Profis wie Dachdeckerbetriebe, Architektinnen oder Statiker darauf an. Denn im Schadensfall müssen Sie belegen können, dass sowohl die Fachregeln als auch DIN und Eurocode eingehalten wurden (mehr zur Sicherung von Dächern im Kapitel „Robuste Dacheindeckung", S. 155).

Hervorstehende Bauteile besonders sichern

Wenn Sie Ihr Haus sturmsicher machen wollen, schenken Sie Dachvorsprüngen und allen Dachaufbauten besondere Aufmerksamkeit.

WINDLAST AUF DACH UND FASSADE

Bei Sturm und Wind ist ein Gebäude verschiedenen Windströmungen ausgesetzt. Trifft der Luftstrom frontal auf eine Wand- oder Dachfläche, übt er eine Druckwirkung aus. An den Seiten hingegen kann sich die Luftströmung vom Gebäude lösen, es entstehen Wirbel, die die Sogwirkung an dieser Stelle verstärken. Die meisten Schäden entstehen dabei nicht durch den Druck, sondern durch die Sogwirkung. Damit ist nicht die dem Wind ausgesetzte Seite besonders gefährdet, sondern die dem Wind abgewandte. So presst der Druck beispielsweise Dachplatten an der dem Wind ausgesetzten Seite stärker auf die Dachfläche, wodurch sie zusätzlich gehalten werden. An den Dachkanten, bei Steildächern etwa am First, entstehen hingegen sogverstärkende Verwirbelungen, mit der Folge, dass an der windabgewandten Seite die Dacheindeckung oder im schlimmsten Fall das gesamte Dach abgehoben wird. Zugrunde liegt diesem Effekt der Satz von Bernoulli, wonach die Summe aus statischem und dynamischem Druck konstant ist. Wird der Druck auf der einen Seite höher, wird er auf der anderen geringer, wodurch die Sogwirkung entsteht.

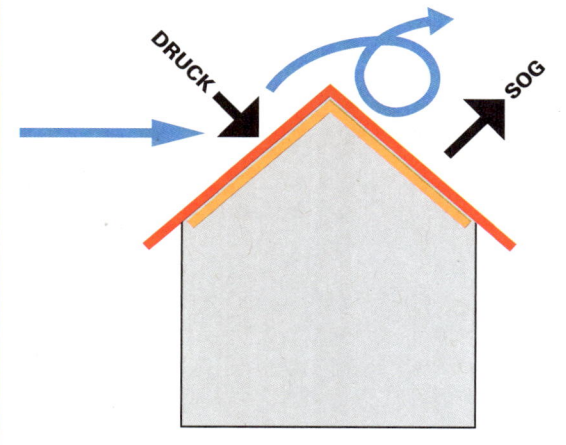

Wie schon erwähnt, bietet ein kompakter, geschlossener Baukörper, dessen Kanten und Ecken winddicht sind, wenig Angriffsfläche. Daher sollten Sie alle hervorstehenden Bauteile besonders sichern. Denken Sie auch an Markisen, Rollläden oder vor der Fassade verlaufende Dachrinnen. Offen stehende Dachfenster können durch starke Böen oder Stürme ausgerissen werden. Und selbst relativ flach auf Steildächern angebrachte Photovoltaik- oder Solarthermieanlagen kann ein Sturm aus der Verankerung reißen. Hier gibt es mittlerweile Systeme, die sich bündig in die Dacheindeckung integrieren lassen.

Lose Teile der Dacheindeckung sind eine Gefahrenquelle, die Sie bei einer regelmäßigen Wartung und Überprüfung des Daches entdecken und beseitigen können. Dabei können Sie auch gleich Schornsteine und andere Dachaufbauten wie Gauben mit überprüfen lassen. Denn es lohnt sich, Schäden so früh wie möglich zu erkennen. Dann können sie repariert werden, bevor das übrige Dach oder gar das gesamte Haus davon betroffen sind.

Für Markisen, die bei Sturm selbstverständlich eingezogen werden müssen, gibt es spezielle Schutzkästen. Sie umschließen die gesamte Markise, der Wind findet keine Eintrittsstelle. Für eine schützende Ummantelung sollten Sie auch bei Rollladenkästen sorgen, falls diese nicht ohnehin in die Fassade integriert sind. Rollläden herunterzulassen schützt die Fenster, kann aber auch dazu führen, dass die Läden selbst durch umherfliegende Teile beschädigt werden. Auf jeden Fall sollten Sie eine klare Entscheidung treffen: entweder rauf oder runter. Denn halb geöffnete Rollläden schützen nicht und sind zudem selbst anfälliger, beschädigt zu werden.

Worauf Sie vor allem bei der Planung Ihres Neubaus achten können: Ebenso wie Rollladenkästen in der Fassade verschwinden, sollten auch Fensterläden möglichst bündig mit der Fassade abschließen. Wenn sie sich zudem gut festmachen lassen, können sie sich bei Sturm nicht aus ihrer Sicherung reißen. So halten sie im geöffneten wie im geschlossenen Zustand besser stand. Hingegen können Klappläden, die ungesichert gegen die Fassade

schlagen, erhebliche Schäden anrichten. Ganz abgesehen davon, dass sie zur Gefahr werden, wenn sie gänzlich aus ihren Angeln gerissen werden und durch die Luft fliegen.

Wie wichtig es ist, dass Sie bei jeder Maßnahme zur Anpassung an den Klimawandel auf alle Extremwetterereignisse achten, zeigt sich auch beim konstruktiven Sonnen- oder Wetterschutz. Eine Pergola oder ein zusätzliches Vordach beispielsweise schützen vor Hitze oder Regen. Beim Anbringen müssen Sie aber auch an stürmische Tage denken. Die Verankerungen in Boden und Wand sollten entsprechend der Windzone, in der das Haus steht, ausgelegt sein.

Die Umgebung einbeziehen

Die Zuordnung in eine der vier Windlastzonen gibt eine grobe Auskunft darüber, wie stark ein Haus Sturm ausgesetzt ist. Bei der Bestandsaufnahme der klimatischen Verhältnisse für Ihre Immobilie im ersten Kapitel haben Sie sich bereits einen Überblick über die generelle Gefährdungslage verschafft. Nun geht es darum,

---

WINDWÄCHTER WARNEN BEI AUFZIEHENDEM STURM

In eine intelligente Haussteuerung können sogenannte Windwächter integriert werden. Diese Systeme beobachten die Windverhältnisse um das Haus herum und geben ein Signal ab, sobald die Windstärke einen definierten Wert übersteigt. Die zentrale Haussteuerung veranlasst dann automatisch, dass eventuell noch ausgefahrene Markisen eingeholt, empfindliche Jalousien hochgezogen oder Dachflächenfenster geschlossen werden. Sinnvoll ist das vor allem, wenn tagsüber niemand zu Hause ist, während die Sonnenschutzsysteme ausgefahren sind, um die Wohnräume kühl zu halten. Als Teil einer smarten Haussteuerung können Windwächter zudem mit einem Lichtsensor kombiniert werden. Je nach Sonneneinstrahlung gibt dieser Sensor einen Impuls, den Sonnenschutz auszufahren oder einzuholen. Das Signal des Windwächters hat allerdings immer Vorrang. Bei starker Sonneneinstrahlung und gleichzeitig kräftigem Wind bleibt der Sonnenschutz eingefahren.

Hecken sind nicht nur an Feldrändern ein guter Erosionsschutz, auch Häuser profitieren von den Windbrechern. Besonders vorteilhaft wirken sich gemischte Hecken mit Büschen und niedrigeren Bäumen aus.

den Schutz gegen Sturm auf diese Erkenntnisse auszurichten.

Wenn Sie neu bauen, können Sie die für die Windverhältnisse auf Ihrem Grundstück beste Position aussuchen. Dabei müssen Sie allerdings das Baufenster beachten, das die ungefähre Position Ihres Hauses auf dem Grundstück vorgibt. Suchen Sie von vornherein eine möglichst geschützte Stelle. Gibt es in der Nachbarschaft Hecken, die als Windblocker fungieren, beziehen Sie diese in Ihre Planung ein. Lockere Hecken mit einer Mischung aus Sträuchern, Büschen und niedrigeren Bäumen haben dabei eine bessere windberuhigende Wirkung als eine dichte Bepflanzung. Frei stehende Bäume hingegen eignen sich nur bedingt als Schutz gegen Sturm, da sie selbst beschädigt werden und dabei das Gebäude ebenfalls in Mitleidenschaft ziehen könnten.

Wenn Sie Ihren Neubau im Zuge der Nachverdichtung in ein bereits bebautes Gebiet stellen, hat das durchaus Vorteile. Die in einem gewachsenen Wohngebiet herrschenden Windverhältnisse lassen sich durch Beobach-

tung und Messung ermitteln. Sie können Ihre eigene Immobilie dann daran anpassen und so errichten, dass sie möglichst windgeschützt dasteht. Umgekehrt sollten Sie in die Planung Ihres eigenen Hauses die Nachbarbebauung unbedingt mit einbeziehen, um nicht etwa bei den bestehenden Gebäuden negative Effekte zu erzeugen.

In einem gänzlich neuen Baugebiet hingegen können sich die Windverhältnisse mit jedem neuen Gebäude verändern. Das sollten Sie bei der Grundstückswahl und der Entscheidung für einen Neubau beachten. Etwaige Anhaltspunkte geben die Baufenster der anderen Grundstücke, Höhenvorgaben für die Häuser und die Anordnung der Straßen.

→ **Konstruktive Möglichkeiten der Sturmsicherung:** Sie können mit baulichen Maßnahmen und regelmäßiger Wartung einiges dafür tun, dass Ihr Haus Stürmen standhält. Besonderes Augenmerk gilt dem Dach und hinterlüfteten Fassaden.

Auch bei Sturm gilt: Dach und Fassade sind den Witterungsverhältnissen besonders ausgesetzt. Mit Windsog und -druck wirken gleich zwei entgegengesetzte Kräfte, die großen Schaden anrichten können. Form, Konstruktion, Eindeckung oder Abdichtung beeinflussen, wie sich das Dach bei einem Sturm verhält. Achten Sie aber auch auf die Fassade. Sie ist durch umherfliegende Gegenstände gefährdet. Zudem können starke Stürme Fassadenverkleidungen aus ihren Verankerungen reißen, wenn die nicht stabil genug oder bereits beschädigt sind. Gefährdet sind auch Öffnungen wie Fenster oder Türen.

Ob es zu Schäden kommt, hängt vom Material, aber auch von der Wartung ab. Sie können Ihre Gebäudehülle also durch die Materialwahl und eine sturmsichere Konstruktion schützen und zudem Schadensprävention durch regelmäßige Wartung betreiben.

Sturmsicherheit der unterschiedlichen Dacharten

Dächer werden grundsätzlich in vier unterschiedliche Dachbereiche eingeteilt. Bei Schrägdächern mit einer Neigung von über fünf Grad sind dies: Ortgang (Randbereiche), Fläche, First und Traufe. Je nach Dachform kommen weitere Bereiche wie Grate, Kehlen, Mansardenknicke oder Walmbereiche hinzu.

Wichtig ist diese Einteilung für die Berechnung des Windsogs, die Ihr Dachdeckerbetrieb, Architektur- oder Statikbüro durchführen wird. Der berechnete Windsog setzt sich aus dem Staudruck, also dem Druck des anströmenden Windes, einem Sicherheitsfaktor und dem Formbeiwert zusammen. Dieser Formbeiwert gibt an, wie sich der Staudruck auf einer Oberfläche auswirkt. Beim Dach ist er an den Ecken groß, an den Randbereichen mittelstark und in der Mitte gering. Der Sicherheitsfaktor soll dafür sorgen, dass die Werte auch bei einem realen, in der Landschaft stehenden Bau-

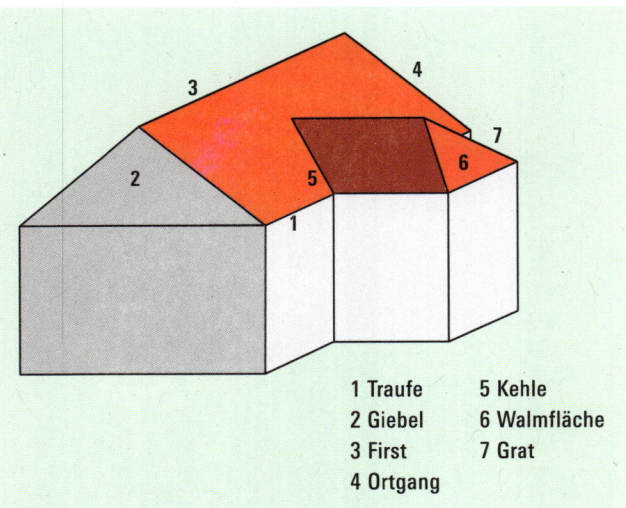

1 Traufe   5 Kehle
2 Giebel   6 Walmfläche
3 First   7 Grat
4 Ortgang

Die Kräfte des Windes wirken unterschiedlich auf die verschiedenen Dachbereiche ein.

körper nicht zu niedrig bemessen sind. Bei Wind wird hier stets mit einem Wert von 1,5 gerechnet.

Formel zur Berechnung des Windsogs:

Windlast W [kN/m²] = Staudruck q [kN/m²] × aerodynamischer Beiwert cpe × Sicherheitsfaktor 1,5

Die Dachform entscheidet mit, wie gut Ihr Gebäude gegen Sturm gewappnet ist. Aufgrund der Sogkräfte, die im vorherigen Kapitel beschrieben wurden, sind Flachdächer anfälliger für Sturmschäden. Sie können unter Umständen angehoben werden, was meist von den Kanten ausgeht. Hingegen sind die Druckkräfte der Windlast auf Steildächern höher, wodurch sie generell weniger anfällig für Beschädigungen sind. Allerdings sind Dächer weit komplexere Systeme, als dass ihre Sturmsicherheit allein von der Dachneigung abhängt.

Im Spiel der Kräfte kommt es auch auf die Masse an. Bei gleicher Verarbeitung sind schwere Dacheindeckungen wie Betondachpfannen weniger anfällig dafür, bei Sturm angehoben zu werden. Leichtere Dacheindeckungen etwa aus Metall oder Kunststoff werden grundsätzlich stärker mit der Unterkonstruktion

verbunden, auf der sie aufliegen. Sie werden also durch Verkleben, Verschrauben oder mit Nägeln sturmsicher gemacht. Mehr dazu erfahren Sie in den folgenden Kapiteln „Robuste Dacheindeckung" (S. 155) und „Klammern gegen Windsog" (S. 162).

Ein weiterer Punkt, auf den Sie achten können, ist der Aufbau. Die Dacheindeckung wird auf eine Unterkonstruktion montiert, die auf das Material der Dacheindeckung abgestimmt ist. Wird diese Unterkonstruktion direkt auf die Sparren eines Schrägdachs montiert und gibt es zum Dachraum keine weitere Schicht, liegt eine offene Dacheindeckung vor. Ganz ohne Dämmung und weitere Schutzschicht gegen Regen oder Schnee eignet sich die offene Dacheindeckung aus energetischen Gründen nur für unbewohnte Gebäude und Schuppen. Bei Sturm kann der Wind relativ leicht unter die Dacheindeckung fahren und einzelne Elemente abheben. Das kann wiederum zu einem Dominoeffekt führen, sodass letztlich ein Großteil des Daches abgedeckt wird. Wenn Ihr Bestandsgebäude eine offene Dacheindeckung hat, sollten Sie schleunigst handeln.

Sturmsichere Dacharten für den Neubau

Die perfekte Dachneigung gibt es nicht. Zu vielfältig sind die Faktoren, die für die Sturmfestigkeit herangezogen werden müssen. Ein Steildach mit relativ hoher Dachneigung hat konstruktiv den Vorteil, dass es auf einfache Weise vor Sturm und Regen schützt. Bei einer Dachneigung von weniger als acht Grad muss die Eindeckung hingegen zusätzlich gesichert werden. Allerdings funktioniert der Schutz vor Regen für das Gebäude nur dann, wenn das nachgeordnete Entwässerungssystem intakt ist, also Regenrinnen und Fallrohre das Regenwasser schnell einer weiteren Nutzung, Sammlung oder dem Abfluss zuführen. (Mehr dazu, wie Sie Ihr Steildach wasserdicht ausführen, erfahren Sie im Kapitel „Robuste Dacheindeckung" ab S. 155.)

Flachdächer können durch eine Auflast ebenso sturmsicher sein wie Steildächer, die an der windabgewandten Seite durchaus auch mit Risiken behaftet sind (s. S. 158). Statisch müssen die Dächer allerdings zum Gebäude, sprich den tragenden Wänden passen. Beim Neubau wird Ihr Planungsbüro den Windsog berechnen und entsprechend das Dach und die Statik des Gebäudes darauf ausrichten. Wenn Sie Ihr Flachdach nachträglich besser gegen Sturm sichern und es zusätzlich beschweren wollen, muss der Bestand diese Auflast tragen können.

Wenn Sie die Wahl haben und der Bebauungsplan keine bestimmte Dachform vorschreibt, entscheiden Sie sich in einer sturmreichen Region besser für ein Steildach. Sind Flachdächer vorgeschrieben, planen Sie ein intensiv begrüntes Dach ein. Damit laden Sie nicht nur zusätzliches Gewicht auf Ihr Dach, wodurch Sie es besser vor Sturm schützen. Sie profitieren zugleich von den zahlreichen Vorteilen der intensiven Begrünung.

So machen Sie ein bestehendes Dach sturmsicher

Dacheindeckungen sind extremer Hitze, Kälte und Sturm ausgesetzt. Diese Beanspruchung geht am Material über die Jahrzehnte nicht spurlos vorüber. Daher sind vor allem ältere Dacheindeckungen schadensanfällig und sollten regelmäßig überprüft werden. Denn die Sturmsicherheit eines Daches hängt auch davon ab, wie gut die Dacheindeckung intakt ist. Schuppig übereinanderliegende Platten halten einander, was in intaktem Zustand von Vorteil ist. Bei Schäden kann jedoch ein Dominoeffekt entstehen, sodass das gesamte Dach inklusive der noch gut erhaltenen Dachplatten abgedeckt wird. Daher gilt die erste Maßnahme der Pflege der Dacheindeckung. Lose oder gebrochene Dachziegel oder Betondachsteine sollten Sie unbedingt zeitnah ersetzen lassen.

Je nach Dachform und Gebäudehöhe und Ihren handwerklichen Kenntnissen können Sie hier selbst tätig werden. Bedenken Sie aber, dass das Dach eine wichtige Schutzfunktion übernimmt. Wenn Sie einen Fachbetrieb beauftragen, haben Sie eine Gewährleistung und können dies im Schadensfall auch gegenüber Ihrer Versicherung belegen. Die Mehrausgaben

für Handwerksstunden lohnen sich im Vergleich zu möglichen Schäden durch unsachgemäße Reparaturen auf jeden Fall.

Grundsätzlich gibt es drei Möglichkeiten, Dacheindeckungen sturmsicher zu machen: mechanisch befestigen, verkleben und beschweren.

MECHANISCH BEFESTIGEN

Mechanische Befestigungen sind etwa das Annageln von Dachschindeln, das Anschrauben von Dachplatten oder das Anbringen von Sturmklammern. Bei einer Dacheindeckung aus großflächigen Metall- oder Kunststoffplatten kann mit Verschraubungen zumindest das Abheben einzelner Platten verhindert werden. Allerdings wirken sich starr montierte Dacheindeckungen bei starkem Windsog negativ auf die Unterkonstruktion aus, die dadurch insgesamt den Sogkräften ausgesetzt ist. Ebenso wirken Zugkräfte auf die zur Befestigung verwendeten Schrauben oder Nägel und können die Dacheindeckung beschädigen. Die sehr material-, arbeits- und zeitintensive Methode ist zudem wenig flexibel, wenn einzelne Dachelemente ausgetauscht werden müssen. Dann muss das Dach großflächig bis zu der entsprechenden Stelle abgedeckt werden. Die Stabilität der starren Fixierung hat durchaus Nachtei-

Bei einer offenen Dacheindeckung kann der Wind leicht einzelne Elemente der Dacheindeckung von unten anheben und so einen größeren Schaden am Dach verursachen.

Eine intakte Dacheindeckung ist ein wichtiger Baustein, damit das Dach gut gegen Stürme gewappnet ist. Kleine und schwere Elemente sind besser als große leichte.

le. Demgegenüber stehen die Vorteile vor allem flexibler Sturmklammern, über die Sie mehr ab S. 163 erfahren.

BESCHWEREN

Die Vorteile des Gewichts der Dacheindeckung, also des Beschwerens, haben Sie bereits zu Beginn dieses Kapitels erfahren. Das Eigengewicht der Dacheindeckung wirkt bei jeder Dachform gegen Windsoglasten. Sie können die Sturmsicherheit Ihres Daches erhöhen, indem Sie eine leichtere Dacheindeckung durch eine schwerere, beispielsweise mit Betondachsteinen, ersetzen. Das lohnt sich dann, wenn Sie ohnehin eine Erneuerung der Dacheindeckung planen.

OPTIONEN FÜR FLACHDÄCHER

Besonders bei Flachdächern können Sie mit einer zusätzlichen Auflast die Sturmfestigkeit erhöhen. Wie groß diese zusätzliche Last sein kann, hängt von der Statik des Hauses ab. Eventuell wird eine statische Ertüchtigung des Gebäudes notwendig. Hier müssen Sie unbedingt mit einem Statik- oder Architekturbüro zusammenarbeiten. Auflasten bei Flachdächern können reine Kiesschüttungen sein, sofern nicht ein Metall- oder Kunststoffdach vor-

handen ist. Es lohnt sich, in diesem Zusammenhang über eine Dachbegrünung nachzudenken. Denn damit lässt sich zugleich der Hitzeentwicklung entgegenwirken, dämmen und ein Regenwasserrückhalt bei Starkregen umsetzen. Das Entwässerungssystem wird so entlastet. Ein weiterer Vorteil ist, dass bei stürmischen Regenfällen das Dach sein Gewicht vergrößert und somit während des Sturms mehr Widerstandskraft entwickelt. (Mehr über Dachbegrünungen können Sie im Kapitel „Versickern über die Dachbegrünung" auf S. 133 nachlesen.)

Kleben und verschweißen wird ebenfalls bei Abdichtungen von Flachdächern angewendet. So sind sie sturm- und zugleich wasserdicht. Mehr dazu, wie Sie Ihr Steildach wasserdicht ausführen, erfahren Sie im Kapitel „Robuste Dacheindeckung" (S. 155).

Statt eines Gründaches, das aus den genannten Gründen in vielfältiger Weise positive Auswirkungen haben kann, kann auf einem Flachdach auch nachträglich ein Steildach aufgebaut werden. Ob dies möglich ist, hängt einerseits wiederum von der Statik des Hauses ab, andererseits aber auch von den örtlichen Bauvorschriften. Daher müssen Sie auch mit Ihrer zuständigen Bauaufsichtsbehörde abklären, ob diese Lösung für Sie infrage kommt.

SCHWACHSTELLEN ÜBERPRÜFEN

Besonderes Augenmerk sollten Sie auf die Schwachstellen einer Dachkonstruktion legen. Das sind insbesondere die Anschlüsse der Dacheindeckung an Dachflächenfenstern, Schornsteinen und Abschlusskanten. Wurde korrekt gearbeitet, steht die Dacheindeckung auch an diesen kritischen Stellen nicht auf und schließt lückenlos. Weder Sturm noch Regen können dann eindringen und Schaden anrichten. Achten Sie bei Sanierungsarbeiten daher besonders auf die fachgerechte Ausführung der Arbeiten genau an diesen Stellen.

Bei Flachdächern sollten Sie heraustehende Bauteile, die Fachwelt spricht von „aufgehenden Bauteilen", wie Lichtkuppeln, Lichtbänder oder Schornsteinköpfe, besonders sichern. Hier entstehen Verwirbelungen, die zu Windsog führen können.

Sturmsichere Fenster und Türen

Jede Öffnung in einem Gebäude stellt eine potenzielle Schwachstelle dar. Bei schlecht schließenden Fenstern und Außentüren hat der Wind ein leichtes Spiel. Er dringt durch Ritzen und Spalten, kann unter Umständen sogar die Fenster aufdrücken. Bei einem bewohnten Gebäude wird das eher selten der Fall sein. Aber auch vermeintlich dichte Fenster und Türen können bei Sturm gefährdet sein. Ein Schwachpunkt sind die Rahmen und Profile. Wie dicht sie sind, hängt mit ihrer Steifigkeit zusammen. Je höher diese ist, umso weniger verformen sie sich und umso weniger lassen sie Wind oder Regen hindurch. Wie widerstandsfähig Fenster gegen Windlasten sind, können Sie anhand der Widerstandsklassen erkennen. Auf einer Skala von A1, dem niedrigsten Wert, bis C5, dem höchsten Wert, liegen durchschnittliche Fenster bei B3/B4. Damit halten sie einem Winddruck der Windgeschwindigkeit von 158 bis 184 Stundenkilometern stand. Zum Vergleich: Bei einer Windgeschwindigkeit von 75 Stundenkilometern wird bereits von Sturm gesprochen. Wählen Sie also, je nach der Region, in der Ihr Haus steht oder stehen wird, Fenster und Türen mit der entsprechenden Widerstandsklasse.

Das Material und seine Widerstandsfähigkeit entscheiden aber nicht allein darüber, wie gut Fenster oder Türen einer bestimmten Windlast standhalten. Denn neben den in Prüfverfahren theoretisch erreichten Werten kommt es in der Praxis auch auf den Einbau an. Fenster und Türen sitzen nicht einfach lose in den Öffnungen, sondern sind mit den Außenwänden verbunden. Diese Anschlussstellen entscheiden mit, ob an der Gebäudeöffnung ein Sturmschaden entstehen kann oder nicht. Unsachgemäß verankert und abgedichtet kann der Wind durch Ritzen zwischen Rahmen und Wand eindringen. Dadurch ändern sich die Strömungsverhältnisse und es kann zum Schaden kommen. Dies gilt in Bezug auf die Windlast ebenso wie für die Schlagregendichtheit, bei der ebenfalls die Windstärke mit einbezogen wird. Lassen Sie Fenster und Außentüren daher immer von Fachbetrieben ein-

Fenster und Türen, die sich nach außen öffnen lassen, werden bei Wind gegen ihre Rahmen gepresst. Dadurch entsteht ein zusätzlicher, mechanischer Schutz. In windreichen Gegenden haben Gebäude daher oft bündig in der Fassade sitzende Fenster, deren Flügel nach außen geöffnet werden können.

bauen, die auf einen korrekten Anschluss an die Außenwand achten. Dann wirkt auch ein Nebeneffekt, der den Wohnkomfort insgesamt erhöht: Richtig in die Fassade eingebaute Fenster und Türen halten neben Wind und Wetter auch den Schall außen vor – oder innen drin. (Lesen Sie zur Schlagregendichtigkeit von Fenstern und Türen auch das Kapitel „Hochwasserschutz für Türen und Fenster", S. 111.)

Schutz für Fassaden

Die Außenhaut eines Gebäudes muss insgesamt dem Wetter trotzen. Bei Sturm sind besonders die Kanten gefährdet, an denen sich der Wind vom Gebäude löst. Bei hinterlüfteten Fassaden gibt es – wie bei der Dacheindeckung – zahlreiche Stellen, an denen der Wind hinter die Verkleidung dringen und sie ablösen könnte. Lassen Sie beschädigte Fassadenteile daher möglichst rasch reparieren und die Kanten abdichten.

Gerade bei Hagelschlag oder Kollision mit Gegenständen wirken hinterlüftete Fassaden

Die Gestaltungsmöglichkeiten für hinterlüftete Fassaden sind nahezu unbegrenzt. Ein wichtiges Argument bei der Entscheidung sollte allerdings die Widerstandsfähigkeit gegen extreme Witterungseinflüsse und vor allem Hagel sein.

wie ein Schutzschild für Dämmung und Tragstruktur. Damit haben sie gegenüber verputzten Fassaden mit oder ohne Wärmedämmverbundsystem einen klaren Vorteil. Entsteht bei diesen ein Schaden, muss meist die gesamte Fassade erneuert werden. Je tiefer die Abplatzungen oder Löcher durch Hagelschlag oder sonstige Beschädigungen, umso größer kann auch der Folgeschaden werden. Beispielsweise kann Wasser durch Löcher in die unter dem Putz angebrachte Dämmung eindringen und diese beschädigen. Überprüfen Sie Ihre Fassade zumindest nach jedem stärkeren Sturm genau und lassen Sie Schäden stets zeitnah beseitigen. Hinterlüftete Fassaden haben hier den Vorteil, dass der Austausch beschädigter Fassadenelemente wirtschaftlicher ist. Denn es können einzelne Elemente ausgetauscht werden, was weniger Material und Arbeitszeit erfordert und dennoch gut aussieht. Bei Putzfassaden hingegen wird nach einer Ausbesserung selten der genaue Farbton der Fassade getrof-

fen. Deshalb wird häufig das ganze Haus neu gestrichen.

Einen konstruktiven Schutz der Fassade bieten auch weit auskragende Dächer. Sie halten Regen und Hagel von der Fassade großteils fern und bieten zudem Schutz vor direkter Sonneneinstrahlung. Vor allem, wenn Sie neu bauen, lohnt es sich, über diese Variante des vielseitigen Wetterschutzes nachzudenken. Wenn Sie allerdings in einer sturmreichen Region wohnen oder mehr Stürme für Ihre Region prognostiziert werden, müssen die Dachüberstände auch daran angepasst sein. Kompakte Gebäudekörper sind hier besser geeignet. Weite Auskragungen hingegen können durch die Kräfte des Windes leichter abgerissen werden.

→ **Robuste Dacheindeckung:** Das Dach schützt vor Wind und Wetter. Eigentlich. Denn extreme Wetterereignisse fordern Material und Konstruktion heraus. Setzen Sie daher auf eine Dacheindeckung, die Sturm und Hagel lange widersteht.

Sturm, Regen und Hagel treten häufig zur gleichen Zeit auf, etwa bei einem sommerlichen Hitzegewitter. Die Gefahr von Hagel liegt in der Größe der einzelnen Körner, in ihrer Beschleunigung auch durch den Wind und in ihrer Masse. Je nach Hagelkorngröße können leichte Schäden an Blättern von Pflanzen entstehen, aber auch Dachpfannen, Fenster oder Fassaden beschädigt werden. Nicht zu vernachlässigen ist dabei die Geschwindigkeit, mit der Hagel auf einer Fläche auftrifft, und der Aufprallwinkel. Allein der unmittelbare Hagelschlag kann bereits zu erheblichem Schaden führen.

Da auf Hagel häufig Regen folgt, treten zudem Folgeschäden auf – unmittelbar durch Überschwemmung, wenn etwa die eisigen Hagelkörner noch nicht geschmolzen sind und Abflüsse wie Fallrohre oder Gullys verstopfen. Wenn die Gebäudehülle zudem undicht war oder durch Hagel beschädigt wurde, kann an diesen Stellen Wasser eintreten. Nicht immer lässt sich das sofort erkennen. Die eindringende Feuchtigkeit breitet sich aus und kann großen Schaden anrichten, der dann erst viel später sichtbar wird. Sie können Schäden durch Sturm, Hagel und Regen an Ihrem Dach verringern, wenn Sie bei der Wahl der Bauweise und des Materials ein paar Dinge berücksichtigen.

Möglichkeiten einer robusten Dacheindeckung

Grundsätzlich sind alle auf dem Markt verfügbaren Dacheindeckungen wetterfest, sofern sie unbeschädigt und richtig verlegt sind. Allerdings hält nicht jede Dacheindeckung Sturm und Hagel in gleichem Maße stand. Dabei kommt es einerseits auf das Material, andererseits auf die Art der Verlegung an. Folgende Möglichkeiten haben Sie, Ihr Dach auf Extremwetterereignisse vorzubereiten:

Für die Dacheindeckung wurde traditionell das Material gewählt, das vorhanden war. Zur Befestigung dienten Hilfsmittel wie etwa große Steine.

Eine integrierte Photovoltaikanlage liegt ebenso windsicher auf wie die übrige Dacheindeckung.

WEICHE DACHEINDECKUNG

Weiche Dacheindeckungen und Abdichtungen wie Reet oder ein Gründach sind weniger anfällig bei Hagel. Die weichere Oberfläche gibt nach, wenn der Hagel auftrifft. So können selbst größere Körner, die mit großer Geschwindigkeit aufprallen, weniger Schaden anrichten. Auch bei Regen sind Gründächer von Vorteil, weil sie große Wassermassen zurückhalten können (siehe auch Kapitel „Versickern über die Dachbegrünung", S. 133). Gleichzeitig wird das Dach durch die Aufnahme von Was-

ser schwerer, wodurch vor allem Flachdächer bei Sturm einen zusätzlichen Schutz durch die Auflast erhalten. Ihr Flachdach kann Windsogkräften damit besser standhalten.

HOHES EIGENGEWICHT

Das Eigengewicht der Dacheindeckung bietet auf ganz einfache Weise einen hohen Schutz bei Stürmen. Je schwerer Ihre Dacheindeckung ist, umso schwerer haben es Windsogkräfte, sie anzuheben. In dieser Hinsicht sind schwere Materialien leichten vorzuziehen, wie schon im vorherigen Kapitel beschrieben. Dachsteine aus Beton sind hier besser als Dachziegel aus Ton. Sehen Sie sich dazu auch die Übersichtstabelle auf S. 166 an. Voraussetzung für eine schwere Dacheindeckung ist eine ausreichende Statik der Dachkonstruktion, da zusätzliches Gewicht auf das Dach kommt. Das sollten Sie vor allem dann berücksichtigen, wenn Sie Ihr Bestandsgebäude sanieren. Statikerinnen, Architekten oder Fachbetriebe des Dachdeckerhandwerks können Ihnen hierzu Auskunft geben.

EINDECKUNGEN AUS METALL

Auch Eindeckungen mit Metallen wie Aluminium, Kupfer oder Zink sind sehr witterungsbeständig. Allerdings müssen die meist in großen Platten angebrachten Bleche fest am Dach verankert werden, damit Stürme keine Schäden anrichten. Das gilt auch für Dachabschlüsse, die häufig aus Metall gefertigt werden, wie etwa Attiken von Flachdächern.

LÖSUNGEN FÜR SOLARANLAGEN

Wenn Sie eine Solaranlage auf Ihrem Dach installieren, schützt diese die darunterliegende Dacheindeckung und damit das gesamte Dach zusätzlich. Allerdings sind die Module selbst vor allem durch Hagel gefährdet und müssen, wie alle Aufbauten, besonders gut gegen Wind gesichert werden. Mit Indachsolaranlagen, die auch als integrierte Solaranlagen bezeichnet werden, haben Sie zwar keinen zusätzlichen Schutz für Ihr Schrägdach, dafür entfallen die Kosten für die zusätzliche Dacheindeckung. Meist sind Indachsolaranlagen aber etwas teurer. Machen Sie daher einen individuellen

Preisvergleich. Die einzelnen Module sind auch in Form von Solardachziegeln erhältlich, die vor allem im Denkmalschutz genutzt werden. Durch den flächenbündigen Einbau sind In-dachsolaranlagen besser davor geschützt, von Winden nach oben gedrückt zu werden. Diese Variante lohnt sich vor allem beim Neubau oder wenn das Dach neu eingedeckt werden muss. Allerdings liegen die Module dabei dicht auf der Dachkonstruktion, sodass die Hinterlüf-tung geringer ausfällt, was bei großer Hitze zu Leistungseinbußen führt.

Ganz gleich, ob Sie sich für eine In- oder Aufdachanlage entscheiden, wichtig ist eine möglichst hohe Hagelwiderstandsklasse (s. Kasten). Denn jede Beschädigung beeinträch-tigt die Energieversorgung Ihres Hauses. Las-sen Sie sich hier gut von Ihrem Solarfachbe-trieb beraten.

VERLEGEART UND BEFESTIGUNG

Die Sturmfestigkeit Ihrer Dacheindeckung kön-nen Sie mit der Verlegeart und vor allem der Befestigung beeinflussen. Für alle Dacheinde-ckungen gibt es bestimmte Verlegemöglichkei-ten. Ziegel sind in der Regel so geformt, dass sie in eine Unterkonstruktion aus Latten einge-hängt werden. Schieferplatten hingegen wer-den einzeln angenagelt, was zusätzlich zum Ei-gengewicht des Materials eine besondere Sturmsicherung bietet. Ebenso wird bei ande-ren Plattenmaterialien wie beispielsweise Titan-zink verfahren. Gerade leichte Materialien, zu denen auch asbestfreie Faserzementplatten gehören, erhalten durch die direkte Montage auf eine Holzunterkonstruktion eine gute Wet-tersicherung.

Beim Verlegen gleich welchen Materials kommt es auf eine ausreichende Überdeckung an, damit keine Lücken entstehen, in die Was-ser eindringen könnte. Dachziegel beispiels-weise sind in der Regel so geformt, dass sie ineinandergreifen, also automatisch eine Über-lagerung bilden. Bei vor allem im Denkmal-schutz verwendeten Biberschwanzziegeln er-gibt sich diese Überlagerung normalerweise von oben nach unten, während die Ziegel in je-der Reihe seitlich nur aneinanderstoßen. Verle-gearten mit übereinanderliegenden Ziegeln

sorgen nicht nur für die notwendige Regen-dichte, sondern schützen auch besonders gut gegen Hagelschlag: Wird der oberste Ziegel beschädigt, bietet der darunterliegende meist noch ausreichend Schutz vor eindringendem Wasser. Generell sollten Sie bei der Dacheinde-ckung auf eine möglichst hohe Schlagfestig-keit achten. Das Material muss die DIN EN 13583 erfüllen.

HAGELREGISTER NUTZEN

In Österreich und der Schweiz wurden sogenannte Hagelre-gister neu eingeführt. Sie listen für einzelne Bestandteile der Gebäudehülle deren Hagelwiderstandsfähigkeit auf. In Deutschland gibt es diese Klassifizierung und ein dazugehö-riges Register bislang noch nicht. Einige Hersteller lassen ih-re Produkte aber bereits in den Nachbarländern prüfen. Bei der Wahl der Dacheindeckung haben Sie also teilweise schon die Möglichkeit, auf die Hagelwiderstandsklasse zu achten. Die Einordnung erfolgt anhand einer Skala, die von 1 – sehr niedriger Widerstand – bis 5 – höchste Wider-standsklasse – reicht. Der jeweilige Schutz ist bezogen auf die Hagelkorngröße, wobei Masse und Aufprallgeschwindig-keit gemeinsam wirken. Die Korngröße, die auf die Oberflä-che der Testmaterialien fliegt, variiert von 10 bis 50 Millime-ter. In der Widerstandsklasse 1 bleibt die Oberfläche nur bei einer Korngröße von zehn Millimetern unbeschädigt, wäh-rend für die Einordnung in die Widerstandsklasse 3 ein Ha-gelkorn in der Größe von 30 Millimetern Durchmesser und mit einer Masse von rund 12 Gramm mit 86 Stundenkilome-tern aufprallen kann, ohne Schaden anzurichten.

DIE HAGELWIDERSTANDSKLASSEN

Hagel-wider-stand	Durch-messer in mm	Masse in g	Geschwin-digkeit in m/s	Klassen-grenze in J
HW1	10	0,5	13,8	0,04
HW2	20	3,6	19,5	0,7
HW3	30	12,3	23,9	3,5
HW4	40	29,2	27,5	11,1
HW5	50	56,9	30,8	27,0

Ein hoher Materialaufwand zahlt sich bei der Doppeldeckung von Biberschwanzziegeln beim Hagelschutz aus. Auch die Kronendeckung, bei der zwei Ziegel an derselben Leiste befestigt werden, verfügt über einen guten Schutz durch die Art der Verlegung.

LÖSUNGEN FÜR FLACHDÄCHER

Die Abdichtung von Flachdächern muss wasserdicht sein und lässt daher auch keine Lücken, in die Wind eindringen könnte. Wenn Sie ein intaktes Flachdach haben, brauchen Sie in diesem Punkt nicht aktiv zu werden. Auch gegen Hagel sind Flachdächer generell widerstandsfähig. Direkt von oben mit hoher Geschwindigkeit auftreffende große Hagelkörner können allerdings bei Hartdacheindeckungen zu Schäden führen. Wenn Ihr Flachdach nicht zumindest mit einer Kiesschüttung versehen ist, sollten Sie etwas unternehmen. Die nötige statische Belastbarkeit vorausgesetzt, empfiehlt sich dann ein Gründach. Die Hagelkörner treffen hier auf eine weiche, elastische Fläche, werden abgebremst und können dadurch weniger Schaden anrichten. Allenfalls die Pflanzen werden durch den Hagel beschädigt. Auf Lichtkuppeln und andere Arten von Dachfenstern sollten Sie besonders achten. Sie stehen aus dem Dach hervor und bestehen zudem aus hartem Material, das den Hagelkörnern Widerstand leistet und bersten könnte. Um Schäden zu vermeiden, können Sie hier auf eine besonders hohe Hagelwiderstandsklasse achten und zusätzlich mit Hagelnetzen Vorsorge treffen.

Sinn einer zweiten wasserführenden Ebene

„Doppelt genäht hält besser" könnte das Motto für die zweite wasserführende Ebene bei Steildächern lauten. Sie bildet eine Rückversicherung gegen Wassereintritt über das Dach. Viele Gebäude haben nur die Dacheindeckung als einzige wasserführende Ebene. Das Niederschlagswasser läuft von dort über die Traufe in die Regenrinne und von dort ins Fallrohr. Seltener tropft das ablaufende Wasser direkt von der Traufe. Offene Dacheindeckungen liegen direkt auf der Konstruktion des Dachstuhls, der dann allerdings nicht zum Wohnen geeignet ist. Geschlossene Dachkonstruktionen verfügen zwischen Dacheindeckung und Dachraum zumindest über eine geschlossene Fläche aus Brettern oder Platten. Einen wirklichen Schutz vor Wasser im Dachraum bieten beide Varianten nicht. Denn wenn sich Kondenswasser an der Unterseite der Dacheindeckung bildet oder Regen und Schnee durch den Wind unter die Dacheindeckung geschoben werden, dringt das Wasser über die Konstruktion direkt in den Dachstuhl. Dort kann es zu Schäden an der Gebäudesubstanz führen.

Um Schäden zu verhindern, gibt es die zweite wasserführende Ebene. Sie ist eine zusätzliche Schutzschicht, die Kondens-, Regen- und Schmelzwasser ableitet. Zwingend erforderlich ist sie bei einer Dachneigung unterhalb der Regeldachneigung. Diese gibt an, bei welcher Dachform und -eindeckung welcher Neigungswinkel erfahrungsgemäß erforderlich ist, damit Wasser über die erste wasserführende Ebene abgeleitet wird – immer unter der Voraussetzung, dass das Dach fachgerecht gedeckt ist. Ein Beispiel: Laut dem Fachregelwerk des Deutschen Dachdeckerhandwerks liegt die Regeldachneigung bei einer Eindeckung mit Dachziegeln oder Dachsteinen bei 22 Grad. Ist die Dachneigung geringer, wird eine zweite wasserführende Ebene benötigt.

Bei der Auswahl einer Dacheindeckung, gleich ob bei einer Sanierung oder beim Neubau, sollten Sie also darauf achten, dass die Kombination aus Dachform, Dachneigung und Dacheindeckung im Sinne der Regeldachnei-

ZWEITE WASSERFÜHRENDE EBENE: VERSCHIEDENE MÖGLICHKEITEN

Die folgenden drei Konstruktionen übernehmen auf unterschiedliche Weise die Funktion einer zweiten wasserführenden Ebene:

→ **UNTERSPANNUNG** wird eine Abdichtung genannt, die zwischen die Sparren gespannt wird, ohne aufzuliegen. Die einzelnen Bahnen hängen leicht durch, um das Wasser in ihrer Mitte abzuleiten und von den Sparren fernzuhalten. Auf den Sparren können sich die Bahnen überlappen und für eine bessere Winddichtigkeit verklebt werden. Unterspannbahnen müssen beidseitig hinterlüftet sein. Ein Traufentlüftungsgitter schließt am unteren En-

de ab. Heute wird diese Form der zweiten wasserführenden Ebene nur noch bei nicht ausgebauten Dachgeschossen realisiert.

→ **UNTERDECKUNGEN** liegen auf der Dachkonstruktion auf, entweder auf einer Schalung oder bei ausgebauten Dachgeschossen direkt auf der Zwischen- oder Aufsparrendämmung. Daher muss die Unterdeckung auf jeden Fall diffusionsoffen sein.

→ **UNTERDÄCHER** sind für besonders flach geneigte Dächer zwingend. Sie sind noch stabiler als Unterdeckungen, da die verwendeten Bahnen miteinander verschweißt oder verklebt werden. Unterdächer kön-

nen bei steilen Dächern regensicher ausgeführt werden. Das Wasser fließt hier so gut ab, dass die Dichtungsbahnen unter der Konterlattung hindurchgeführt werden können. Die Befestigung der Konterlatten durchdringt zwar die Dichtungsbahnen, der Anpressdruck dichtet aber ausreichend ab. Es kann jedoch in diesem Bereich zusätzlich abgedichtet werden. Liegt die Dachneigung unter der Regeldachneigung, werden die Dichtungsbahnen über die Konterlattung geführt und verschweißt, sodass eine gänzlich unverletzte Dichtungsschicht entsteht. Das Unterdach gilt dann als wasserdicht.

---

gung zusammenpasst, oder gleich eine zweite wasserführende Ebene einplanen. Die ist generell ratsam, wenn sich Ihr Haus in einem starkregengefährdeten Gebiet oder einer exponierten Lage befindet, sodass der Wind Regen unter die Dacheindeckung peitschen kann. Da in Zukunft häufiger mit Extremwetterereignissen zu rechnen ist, sollten Sie bei einer Neueindeckung Ihres Daches die zweite wasserführende Ebene auf jeden Fall realisieren.

Positive Nebeneffekte einer robusten Dacheindeckung

Der Aufbau des Daches zeigt einmal mehr, dass Sie Maßnahmen gegen Extremwetterereignisse nicht eindimensional betrachten sollten. Die zweite wasserführende Ebene etwa schützt das Dachgeschoss und damit die gesamte Bausubstanz vor eindringendem Wasser. Das kann bei Starkregen auftreten, durch Schnee oder durch Wind, der Schnee oder Regen unter das Dach treibt. Vorsorglich schützt

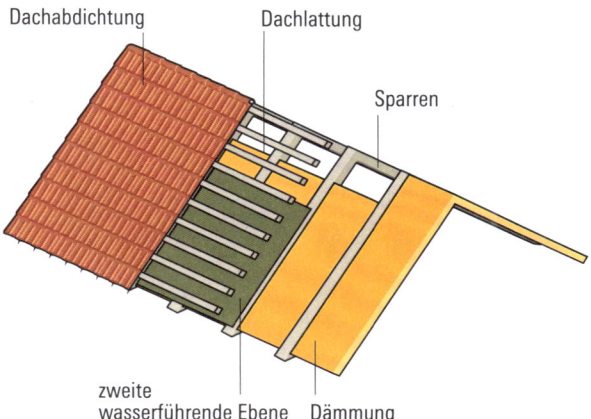

Der typische Dachaufbau eines Steildaches besteht mindestens aus Dacheindeckung und Sparren mit Lattung und Konterlattung. Dämmschicht, Abdichtung nach innen und zweite wasserführende Ebene können und sollten den Aufbau des Daches komplettieren.

eine zweite Ebene, über die Wasser ablaufen kann, auch bei Beschädigungen der ersten, etwa durch Hagel oder andere mechanische Einwirkungen auf die äußere Dacheindeckung. Zudem wirken die zusätzlichen Schichten des Dachaufbaus positiv auf die Schallisolierung.

Bei der Neueindeckung Ihres Daches können Sie mit der Materialwahl gegen Sturm und Regen und zugleich mit einer zusätzlichen Dämmung gegen Hitze und Kälte vorgehen.

Ein Gründach, das Hagelschäden auf Ihrem Flachdach mildert, dämmt zugleich gegen Hitze und Kälte. Zudem erreichen Sie vor allem mit einer intensiven Begrünung eine Verbesserung des Mikroklimas und unterstützen die Biodiversität. Gründächer wirken sich durch die Verdunstungskühlung positiv bei Hitze aus und halten Wassermassen bei Starkregenereignissen zurück, wodurch sie kurzfristigen Überschwemmungen entgegenwirken.

Was beim Neubau und im Bestand zu beachten ist

Dacheindeckungen sind den Witterungseinflüssen extrem ausgesetzt. Hitze, Frost, Hagel, Schnee und Starkregen beanspruchen das Material. Je älter die Dacheindeckung ist, desto wahrscheinlicher werden Schäden. Das be-

zieht sich auch auf die Schichten darunter. Schadensanfällig sind besonders Ziegel- oder Schiefereindeckungen, bei denen im First mit Mörtel gearbeitet wurde. Die Eindeckung selbst kann noch gut sein, während der Mörtel darunter eventuell schon Risse bekommen hat. Daraus können Folgeschäden entstehen, wenn etwa direkt Wasser eindringt oder die Dacheindeckung am First nicht mehr mit dem Mörtel verbunden ist. Dies stellt eine gefährliche Schwachstelle gerade bei Sturm dar, wenn Windkräfte im First wirken und lose aufliegende Teile abheben. Mit einer präventiven Sanierung können Sie hier Gefahrenpotenzial beseitigen. Lassen Sie die neue Dacheindeckung mit einem Trockengrat oder -first ausführen. Dabei wird die Firstpfanne ohne Mörtel fest an ihrer Position verankert.

Wählen Sie kleinformatigere, luftdurchlässigere Dacheindeckungen. Diese können bei Sturm entstehende Windkräfte besser ausgleichen und bieten daher insgesamt einen besseren Schutz. Das gilt vor allem dann, wenn sie flexibel montiert sind und sich bei starkem Sog leicht anheben, um den Überdruck unter der Dacheindeckung entweichen zu lassen. Bei starren Befestigungen ist das nicht möglich, wodurch bei Sturm großflächigere Beschädigungen entstehen können.

WAS KÖNNEN HAGELKÖRNER ANRICHTEN?

Hagelkorngröße	Geschwindigkeit	mögliche Schäden
ab 1 cm	ca. 50 km/h	Schäden an Bäumen und anderen Pflanzen
ab 2 cm	ca. 70 km/h	Löcher in Plexiglas, Bruch von Gewächshäusern und Oberlichtern
ab 3 cm	ca. 90 km/h	Bruch von Schiefer, Tonziegeln und Fensterscheiben, Dellen an Fahrzeugen, Gefahr für Kleintiere
ab 5 cm	ca. 110 km/h	schwere Schäden an Fahrzeugen, Zerstörung von Ziegel- und Schindeldächern bis auf die Dachsparren, Bruch von Metallfensterrahmen
ab 6 cm	ca. 120 km/h	Verletzungsgefahr für Menschen, Zerspringen von Betonziegeln, Auseinanderreißen kleiner Baumstämme
ab 8 cm	ca. 140 km/h	Lebensgefahr für Menschen, Abplatzen von Betonwänden, Schädigung von Backsteinhäusern

Wenn Sie Ihr Dach neu eindecken lassen, sollten Sie ebenso wie bei einem Neubau eine zweite wasserführende Ebene einplanen. Nicht in allen Regionen mag das mit Blick auf die Vergangenheit notwendig sein. Sie müssen künftig aber mit mehr Extremwetterereignissen rechnen, wodurch sich eine vorausschauende Investition in eine zweite wasserführende Ebene schnell lohnen kann. Auch gibt es seitens der Versicherungswirtschaft Bestrebungen, stärker auf eine Anpassung der Gebäude an den Klimawandel zu drängen. Ihre Schadensvorbeugung wird sich dann auszahlen.

Auch bei der Auswahl der Dacheindeckung und sämtlicher Dachaufbauten wie Lichtkuppeln, Dachflächenfenster und Solarmodule sollten Sie schon heute eine möglichst hohe Hagelwiderstandsklasse wählen. Die Klassifizierung, die derzeit noch durch Prüf- und Testverfahren in Österreich und der Schweiz erfolgt, wird vermutlich langfristig auch in Deutschland eingeführt werden (mehr dazu im Kasten auf S. 157).

Kosten der Anschaffung

Bei der Betrachtung der Kosten für die Dacheindeckung inklusive des gesamten Dachaufbaus sollten Sie die Kosten als Gesamtpaket ansehen. Beziehen Sie bei der Betrachtung Material, Handwerksleistung und Lebensdauer gleichermaßen mit ein. Denn ein vermeintlich günstigeres Material kann sich am Ende als teurer herausstellen, wenn etwa die Verlegung aufwendiger und damit kostenintensiver ist, der Widerstand gegen Hagel und Sturm geringer und damit der Austausch schneller erfolgen muss. Beispielsweise gelten Schiefer- und Metalleindeckungen als besonders langlebig, was deren höhere Anschaffungskosten über die Jahre betrachtet wieder ausgleicht. Ein zusätzlicher Faktor bei der Kostenbetrachtung ist die Wartungsanfälligkeit und der Wartungsaufwand. Reetdächer schneiden hier weniger gut ab, da sie relativ pflegeintensiv sind. Es kann sich für Sie dennoch lohnen, auf das traditionell an der Küste verwendete Material zu setzen. Denn mit seinen guten Dämmeigenschaften können Sie mit dem natürlichen Material

unter Umständen bei der Dämmung sparen. Fragen Sie vor einer Entscheidung für ein bestimmtes Material immer beim ausführenden Dachdeckerbetrieb nach und holen Sie mehrere Angebote ein. So können Sie die geforderten Kosten einordnen.

Wartungsaufwand der Dacheindeckungen

Je älter eine Dacheindeckung ist, desto schadensanfälliger wird sie. Materialermüdung und überstandene Stürme hinterlassen ihre Spuren. Daher sollten Sie ein älteres Dach einmal pro Jahr von einem Profi begutachten lassen. Am besten geschieht dies vor der Sturmsaison am Ende des Sommers. Außerdem sollten Sie nach jedem stärkeren Hagelsturm Ihr Dach selbst in Augenschein nehmen. Fallen Ihnen dann bereits selbst Schäden auf, müssen Sie definitiv handeln. Denn schadhafte Dacheindeckungen können weitere Schäden an der Bausubstanz Ihres Bestandes zur Folge haben.

Die meisten Dacheindeckungen haben eine verhältnismäßig lange Lebensdauer. Achten Sie aber bei der Wahl der Materialien der einzelnen Schichten Ihres Daches darauf, dass sie in etwa die gleiche Lebensdauer haben. Andernfalls kann es dazu kommen, dass Sie eine eigentlich noch gute Dacheindeckung entfernen müssen, weil beispielsweise die zweite wasserführende Ebene bereits Verschleißerscheinungen aufweist.

→ Lassen Sie ein älteres Dach einmal pro Jahr von einem Profi begutachten, am besten vor der Sturmsaison. Schauen Sie sich außerdem nach starken Hagelstürmen Ihr Dach genau an.

→ **Klammern gegen Windsog:** Dacheindeckungen müssen gerade bei Sturm, der häufig mit Regen, Hagel oder Schnee einhergeht, größtmöglichen Schutz bieten. Daher sollten Sie Ihre Dacheindeckung gegen Windsog zusätzlich sichern.

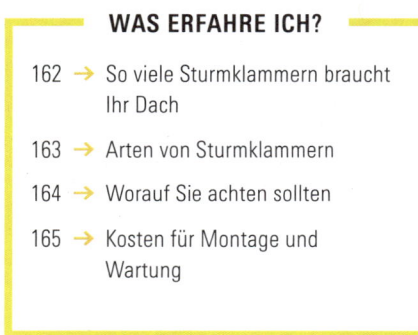

WAS ERFAHRE ICH?

Dachsteine und -ziegel werden üblicherweise nur in die Lattung eingehängt. Ohne zusätzliche Sicherung halten sie dort, wenn die Dachneigung weder zu flach noch zu steil ist, also zwischen 22 und 65 Grad liegt. Ihr Eigengewicht und eine Überlappung sorgen dafür, dass die Dacheindeckung stabil an ihrem Platz bleibt. In der Regel ist das so. Nicht aber, wenn sich bei Sturm oder durch Böen die Druckverhältnisse ändern, sodass sich der Windsog verstärkt. Dieser ist in der Lage, das Gefüge aufzubrechen und die Dacheindeckung zu beschädigen, er kann sogar das ganze Dach abdecken. Damit dies nicht geschieht, müssen die haltenden Kräfte größer sein als der Windsog. Hier kommen sogenannte Sturmklammern zum Einsatz.

Sturmklammern zählen, wie das Anschrauben oder Festnageln von Dacheindeckungen, zu den mechanischen Befestigungen. Seit 2011 sind sie nach dem Fachregelwerk des Deutschen Dachdeckerhandwerks für alle geneigten Dächer, die neu eingedeckt werden, verbindlich. Vorausgesetzt, die Dacheindeckung wird nicht angenagelt, wie dies etwa bei Schiefer- oder Holzschindeln der Fall ist, oder sonst fest mit der Unterkonstruktion des Daches verbunden, wie beispielsweise bei Metalleindeckungen.

So viele Sturmklammern braucht Ihr Dach

Ob Sturmklammern an jeder, jeder zweiten oder auch nur jeder dritten Dachpfanne angebracht werden, hängt in erster Linie von der Windzone ab, in der sich Ihr Haus befindet. Bei Zone 4 muss jedes Element einzeln geklammert werden, in Zone 1 und 2 reicht unter Umständen auch die Sicherung lediglich jedes dritten Elements aus.

Wie viele Sturmklammern Ihr Dach benötigt, wird aber nicht nur von der Windzone, sondern auch von der Dachneigung, der Dacheindeckung, der Dachform und der Gebäudehöhe beeinflusst – all jenen Faktoren also, die generell bei Sturm berücksichtigt werden müssen.

Die Anzahl der Sturmklammern variiert je nach Dachbereich. Vor allem in den Randbereichen, also Ortgang, First und Traufe, braucht Ihr Dach den zusätzlichen Halt durch Klammern. In der Fläche kann die Anzahl durchaus reduziert sein, was sich aus der individuellen Berechnung des Windsogs ergibt. Lassen Sie vom Dachdeckerbetrieb einen Klammerplan erstellen, aus dem die Art und Anzahl der Sturmklammern für jedes Dachelement und jeden Dachbereich hervorgeht.

Die Berechnung des Windsogs führt Ihr Dachdeckerbetrieb durch. Er wird dabei sowohl die Sogwirkung an der windabgewandten Seite berücksichtigen als auch die Dacheindeckung selbst und die einzelnen Dachbereiche. Denn nicht in jedem Dachbereich wirken die Kräfte des Windsogs gleichermaßen. Eine gute Planung ist auch hier – wie so oft am Bau – die Grundvoraussetzung, dass die Arbeit später reibungslos abläuft und das Ergebnis den Anforderungen entspricht.

Vor allem die windabgewandte Dachseite muss enormen Sogkräften widerstehen. Sturmklammern sichern die Dacheindeckung zusätzlich.

Arten von Sturmklammern

Sturmklammern geben Dachziegeln, -steinen oder -platten einen zusätzlichen Halt. Sie unterscheiden sich durch die Art, wie sie an der Dachlattung montiert werden, und dadurch, wie sie mit der Dacheindeckung verbunden sind. Am einen Ende der Sturmklammer wird die Dacheindeckung eingehakt, das andere Ende der Klammer wird an der Dachlattung montiert. Dabei wird zwischen starren Systemen unterschieden, bei denen die Windsogsicherung an die Dachlatten angeschraubt oder angenagelt wird, und flexiblen, die lediglich in die Dachlattung eingehängt werden. Anschrauben oder Annageln ist aufwendiger und wird heute fast nur noch an sehr exponierten Stellen des Daches gemacht, etwa bei den First- oder Gratelementen, die den oberen Abschluss des Steildaches bilden, oder an den seitlichen Rändern, den sogenannten Ortgängen. Mit flexiblen Sturmklammern geht die Montage verhältnismäßig einfach und schnell. Ein Werkzeug wird dafür nicht benötigt. Zudem lassen sich die einzelnen Elemente der Dacheindeckung auch schnell und einfach wieder entfernen, etwa für eine Revision des Daches oder von Dachaufbauten.

Flexible Sturmklammern geben dem Dach mehr Möglichkeiten, die verschiedenen Kräfte auszugleichen, die bei Sturm wirken. So können sich einzelne Dachziegel, -steine oder -platten immer noch leicht anheben, wodurch der unter der Dacheindeckung entstehende Überdruck vermindert wird. Umgekehrt ziehen die Klammern die Dacheindeckung wieder heran, verhindern ihr Abheben und nehmen einen Teil der Windlast auf. Anders als bei einer fest auf die Unterkonstruktion montierten Dacheindeckung werden auch die Zugkräfte vermindert, die auf die Unterkonstruktion wirken, wenn die Dacheindeckung vom Windsog erfasst wird.

Je nach Position der Klammern an der Dacheindeckung wird von Kopfklammern, Kopf-Seitenfalzklammern, Seitenfalzklammern, Kopf-Fußklammern oder Multiblockklammern gesprochen. Welche Sturmklammer eingesetzt wird, hängt auch davon ab, auf welchem Teil der Dachfläche sie verwendet wird. In Eck- und Randbereichen oder am First müssen die Sturmklammern einer größeren Windlast standhalten als auf Flächen. Und auch hier gibt

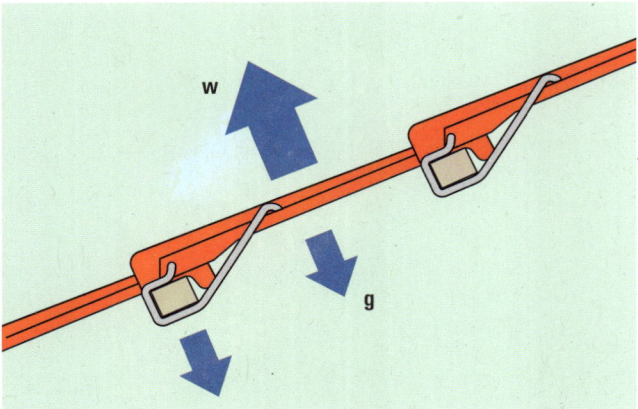

Sturmklammern wirken zusätzlich zum Eigengewicht g der Dachein-deckung gegen den Windsog w.

Das bloße Gewicht der Dacheindeckung reicht bei Windsog oft nicht aus. Sturmklammern geben hier einen zusätzlichen Halt.

es Bereiche, die gefährdeter sind als andere. Die Berechnung des Windsogs und die daraus resultierenden Entscheidungen für die Art und Anzahl der Sturmklammern ist nicht ganz trivial. Die meisten Hersteller von Dacheindeckungen und Sturmklammern bieten aber mittlerweile Softwareprogramme an, mit denen Dachdeckerbetriebe arbeiten können. Sie soll-

ten diese Berechnungen ebenso wie die Ausführung Fachbetrieben überlassen, da dies für Ihren Versicherungsschutz wesentlich sein kann. Trotzdem kann es sinnvoll sein, die entsprechende Formel selbst zu kennen:

Berechnung der Anzahl der Sturmklammern

$$w = g + (n \times BL)$$

Hier steht w für Windsog, g für das Eigengewicht der Dacheindeckung, n für die Anzahl der Sturmklammern pro Quadratmeter und BL für die Bemessungslast der Klammern.

Profis einzuschalten ist auch deshalb sinnvoll, weil diese sich mit den verschiedenen Systemen auskennen. Das ist ein wesentlicher Punkt, denn nicht jede Sturmklammer passt zu jeder Dacheindeckung. Immerhin soll die Sturmklammer Dachplatte, -ziegel oder -pfanne stabil gegen Windsog halten. Die meisten Hersteller von Dacheindeckungen bieten speziell für ihre Produkte angefertigte Sturmklammern an.

Worauf Sie achten sollten

Bei einem Neubau oder einer neuen Dacheindeckung müssen Sie Sturmklammern einplanen. Wenn Sie bei Ihrem bestehenden Gebäude nachträglich lediglich Sturmklammern montieren lassen wollen, sollten Sie Kosten und Nutzen gut gegeneinander abwägen. Müssen Sie nach Stürmen bestimmte Dachbereiche häufig reparieren lassen, lohnt es sich, zumindest hier Sturmklammern einzusetzen. Sprechen Sie darüber mit Ihrem Dachdeckerbetrieb. Schauen Sie auf jeden Fall in Ihrem Versicherungsvertrag nach, ob Ihr Haus auch ohne Sturmklammern ausreichend versichert ist. Mehr dazu erfahren Sie im Kapitel 5 ab S. 178.

Sturmklammern müssen korrosionsbeständig sein, meist bestehen sie aus Metall, seltener aus Kunststoff. Dacheindeckung und Sturmklammern bilden immer ein Team, zu dem auch die Lattung und Unterkonstruktion des Daches gehören. Ihr Dachdeckerbetrieb wird daher die zu Ihrer Dacheindeckung passenden Klammern auswählen und auch dafür die Windlast berechnen. Denn nicht jede Klammer passt zu jeder Dachplatte oder jedem Dachziegel. Es kann durchaus passieren, dass Sie dies bei der Wahl Ihrer Dacheindeckung berücksichtigen müssen.

Um die Verlegung kümmert sich Ihr Dachdeckerbetrieb. Was Sie dennoch wissen sollten: Der Abstand der Klammern bezieht sich auf eine Reihe. Soll beispielsweise jeder zweite Dachziegel mit einer Sturmklammer befestigt werden, wird dafür die Reihe betrachtet, in der die Ziegel liegen. In der nächsten Reihe sollte dann je nach Dacheindeckungsart eine Überlappung stattfinden, ähnlich wie bei der Schichtung von Ziegeln beim Mauerwerk, sodass es einen Wechsel von mit Sturmklammern gesicherten und ungesicherten Dachziegeln gibt.

Wenn Ihr Haus 800 Meter über dem Meeresspiegel liegt, müssen Erhöhungsfaktoren berücksichtigt werden, da in höheren Lagen von stärkerem Wind ausgegangen wird. Ab einer Höhe von 1 100 Metern muss zudem die Windlast von einem Fachplanungsbüro und nicht vom Dachdeckerbetrieb berechnet werden. Und auch die Planung der Windsogsicherung liegt dann in den Händen des Fachplanungsbüros.

Rund um Durchbrüche im Dach, wie Schornsteine oder Dachflächenfenster, muss bei der Dacheindeckung besonders sorgfältig gearbeitet werden. Dies gilt auch beim Anbringen von Sturmklammern. Bei der Wartung Ihres Daches sollten auch die Sturmklammern überprüft werden.

Machen Sie sich klar: Eine absolute Sicherheit gibt es nicht, wenn es um die Vermeidung von Sturmschäden geht. Aber mit Sturmklammern erhöhen Sie die Sturmfestigkeit Ihres Daches erheblich.

Kosten für Montage und Wartung

Sturmklammern als Einzelposten fallen bei den Gesamtkosten für die Dacheindeckung kaum ins Gewicht, zumal wenn es sich um flexible Systeme handelt. Die einfach einzuhängenden Sturmklammern bedeuten nur wenig mehr Arbeitsaufwand. Muss hingegen mit Sturmklam-

mern gearbeitet werden, die fest mit der Unterkonstruktion verbunden werden, ist dies wesentlich arbeitsintensiver, was Sie an den Kosten ablesen können. Insgesamt liegt die einfache Rechnung zugrunde: Je mehr Sturmklammern verwendet werden müssen, umso mehr schlagen Material- und Arbeitszeitkosten zu Buche.

Auf Sturmklammern zu verzichten, ist bei Neubauten und neuen Dacheindeckungen keine Option. Denn der Dachdeckerbetrieb, der für die Dacheindeckung verantwortlich ist, muss eine korrekte Arbeit nachweisen – vor allem im Schadensfall. Sie werden also keinen Fachbetrieb finden, der Ihr Dach ohne Sturmklammern eindeckt.

Bei nachträglicher Montage von Sturmklammern müssen Sie einberechnen, dass eventuell ein Gerüst notwendig wird und dann auch hierfür Kosten anfallen. Eventuell wird bei dieser Gelegenheit auch gleich die Dacheindeckung erneuert. Lassen Sie sich daher im Vorfeld von dem Dachdeckerbetrieb Ihres Vertrauens beraten.

Letztendlich sind die Sturmklammern selbst kein großer Kostenfaktor. Zumal wenn Sie den Schaden eines abgedeckten Daches gegenüberstellen.

STURMKLAMMERN:
DAS WICHTIGSTE IM ÜBERBLICK

→ Sturmklammern sind bei neuen Dacheindeckungen Pflicht.
→ Sturmklammern lassen sich nachrüsten.
→ Sturmklammern müssen korrosionsbeständig sein.
→ Sturmklammern müssen zur Dacheindeckung passen.
→ Die Zahl der Sturmklammern richtet sich nach der Windsogberechnung.
→ Bei einer Dachneigung ab 65 Grad müssen alle Dachelemente einzeln auf der Unterkonstruktion befestigt werden, das gilt auch bei der Verwendung von Sturmklammern.

ÜBERSICHT DACHEINDECKUNG

Material	Dachneigung	Besonderheiten	Befestigung	Lebensdauer	Kosten
Dachsteine aus Beton	ab 22°	extrem belastbar, im Vergleich zu Tonziegeln: schwerer, bruch- und frostsicherer, leichter zu verlegen, günstiger	einhängen in die Dachlattung, zusätzliche Sicherung mit Sturmklammern möglich	30 bis 60 Jahre	€
Dachziegel aus Ton	ab 22°	relativ leicht, einfach zu verlegen, vielfältige Formen, nimmt Feuchtigkeit auf und gibt sie wieder ab	einhängen in die Dachlattung, zusätzliche Sicherung mit Sturmklammern möglich	60 bis 80 Jahre	€€
Bitumen	Schindeln ab 15° Bahnen ab 25°	für Flachdächer beliebt, als Schindeln eine leichte Dachdeckung	Bahnen: verschweißen oder verkleben Schindeln: anschrauben oder annageln	25 bis 35 Jahre	€
Kunststoff	Flachdach	für Flachdächer verwendet, seltener als Bitumen, leicht, Hitze-, Kälte- und UV-beständig, relativ kostengünstig	anschrauben oder annageln	30 Jahre	€
Metall (Stahlblech/Titanzink/Aluminium/Kupfer)	3° bis 35°	leicht, daher für alte Dachstühle geeignet, schnell und daher kostengünstig verlegbar, Rohmaterial kostenintensiv	verschrauben, seltener nageln	75 bis 100 Jahre	Aluminium € Titanzink €€ Kupfer €€€
Schiefer	ab 22°/25°	schwer, langlebig, sturmfest, wegen aufwendiger Verlegung und Material teuer	annageln, seltener anschrauben	90 bis 100 Jahre	€€€
Schilf (Reet)		gute Wärmedämmeigenschaften, pflegebedürftig, es gelten besondere Brandschutzbestimmungen, Handwerkskunst, die relativ teuer ist	einhängen und einklemmen	20 bis 40 Jahre	€€€
Faserzementplatten	Wellplatten ab 7°, Dachplatten ab 25°	verlegt wie Schiefer, aber leichter und günstiger, gut für Sanierungen	annageln, seltener schrauben	40 bis 60 Jahre	€€

→ **Blitzschlag abwehren:** Blitze sind imposante Gebilde. Doch jenseits von Schillers „Glocke" werden die Gefahren für Wohnhäuser durch Blitzeinschläge häufig gering geschätzt. Auf der sicheren Seite sind Sie aber nur mit ausreichendem Blitzschutz.

Ob und inwiefern die Häufigkeit von Gewittern und damit Blitzen durch den Klimawandel erhöht wird, dazu liegen noch keine verlässlichen Aussagen vor. Das liegt zum einen daran, dass die Zahl der Gewitter noch nicht so lange gemessen wird und es daher noch keine ausreichend langen Zeitreihenmessungen gibt. Zum anderen sind Gewitter weit komplexere Systeme als es die einfache Erklärung – „bei Gewittern entladen sich Spannungen" – erscheinen lässt. Diese Erklärung stimmt zwar, doch wie genau es zu der Spannung kommt, was bei der

Bildung von Gewittern vor sich geht und wie die Entladung exakt funktioniert, daran wird noch geforscht. Da mit dem Klimawandel allerdings ein Temperaturanstieg einhergeht, der wiederum in der Atmosphäre Energie freisetzt, kann vermutet werden, dass es auch mehr Gewitter und damit Blitze geben wird. Bei der Anpassung Ihrer Immobilie oder Ihres Neubaus an den Klimawandel sollten Sie den Blitzschutz daher einbeziehen. Denn bei einem Blitzeinschlag erhöht sich die Spannung kurzzeitig auf ein Vielfaches der im Haus sonst üblichen 230 Volt. Dies kann angesichts der zahlreichen im Gebäude verwendeten Elektronik zu immensen Schäden führen.

Wann Sie Ihr Haus besonders sichern müssen

Bei Blitzeinschlägen wird mit statistischen Wahrscheinlichkeiten gerechnet. Die sind im Allgemeinen in Deutschland recht gering. Doch auch bei einer geringen Wahrscheinlichkeit kann der Schaden durch Blitzeinschläge letztlich groß sein. Generell tritt Blitzschlag häufiger in höheren Lagen als im Flachland auf. Wenn Ihr Haus auf einer Anhöhe steht und das in Alleinlage, ist es stärker gefährdet, vom Blitz getroffen zu werden, als in einer Senke. Der Blitz schlägt immer in den höchsten Punkt ein. Wenn Sie die Höhe Ihres Hauses betrachten, vergessen Sie die Aufbauten wie Schornsteine oder Antennen nicht. Damit kann Ihr Haus schnell zum höchsten in der Nachbarschaft werden.

Auch die im Haus installierte Technik kann ein Grund sein, besonders auf Blitzschutzsysteme zu achten. Denn durch die hohen Spannungsverhältnisse bei einem Blitzeinschlag kann die Elektronik kaputtgehen. Betroffen sind davon Computer und andere elektrische Geräte ebenso wie die Haustechnik und Smarthome-Systeme.

Alte Holzhäuser und mit Stroh, Reet oder Holz gedeckte Gebäude können bei einem Blitzschlag besonders schnell in Brand geraten. Wenn in Ihrem Haus diese Materialien verbaut wurden, sollten Sie besonders darauf achten, dass Ihre Blitzschutzsysteme funktionieren. Für reet-, stroh- oder holzgedeckte Häuser – Bestand wie Neubau – gelten ohnehin besondere Brandschutzvorschriften.

Wie gefährdet das Haus ist, hängt zudem von der individuellen Erdungssituation ab. Gibt es etwa Dachrinnen, die den Blitz in den Boden ableiten? Mit einer Überspannsicherung sind auch wertvolle elektronische Geräte und die Haussteuerung geschützt. Nicht geschützte elektronische Geräte sollten Sie bei stärkeren und länger anhaltenden Gewittern besser vom Netz trennen.

Mit diesen Schäden ist zu rechnen

Bei einem Blitz entlädt sich elektrische Spannung, wobei es in Millisekunden zu Temperaturen von 30 000 Grad Celsius kommt. Diese hohen Temperaturen können Feuer entfachen oder dünne Drähte zum Schmelzen bringen. Wenn der Blitz über feuchte Wände, Balken oder Bäume abgeleitet wird, wandelt sich das dort vorhandene Wasser schlagartig in Wasserdampf, der ein größeres Volumen hat. Bei seiner Ausdehnung entfaltet er eine ähnliche Wirkung wie bei einer Explosion und kann dadurch Schaden anrichten. Da der Blitz stets in die höchste Stelle einschlägt, sind von Brän-

Bei Häusern mit besonders brandgefährdeten Dacheindeckungen wie etwa Reet muss zwingend ein äußerer Blitzschutz installiert werden.

den besonders häufig Dachstühle betroffen. Als Folge kommt oft noch ein Wasserschaden durch die Löscharbeiten hinzu.

Doch auch ohne Brand kann der Schaden bei einem Blitzschlag in Ihr Gebäude beträchtlich sein. Dacheindeckung und Dachbalken können beschädigt werden, der Putz von Wänden und Decken abplatzen sowie Türen und Fenster zerstört werden. Ebenso kann die gesamte Elektronik des Hauses geschädigt werden, angefangen von verschmorten Steckdosen und Verteilerkästen bis hin zu kaputten Endgeräten, die zum Zeitpunkt des Blitzeinschlags an das Stromnetz angeschlossen waren.

Selbst wenn der Blitz nicht direkt in Ihr Haus einschlägt, sondern in einiger Entfernung, kann es auch bei Ihnen im Haus noch zu Überspannung kommen. Ohne entsprechenden Schutz können auch dann sämtliche elektrischen Installationen und Endgeräte beschädigt werden.

Zudem können Bäume in der Umgebung eine Gefahrenquelle sein, wenn Sie andere Gebäude, Bäume oder Masten überragen. Schlägt der Blitz hier ein, kann sich ein entstehendes Feuer vor allem bei Trockenheit schnell ausbreiten und auch auf das Haus übergreifen.

So sichern Sie Ihr Haus gegen Blitzschlag

Um Ihr Haus vor Blitzschlag zu schützen, gibt es den äußeren und den inneren Blitzschutz. Wie vollständige Blitzschutzanlagen aufgebaut sind, ist in der Normenreihe DIN EN 62305 (VDE 0185–305) geregelt. Voraussichtlich wird es 2023 eine Aktualisierung geben, nachdem die internationalen Blitzschutz-Normen überarbeitet und ins Deutsche übertragen wurden. Ihre Publikation ist als DIN EN 62305 (Edition 3) angekündigt.

ÄUSSERER BLITZSCHUTZ

Der äußere Blitzschutz ist das, was landläufig als „Blitzableiter" bezeichnet wird. Er ist nur für bestimmte Gebäude vorgeschrieben, zu denen Häuser zählen, die höher als 20 Meter sind, deren Dächer mit Reet, Stroh oder Holz gedeckt

Die Fangeinrichtung des äußeren Blitzschutzes ragt über die anderen Bauteile des Hauses in die Höhe.

Fundamenterder werden in das Fundament eingegossen. Dabei ist große Sorgfalt gefragt, denn eine nachträgliche Ausbesserung ist kaum möglich.

sind, die in exponierter Lage oder allein stehen. Der äußere Blitzschutz besteht aus drei Teilen: Fangeinrichtung, Ableiter und Erdungsanlage. Gemeinsam sorgen sie dafür, dass der Blitzstrom gefahrlos abgeleitet wird, ähnlich einem faradayschen Käfig (s. Kasten auf S. 170). Fangeinrichtungen bilden die Punkte, an denen Blitze einschlagen dürfen. Sie sind an den höchsten Punkten des Gebäudes installiert, etwa an den Enden des Firsts, an Schornsteinen und Lichtkuppeln. Dort fangen sie die Blitze ab und verteilen die Blitzströme möglichst schon auf dem Dach. Da alle metallenen Teile eines Hauses für die Fangeinrichtung verwendet werden können, lässt sich dieser Teil des Blitzschutzes einfach in ein architektonisches Konzept integrieren. Verkleidungen an Dach oder Außenwänden, Regenrinnen, Geländer oder sonstige Verzierungen können dann bei der Planung des Blitzschutzes einbezogen werden. Voraussetzung ist allerdings, dass die Stärke des Materials den Anforderungen von Fangeinrichtungen entspricht. Über Ableitungen sind die Fangeinrichtungen mit der Erdungsanlage verbunden. Diese Leitungen aus dickem Kupferdraht oder verzinktem Rundstahl führen in einem Abstand von zehn Zentimetern zur Außenwand senkrecht nach unten. Sie sind über das gesamte Gebäude verteilt und bei höheren Gebäuden zusätzlich in regelmäßigen Abständen horizontal verbunden. Auch Stahlarmierungen von Stahlbetonbauten oder Vorhangfassaden können als Ableitungen genutzt werden. Die münden in die Erdungsanlage, mit der alle metallischen Bauteile des Hauses wie

Regenrinnen und Fallrohre, Geländer, Kabelleitungen und Rohrsysteme verbunden sind. Von dort werden die Blitzströme in die Erde abgeleitet. Zudem minimiert die Erdungsanlage Potenzialunterschiede, dazu mehr auf den folgenden Seiten.

INNERER BLITZSCHUTZ

Mit dem inneren Blitzschutz schützen Sie Ihr Haus vor Überspannungen, die Menschen gefährden, Bausubstanz und elektronische Geräte beschädigen können. Wichtig ist dieser Baustein des Blitzschutzes, weil durch einen Blitzschlag entstehende Überspannungen bis zu anderthalb Kilometer weit übertragbar sind. Der Blitz muss also nicht direkt in Ihr Haus oder die Nachbarschaft einschlagen, um Schaden anzurichten.

Die erste Stufe des dreigliedrigen inneren Blitzschutzes ist der Überspannungsschutz Typ 1, auch Grobschutz genannt. Er nimmt Überspannung auf, bevor sie in das Stromnetz des Hauses gelangen kann, ist also vor dem Stromzähler installiert, und führt sie teilweise in das Erdungssystem ab. Hier werden alle metallischen Bauteile des Hauses angeschlossen und geerdet. Es findet ein Potenzialausgleich zwischen Schutzleiter, Außenleitern und dem Neutralleiter statt. Die Überspannung wird dadurch auf einen Wert unterhalb der maximal zulässigen Stoßspannung von 6 000 Volt begrenzt. Überspannungsschutz Typ 1 benötigen Sie nur, wenn Sie auch einen äußeren Blitzschutz haben oder es einen solchen in unmittelbarer Nachbarschaft gibt. Das gilt nicht für den Überspannungsschutz Typ 2, den Mittelschutz. Den brauchen alle Gebäude. Er ist üblicherweise im Verteilerkasten verbaut und schützt durch die Reduktion der Überspannung auf 600 bis 2 000 Volt die gesamte Haustechnik. Diese beiden genannten Überspannungsschutztypen bauen Elektrofachbetriebe ein. Für den auch Feinschutz genannten Überspannungsschutz Typ 3 brauchen Sie hingegen nicht unbedingt eine Fachkraft, wenn Sie eine Überspannungsschutzsteckdosenleiste oder einen -steckdosenadapter verwenden. Diese schützen Endgeräte allerdings nur dann, wenn die Überspannung zuvor erheblich reduziert

FARADAYSCHER KÄFIG FÜR DAS HAUS

Ein guter Schutzschild bei Gewittern ist ein faradayscher Käfig. Der englische Naturforscher und Experimentalphysiker Michael Faraday hatte Anfang des 19. Jahrhunderts einen mit Kupferdraht ummantelten Würfel, der zur Isolierung auf Glasfüßen stand, elektrisch aufgeladen. Anschließend stellte er fest, dass der Innenraum frei von elektrischer Ladung war. Der wohl bekannteste faradaysche Käfig heute ist ein Auto. Seine Hülle aus einem elektrisch leitenden Material schirmt den Innenraum ebenso ab, wie es der Würfel von Faraday tat, und schützt die Insassen bei Gewitter vor Schäden durch Blitzschlag. Und was hat das mit Häusern zu tun? Auch Gebäude können von dieser Erkenntnis profitieren. Der äußere Blitzschutz funktioniert ebenso als faradaysche Käfig, hält die elektrostatische Ladung von Blitzen vom Gebäudeinneren ab. Voraussetzung dafür ist, dass Blitze über ein geschlossenes System von elektrisch leitfähigen Metallleitungen in die Erde abgeführt werden. Denn anders als Faradays Käfig steht ein Haus nicht isoliert auf Glasfüßen.

wurde, also ein ausreichender Blitzschutz bereits durch äußere Blitzschutzanlage, Überspannungsschutz Typ 1 und Typ 2 vorhanden ist. Andernfalls ziehen Sie besser den Stecker, wenn Sie Ihre Geräte bei Gewitter schützen wollen.

Was bei Neubau oder nachträglichem Einbau zu beachten ist

Ob ein äußerer Blitzschutz notwendig ist, wird normalerweise im Einzelfall geprüft. Sollte Ihr Haus höher als 20 Meter sein, in einer exponierten Alleinlage stehen oder mit Stroh, Holz oder Reet gedeckt sein, ist der äußere Blitzschutz vorgeschrieben. Unabhängig davon können Sie sich auch sonst für einen Blitzableiter entscheiden. Dann sollten Sie ihn aber bei Ihrem Neubau gleich mitplanen. Denn so können Sie einen Fundamenterder einsetzen, der die gleiche Lebensdauer wie Ihr Gebäude haben wird – sofern er richtig verlegt und gut gegen Korrosion geschützt ist. Dieser geschlossene Metallring wird in den Fundamenten der Außenwände oder der Fundamentplatte verlegt, möglichst in der untersten Bewehrungslage. Wenn Ihr Gebäude eine größere Grundfläche hat, müssen zusätzliche Querverbindungen verlegt werden. Sie können sich den äußeren Blitzschutz wie ein Netz vorstellen, dessen Maschen nicht größer als 20 mal 20 Meter sein dürfen. Wenn Ihr Haus aus mehreren einzelnen Gebäudeteilen besteht, sollte jedes einen eigenen Blitzschutz haben, wobei die Erdungsanlagen miteinander verbunden werden. Dadurch reduziert sich die Potenzialdifferenz zwischen den einzelnen Gebäuden und damit die Spannung an den gebäudeübergreifenden Verbindungsleitungen.

Wenn Sie sich erst nach der Errichtung des Fundaments für einen äußeren Blitzschutz entscheiden, erfolgt die Erdung über Tiefenerder. Dieses System wird auch bei nachträglich mit Blitzschutz ausgestatteten Bestandsgebäuden eingesetzt. Die einzelnen Tiefenerder, die um das Haus verteilt sind, müssen dabei mit einem Ringerder verbunden werden. Ist dies außerhalb des Hauses nicht möglich, kann die Verbindung auch im Keller erfolgen. Allerdings

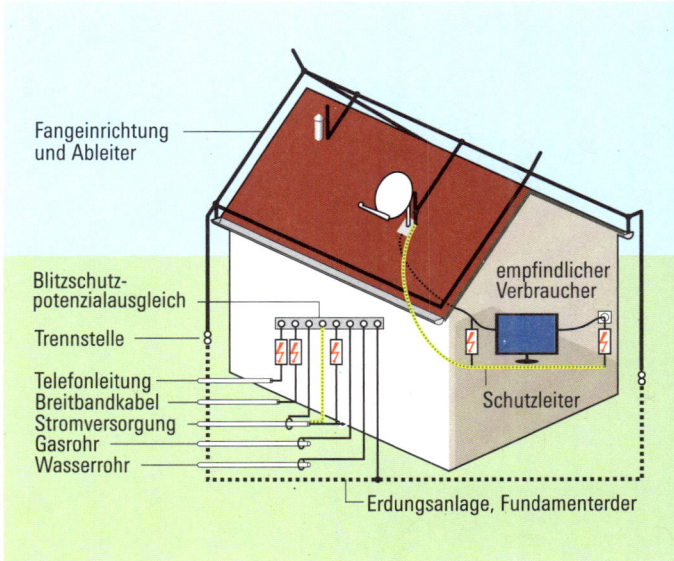

Vor Brand und Überspannungsschäden durch Blitzschlag schützt ein System aus innerem und äußerem Blitzschutz.

muss dann ein entsprechender Abstand zu allen anderen metallenen Installationen wie Kabel oder Wasserleitungen gegeben sein.

Der innere Blitzschutz ist ein Überspannungsschutz, der grundsätzlich in allen Gebäuden sinnvoll ist. Überspannungsschutz Typ 1 benötigen Sie nur, wenn Ihr Haus oder eines in der unmittelbaren Nachbarschaft einen Blitzableiter hat. Überspannungsschutz Typ 2 hingegen brauchen Sie immer. Seit 2018 ist er für Neubauten vorgeschrieben und muss bei Bestandssanierungen oder Umbauten verpflichtend installiert werden. Ob Sie einen Überspannungsschutz Typ 3 installieren, bleibt Ihnen überlassen. Er ist nur sinnvoll, wenn es davor bereits Überspannungsschutz gibt, die Spannung also bereits erheblich reduziert wurde.

Installation und Wartung

Die Installation eines Blitzschutzsystems ist Sache von Fachleuten, ebenso die Wartung. Fangeinrichtung und Ableitung können Flaschner- oder Dachdeckerbetriebe übernehmen. Für den Überspannungsschutz sind Elektro-

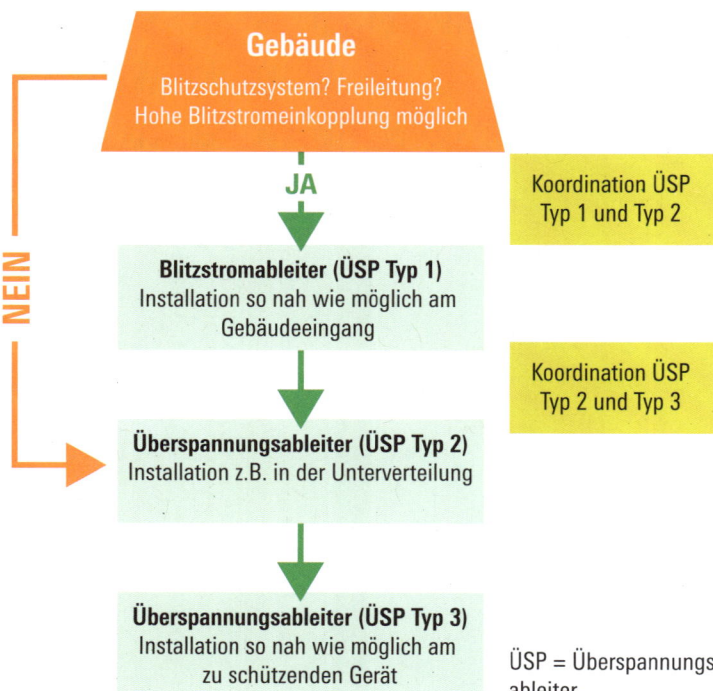

Gebäude
Blitzschutzsystem? Freileitung?
Hohe Blitzstromeinkopplung möglich

NEIN

JA

Koordination ÜSP
Typ 1 und Typ 2

Blitzstromableiter (ÜSP Typ 1)
Installation so nah wie möglich am
Gebäudeeingang

Koordination ÜSP
Typ 2 und Typ 3

Überspannungsableiter (ÜSP Typ 2)
Installation z.B. in der Unterverteilung

Überspannungsableiter (ÜSP Typ 3)
Installation so nah wie möglich am
zu schützenden Gerät

ÜSP = Überspannungs-
ableiter

fachbetriebe zuständig, die auch bei der Einbettung der Erdungsanlage bei der Errichtung des Fundaments vor Ort sein sollten. Hier wird immerhin der Grundstein dafür gelegt, dass das Blitzschutzsystem später zuverlässig funktioniert. Das gleiche Gewerk ist auch verantwortlich dafür, dass sämtliche metallischen Leitungen und Rohre, die im Haus verbaut werden, geerdet werden. Wenn äußerer Blitzschutz vorgeschrieben ist, muss dieser von einer Blitzschutzfachkraft installiert werden. Diese finden Sie vor allem in Elektrofachbetrieben, Dachdeckerbetrieben und unter Feuerungs- und Schornsteinbauern.

Für die Überprüfung des äußeren Blitzschutzes können Sie nach Stürmen oder Blitzeinschlägen selbst aktiv werden und nachsehen, ob die Ableitungen noch fest verankert, die Verbindungen zur Erdungsanlage in Ordnung und die Fangleitungen an Ort und Stelle sind. Selbst wenn Sie nichts feststellen, sollten

Sie nach heftigen Stürmen, bei denen andere Hausteile beschädigt wurden, auch Ihren äußeren Blitzschutz überprüfen lassen. Bei Fang- und Ableitungen kann dies beispielsweise der Dachdeckerbetrieb mit übernehmen. Für Reparaturen sollten Sie wiederum Blitzschutzfachkräfte engagieren.

Wenn Sie aufgrund baulicher Gegebenheiten zu einer Blitzschutzanlage verpflichtet sind, müssen Sie diese auch regelmäßig professionell warten lassen. Wie die Wartung abläuft, ist in der DIN-VDE 0185-305-3 Beiblatt 3 detailliert beschrieben. Alle zwei Jahre sollte die Sichtprüfung erfolgen, bei der überprüft wird, ob noch alles in Ordnung ist und ob Aufbauten hinzugekommen sind, die noch nicht in das Blitzschutzsystem eingebunden wurden. Alle vier Jahre wird dann eine detaillierte Überprüfung vorgenommen. Es sollte dabei immer der innere und der äußere Blitzschutz geprüft werden.

Auch wenn Sie nicht zu einer Blitzschutzanlage verpflichtet sind und damit auch nicht zu deren Wartung, sollten Sie Ihren Blitzschutz regelmäßig von Profis durchchecken lassen.

Lohnt sich äußerer Blitzschutz?

Im Verhältnis zu einem möglichen Schaden durch Blitzschlag fallen die Kosten für äußeren Blitzschutz gering aus. Eine exakte Summe lässt sich nicht nennen, da das Blitzschutzsystem individuell auf ein Haus zugeschnitten ist. Als Richtwert können Sie von Kosten für Fang- und Ableitungen von rund drei bis fünf Promille der Bausumme ausgehen. Für die Erdungsanlage kommen bei einem Neubau noch drei bis fünf Prozent hinzu.

Kosten äußerer Blitzschutz – Beispiel

Bei einer Bausumme von 300 000 Euro würden Sie gerade mal 1 500 Euro für Fang- und Ableitungen ausgeben und weitere 15 000 Euro für die Erdungsanlage.

Die Wartung schlägt nach Angaben des VDE mit 100 bis 250 Euro zu Buche, je nachdem, wann die letzte Wartung stattfand, ob ausreichend Pläne vorhanden sind und wie umfangreich die Wartung sein soll.

→ **Schneesicherung:** Die Winter werden milder und niederschlagsreicher. Das bedeutet auch, dass der Schnee nasser und schwerer wird und das Dach stärker belastet. Mit geeigneten Maßnahmen können Sie Schäden frühzeitig vorbeugen.

Die Erwärmung durch den Klimawandel bedeutet nicht, dass es keinen Schnee mehr geben wird. Es wird im Winter zu mehr Niederschlag bei höheren Temperaturen kommen. Das hat zur Folge, dass selbst Neuschnee nicht mehr leicht und luftig ist, sondern nass und schwer. Mit einem geringeren Volumen bringt er mehr Gewicht, was vor allem für Dächer eine enorme Belastung bedeuten kann. Daher muss auch bezüglich der Schneelast Ihr Augenmerk auf dem Dach liegen. Neben der Belastung für die Statik des Gebäudes sind es aber auch abrutschende Schneemassen und Tauwasser, das zu Eis gefriert, die für Ihr Haus und seine Umgebung zur Gefahr werden können. Wie hoch diese Gefahr durch Schneelasten ist, hängt von lokalen Klimaverhältnissen und der Höhenlage ab. In Schneelastkarten, die auch für verschiedene Normen herangezogen werden, sind daher Schneelastzonen verzeichnet. Sie berücksichtigen das lokale Klima ebenso wie die topografische Höhe. Insgesamt gibt es in Deutschland fünf Schneelastzonen, unterteilt in die Zonen 1, 1a, 2, 2a und 3. In Zone 3, in der die Alpen, der Bayerische und der Thüringer Wald, das Erzgebirge, der Harz und Vorpommern liegen, ist die höchste Schneelast zu erwarten.

Warum Schnee Gebäude gefährdet

Zehn Zentimeter frisch gefallener Pulverschnee wiegen rund zehn Kilogramm pro Quadratmeter. Die gleiche Höhe an Nassschnee wiegt etwa viermal so viel. Schnee bringt also eine zusätzliche Last auf ein Gebäude, die sehr unterschiedlich ausfallen kann. Die Statik des Hauses muss dies aushalten und wird daher dafür berechnet. In diese Berechnung der erwarteten Schneelast werden verschiedene Faktoren einbezogen. Dazu gehört die Schneelastzone, in der das Haus liegt, aber auch lokale Gegebenheiten wie die topografische Höhe des Grundstücks und die Windexposition spielen dabei eine Rolle. Denn in höheren Lagen ist mit mehr Schnee zu rechnen und bei stärkeren Winden wird es mehr Schneeverwehungen geben. Zudem wird über Formbeiwerte die indivi-

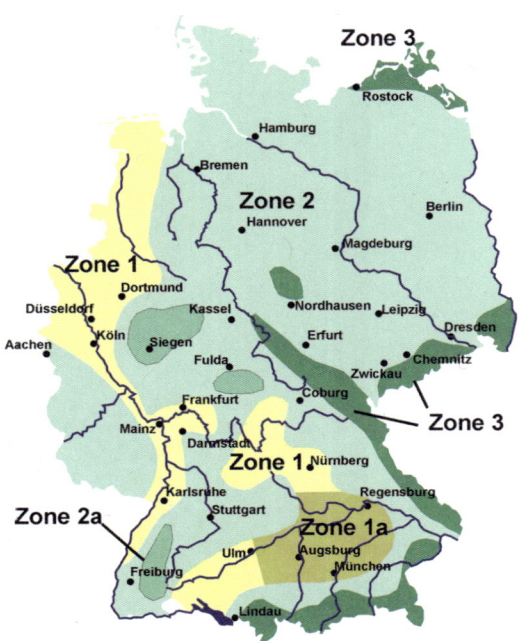

Schneelastzonen in Deutschland

Punktuell kann sich die Schneelast durch Schneeverwehungen, die bei starken Winterstürmen auftreten, erhöhen. Selbst wenn insgesamt nicht besonders viel Schnee fällt, kann durch die Verlagerung des Schnees auf wenige Dachbereiche die Tragstruktur so stark belastet werden, dass es zum Bruch kommt. Beobachten Sie also immer auch Verwehungen und die darunter liegenden Hausteile.

Gefährlich wird es für die Bausubstanz auch bei Tauwetter, wenn der Schnee schmilzt und kurz darauf, beispielsweise nachts, wieder Frost einsetzt. Durch die Ausdehnung des gefrierenden Wassers kann es zu Sprengungen kommen, wenn das Wasser beispielsweise in Dacheindeckungen, Balken oder Mauerwerk eingedrungen ist. Zudem wird die Vereisung zu einem Problem für Abflüsse, die durch Eispfropfen verstopft sind. Setzt Regen ein, kann das Niederschlagswasser unter Umständen nicht schnell genug abfließen, das Wasser staut sich. Das kann besonders für Flachdächer problematisch werden, die dadurch eine zusätzliche Last erhalten, für die die Statik des Hauses eventuell nicht ausgelegt ist. Stauwasser kann auch dazu führen, dass sich das Wasser ungewohnte Wege zum Abfließen sucht und dadurch Wasserschäden entstehen.

Bei einsetzendem Tauwetter mit Folgefrost bilden sich an den Dachkanten Eiszapfen, die Menschen gefährden können. Rutschen Schnee- und Eismassen auf tiefer liegende Dächer von Anbauten wie Vordächer, Garagen und Carports oder Wintergärten, kann auch hier erheblicher Schaden durch die zusätzliche Last entstehen.

duelle Gebäudeform berücksichtigt wie Dachneigung, Auskragungen und Vorsprünge im Dach oder Besonderheiten wie Schneefangvorrichtungen. Wie genau die Berechnung erfolgen muss, ergibt sich aus den Fachregeln des Deutschen Dachdeckerhandwerks und der DIN EN 1991-1-3, auch bekannt als Eurocode 1: Einwirkungen auf Tragwerke, Teil 1–3: Allgemeine Einwirkungen, Schneelasten.

Das Gewicht des Schnees ist die Hauptgefahr für Gebäude. Durch nassen Schnee oder Regen, der auf Schnee fällt, kann sich die Last in relativ kurzer Zeit erheblich erhöhen. Die Folgen der Belastung können bis zum Einsturz des Daches reichen. Um einzuschätzen, wie groß die Gefahr ist, ist es wichtig zu wissen, welche Normen zur Bauzeit gegolten haben, und damit, unter welchen Voraussetzungen die Statik berechnet wurde. Auch Dachflächenfenster, Lichtkuppeln und Oberlichter müssen das zusätzliche Gewicht der Schneelast tragen können.

Auf welche Bauteile Sie besonders achten sollten

Ganz klar sind die Dachflächen von der Schneelast besonders betroffen. Bei Steildächern trägt der Dachstuhl die zusätzliche Last. Allerdings rutscht der Schnee von stärker geneigten Dächern besser ab. Bei einer Dachneigung unter 30 Grad wird es kritischer. Bei starkem Schneefall sollten Sie darauf achten, ob es im Gebälk knarzt, ob sich die Balken biegen. Dann wird es allerhöchste Zeit zu handeln.

Auch die Außenseite des Daches kann durch zu hohes Gewicht beschädigt werden. Hier wird es allerdings häufiger zu Schäden durch Verwehungen kommen oder durch Abrutschen von schlecht sitzenden oder beschädigten Dacheindeckungen. Vom Schrägdach abrutschender Schnee kann zudem Dachrinnen abreißen. Dachflächenfenster, Lichtkuppeln und Lichtbänder sollten Sie ebenfalls besonders beachten. Hier können sich durch zu große Lasten Verformungen ergeben, die unter Umständen auch erst im Nachhinein sichtbar werden, etwa durch Wasserschäden.

Bei Flachdächern bedeutet Schnee immer eine zusätzliche Last, die sich nur durch Schmelzen oder Verwehungen verringert. Wenn Sie ein Flachdach haben oder eines planen, müssen Sie daher zusätzlich zur Tragfähigkeit des Daches auf die Abläufe achten. Die sollten nicht nur von Verschmutzungen wie Laub frei sein, sondern auch von Eis und Schnee. Denn vereiste Abflüsse führen bei einsetzendem Regen oder Tauwetter zu Wasserstau auf dem Dach.

Gerade in den erwarteten milderen Wintern wird es einen stärkeren Wechsel zwischen Frosttagen und Tauwetter geben. Das bedeutet, dass es immer wieder zu Feuchtigkeit kommt, die in Ritzen und Spalte eindringen kann. Gefriert sie dort, dehnt sie sich aus und entwickelt dadurch eine Sprengkraft, die zu Schäden an der Bausubstanz führen kann. Davon können Dacheindeckung, Gebälk, aber auch Abläufe für Niederschlagswasser wie Dachrinnen und Fallrohre, betroffen sein.

Dachaufbauten wie Photovoltaik- oder Solarthermieanlagen sind in ihrer Leistungsfähigkeit beeinträchtigt, wenn sie schneebedeckt sind. Besonders beim Schneeräumen muss darauf geachtet werden, dass keine Schäden entstehen. Allerdings sind die Module meist auf Schrägdächern installiert und auf Flachdächern ebenfalls in einem Winkel montiert. Der Schnee rutscht je nach Neigungswinkel schnell ab. Zudem beschleunigen Spezialglas und die Sonneneinstrahlung das Abschmelzen des Schnees auf den Modulen. Ihre Solarthermie- oder Fotovoltaikanlage wird daher schneller schneefrei sein als der Rest des Daches.

WIE SIE EINE GEFÄHRDUNG DURCH SCHNEELAST ERKENNEN

→ Liegt viel nasser Schnee auf dem Dach?
→ Knarzt es im Haus außergewöhnlich stark?
→ Sind Dach- oder Deckenbalken oder Decken generell durchgebogen?
→ Klemmen Fenster oder Türen beim Öffnen?
→ Haben sich Risse an den Wänden gebildet?
→ Sind um Dachöffnungen wie Dachflächenfenster oder Lichtkuppeln feuchte Stellen erkennbar?

GEWICHT UND HÖHE UNTERSCHIEDLICHER SCHNEEARTEN

Schneeart	Dichte in kg/m^3	Schneehöhe bei 100 kg/m^2
trockener Pulverschnee	30–50	ca. 200–300 cm
normaler Neuschnee	50–100	ca. 100–200 cm
feuchter Neuschnee	100–200	ca. 50–100 cm
trockener Altschnee	200–400	ca. 25–50 cm
feuchter Altschnee	300–500	ca. 20–35 cm
Firn	500–800	ca. 12–20 cm

Das können oder müssen Sie tun

Um Ihre Immobilie zu schützen und Ihrer Verkehrssicherheitspflicht nachzukommen, stehen Ihnen im Wesentlichen zwei Optionen zur Verfügung: Sie können entweder Schnee räumen oder Ihr Dach mithilfe von Schneefangvorrichtungen sichern.

SCHNEEFANGVORRICHTUNGEN

In den Landesbauordnungen einiger Bundesländer sind zur Schneesicherung Schneefangvorrichtungen für Steildächer vorgeschrieben. Erkundigen Sie sich bei Ihrer zuständigen Bauaufsichtsbehörde, ob das in Ihrem Wohnort

In der Sonne glitzernde Eiszapfen sehen romantisch aus, können aber beim Herunterfallen Menschen verletzen und zu Sachschäden führen.

der Fall ist. Es gibt grundsätzlich drei Möglichkeiten von Schneefangvorrichtungen:

→ **SCHNEEFANGGITTER** werden über die gesamte Breite des Daches oberhalb der Regenrinne angebracht, etwa 20 Zentimeter hoch, die einzelnen Segmente sind etwa drei Meter lang. Die Gitter ebenso wie ihre Befestigung müssen hohe Schneelasten halten können und sollten regelmäßig überprüft werden.

→ **SCHNEEFANGBALKEN** werden wie Schneefanggitter über die Breite des Daches oberhalb der Regenrinne gelegt. Sie unterscheiden sich ästhetisch, nicht aber funktional. Genau wie bei Gittern müssen auch hier die Balken selbst und ihre Verankerung hohe Schneelasten aufnehmen können und sollten regelmäßig überprüft werden.

→ **SCHNEEFANGHAKEN** werden über die gesamte Dachfläche verteilt. Sie verhindern, dass lediglich auf einer Seite des Daches Schnee abrutscht. Schneefanghaken ersetzen nicht Schneefanggitter oder -balken, entlasten diese aber, indem sie Schnee zurückhalten.

Wenn Sie eine Photovoltaik- oder Solarthermieanlage auf dem Dach haben, müssen Sie besonders auf den Schneefang achten. Denn von den glatten Flächen rutscht der Schnee schneller ab als von anderen Dachflächen. Die Schneefangvorrichtungen müssen zudem erhöht werden, wenn die Solarmodule als Aufdachinstallation montiert sind.

SCHNEE RÄUMEN

Die zweite Option besteht darin, Schnee von Dachflächen zu räumen. Das ist aber nicht ungefährlich. Bei Steildächern besteht schon aufgrund der Dachneigung Abrutschgefahr, weswegen die Dachfläche selbst nicht betreten werden sollte. Aus Dachluken oder Dachflächenfenstern heraus lassen sich größere Schneemassen nach unten schieben, die weitere Schneefelder mit sich reißen können. Auch mit einer Leiter, die an die Traufe angelegt ist, lässt sich Schnee vom Dach schieben. Es ist aber äußerste Vorsicht dabei geboten. Besser, Sie vertrauen hier auf Profis aus Dachdecker- oder Zimmereibetrieben, die Schneeräumdienste auf Dächern anbieten. Die haben die geeignete Ausrüstung und das nötige Fachwissen, damit beim Schneeräumen keine Schäden am Dach oder der Dacheindeckung entstehen. Nicht immer können die Fachbetriebe sofort kommen. In der Zwischenzeit müssen Sie auf die Gefahr von Dachlawinen hinweisen und den entsprechenden Raum unter dem Dach absperren.

Auch bei Flachdächern ist das Schneeräumen nicht trivial. Oberlichter und Lichtkuppeln dürfen nicht betreten werden, da sie einbrechen könnten. An den Rändern des Daches besteht Absturzgefahr, zumal wenn keine Absturzsicherung vorhanden ist. Und zudem muss auch während der Räumung die Statik beachtet werden, da es zu einer Lastverschiebung und letztlich einem Einsturz kommen kann. Geräumt wird daher streifenweise und von zwei Seiten parallel.

AUF DIE STATIK ACHTEN

Bei einem Neubau können Sie darauf achten, dass ein höherer statischer Sicherheitswert für die Berechnung der Schneelast verwendet wird. Ihren Bestand sollten Sie eventuell statisch ertüchtigen, vor allem, wenn seit der Errichtung Aufbauten wie Solarthermie oder

Photovoltaik hinzugekommen sind. Sie können hier den Dachdeckerbetrieb Ihres Vertrauens fragen, Bausachverständige, ein Architektur- oder Statikbüro hinzuziehen.

Womit Sie bei Schneefall rechnen müssen

Schneelasten beeinträchtigen das Dach und alle Nebendächer. Auch kleinere Auskragungen, etwa für den konstruktiven Sonnenschutz, oder Balkone sollten Sie unbedingt bei starken Schneefällen beobachten. Gerade diese Auskragungen haben oft keine Neigung und sind der Kälte ausgesetzt. Der Schnee bleibt also unter Umständen länger liegen als auf den übrigen Dachflächen.

Bei Dachflächenfenstern lohnt es sich, den Schnee frühzeitig zu räumen – nicht nur wegen möglicher Schäden durch die Schneelast, sondern auch, um die Verdunklung durch die Schneemassen zu beseitigen. Allerdings kann die Schneedecke auch zusätzlichen Schutz bieten, etwa vor starken Winden. Besonders bei schlecht gedämmten Dachgeschossen kann die Schneedecke eine Schutzschicht sein. Allerdings gilt dies nur, solange die Schneelast nicht zu groß wird. Auf diesen Effekt sollten Sie also nicht setzen, sondern besser Ihr Dach dämmen und falls nötig statisch ertüchtigen.

Beim Schneeräumen, sofern Sie dies beispielsweise bei Balkonen oder leicht erreichbaren Vordächern selbst machen, lassen Sie – wie die Profis – eine dünne Schneedecke liegen. So wird die Oberfläche des jeweiligen Bauteils nicht beschädigt. Auch Eiszapfen sollten Sie nicht unbedingt selbst entfernen. Gerade an hohen, schwer zugänglichen Stellen oder bei großen Eismassen kann dies gefährlich sein. Fachleute wissen hier besser, wie gefahrlos vorgegangen werden kann, und haben zudem mehr Routine darin.

Ob ein Schneefanggitter oder ein Schneefangbalken montiert wird, ist eine Frage des Stils. Funktional sind beide gleichgestellt.

5 Schäden durch Extremwetterereignisse können teuer werden. Die Kosten lassen sich durch Versicherungen abmildern. Und auch für die Vorsorgemaßnahmen gibt es finanzielle Unterstützung von Bund, Ländern und Gemeinden.

→ Gut geschützt durch Versicherungen: Bei mehr Extremwetterereignissen rechnen die Versicherer auch mit mehr Schadensfällen. Mit den passenden Versicherungen können Sie zumindest den finanziellen Schaden minimieren.

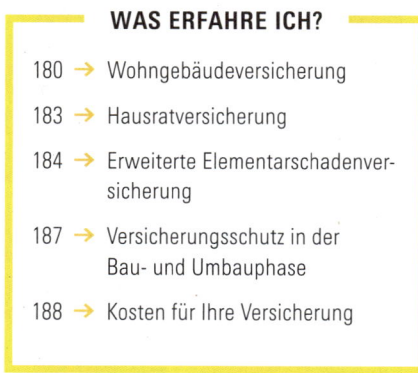

Vorweggesagt: Eine Versicherung speziell gegen die Folgen des Klimawandels gibt es bislang noch nicht. Es gibt aber Versicherungen, die Sie als Hauseigentümerin oder Hauseigentümer abschließen sollten und die auch bestimmte durch Extremwetter verursachte Schäden abdecken können. Und schon vor dem Einzug gibt es einige sinnvolle Möglichkeiten, das noch unfertige Haus zu versichern. Verpflichtet sind Sie dazu nicht, einige Kreditinstitute verlangen den Abschluss dieser Versicherungen aber als Sicherheit. Denn bei einem Schaden kommen schnell hohe Summen zusammen. Dann wird sowohl die Kreditrückzahlung als auch der Wiederaufbau des Eigenheims fraglich.

Gleich welche Versicherung Sie abschließen, es lohnt sich, zwischen den einzelnen Versicherungsunternehmen zu vergleichen und die Versicherungspolice genau auf die eigene Immobilie auszurichten. Wenn Sie bereits eine Versicherung haben, überprüfen Sie regelmäßig, ob sie angepasst werden muss. Das kann der Fall sein, wenn Sie neue Anbauten haben oder Gartenhäuschen, aber auch bei einer Wertsteigerung durch Sanierungsmaßnahmen.

Auch bei knappem Budget sollte der Versicherungsschutz ausreichend sein. Denn im Schadensfall verlieren Sie unter Umständen wesentlich mehr, als eine zusätzliche Versicherung gekostet hätte.

Wohngebäudeversicherung

Eine Pflichtversicherung für Wohngebäude gibt es nicht, doch eine Wohngebäudeversicherung empfehlen wir unbedingt. Jeder Hausbesitzer und jede Hausbesitzerin sollte diese Versicherung abschließen. Denn ein großer Schaden am Haus kann schnell zu einer existenziellen finanziellen Bedrohung werden.

Eine Wohngebäudeversicherung besteht aus vier Bausteinen:
→ Feuer,
→ Sturm, Hagel,
→ Leitungswasser,
→ erweiterte Elementarschäden.

Versicherungen für Haus und Inventar mildern im Schadensfall zumindest die finanziellen Folgen.

Sie können auswählen, welche Versicherungsleistungen Sie nutzen wollen – mit einer Ausnahme: Die erweiterte Elementarschadenversicherung bekommen Sie nicht einzeln. Dazu im übernächsten Abschnitt mehr.

Kreditinstitute verlangen bei der Kreditvergabe häufig, dass Sie eine Feuerversicherung abschließen. Das ist aber eine Entscheidung der jeweiligen Unternehmen und nicht gesetzlich vorgeschrieben. Mit der Feuerversicherung sind Schäden durch Brände versichert, die durch Selbstentzündung, Überspannung oder eine Explosion entstanden sind, und auch solche, die durch Blitzschlag ausgelöst werden. Damit ist auch eine Absicherung gegen ein Extremwetterereignis enthalten, nämlich gegen Gewitter.

Auch beim Baustein Sturm, der zugleich Hagelschäden versichert, werden bereits Wetterereignisse berücksichtigt, die mit dem Klimawandel häufiger auftreten werden. Aber Vorsicht: Sturmschäden sind erst ab Windstärke acht versichert. Ob es wirklich Stärke acht war, müssen Sie nicht selbst messen. Es reicht, wenn eine Wetterstation solche Sturmstärken in der betreffenden Gegend gemessen

hat, urteilte das Oberlandesgericht Karlsruhe (Az. 12 U 251/04). In diesem Baustein enthalten sind beispielsweise Schäden durch ein abgedecktes Dach oder Schäden, die am Haus entstehen, wenn ein Baum darauf fällt. Bei Ha-

GROBE FAHRLÄSSIGKEIT BEI DER HERBEIFÜHRUNG DES SCHADENS

Der uneingeschränkte Versicherungsschutz bei grober Fahrlässigkeit ist keine Selbstverständlichkeit bei Wohngebäudeversicherungen. Das zeigte auch unser im Februar 2021 veröffentlichter Test. Fast die Hälfte aller 178 untersuchten Tarife erhielt aus diesem Grund das Testurteil „Mangelhaft". Dabei kommt es häufiger zu Schäden durch Fahrlässigkeit, als viele Versicherte meinen. Denn unter „grobe Fahrlässigkeit" fällt zum Beispiel eine unbeaufsichtigte Kerze, ein auf dem Herd vergessener Topf oder ein Fenster, das trotz des Sturms geöffnet war. Hier wird deutlich: Das kann jedem und jeder passieren. Prüfen Sie daher Ihren Vertrag und ergänzen Sie ihn gegebenenfalls. Besser etwas mehr zahlen, als im Schadensfall ohne Versicherungsschutz dazustehen.

CHECKLISTE WOHNGEBÄUDEVERSICHERUNG

Vor allem, wenn Sie einen älteren Vertrag haben, sollten Sie Ihren Versicherungsschutz auf den Prüfstand stellen. Sie können sich dabei an folgender Checkliste orientieren, die auf den Ergebnissen unseres umfassenden Tests von Wohngebäudeversicherungen vom Februar 2021 basiert.

Leistungen, die unbedingt enthalten sein sollten:

→ **GROBE FAHRLÄSSIGKEIT:** Auch bei grob fahrlässig herbeigeführtem Schaden sollten Leistungen weder gekürzt noch gestrichen werden (s. Kasten S. 181).

→ **ABBRUCH- UND AUFRÄUMKOSTEN:** Hier geht es darum, dass nach einem Brand eventuell Restmauern abgebrochen und alles gesäubert und aufgeräumt werden muss. Auch dies sollte die Versicherung bezahlen.

→ **TRANSPORTKOSTEN:** Das Auslagern von Möbeln zur Beseitigung eines Schadens sollte im Vertrag enthalten sein, bezeichnet wird dies als „Bewegungs- und Schutzkosten" oder auch als „Transport- und Lagerkosten".

→ **BAUAUFLAGEN:** Bei der Sanierung eines Hauses nach einem Schaden müssen häufig neue Vorschriften beachtet werden, was zu erheblichen Mehrkosten führen kann.

→ **DEKONTAMINATION:** Durch ein Feuer können giftige Stoffe ins Erdreich gelangen. Das Erdreich auszutauschen, kann teuer werden.

→ **ÜBERSPANNUNG:** Wenn ein Blitz in eine Überlandleitung einschlägt, können teure Schäden an der Hauselektronik die Folge sein.

Leistungen, deren Versicherung empfehlenswert ist:

→ **HOTELKOSTEN:** Wenn Sie Ihr Haus vorübergehend nicht bewohnen können, trägt die Versicherung die Kosten für Ihre Unterkunft.

→ **SACHVERSTÄNDIGENKOSTEN:** Im Streitfall kann ein Sachverständigenverfahren zur Klärung nötig sein.

→ **RAUCH- UND RUSSSCHÄDEN:** Schäden durch Ruß und Rauch ohne offene Flamme sind nicht immer automatisch mitversichert.

→ **ANPRALL VON FAHRZEUGEN:** Kracht ein Fahrzeug in Ihr Haus, zahlt die Kfz-Haftpflichtversicherung nur den Zeitwert. Bei einem Altbau können Sie dann eventuell auf hohen Kosten sitzen bleiben.

→ **ABLEITUNGSROHRE:** Die Ableitungsrohre auf dem Grundstück sind nicht standardmäßig mitversichert. Viele Versicherungen bieten diesen Schutz gar nicht oder nur unzureichend an.

→ **SCHUTZ BEI VERSICHERUNGSWECHSEL:** Bei einem Schaden kurz nach einem Versicherungswechsel kann es Streit darüber geben, welche Versicherung zuständig ist, da die Schadensursachen ggf. schon vorher vorlagen. Mit dieser Klausel steht der neue Versicherer ab Vertragsunterschrift ein.

→ **VORSORGEVERSICHERUNG:** Wenn sich der Wert eines Hauses, z. B. durch einen Dachausbau, erhöht, müssen Sie dies eigentlich umgehend der Versicherung melden. Mit dieser Klausel ist das auch ohne Meldung mitversichert, bis die nächste Jahresrechnung kommt.

Sinnvolle Zusatzleistungen:

→ **WASSER:** Lecks in Klimaanlagen, Wärmepumpen und Solarheizungen sollten versichert sein.

→ **SOLARANLAGE:** Wegen der hohen Anschaffungskosten sollte die Solaranlage mitversichert sein. (Achtung: Wenn Sie beim Antrag angeben, dass Sie eine Solaranlage haben, heißt das nicht automatisch, dass diese auch mitversichert ist!)

→ **NUTZWÄRME:** Wenn beispielsweise ein Kamin in Brand gerät, ist der Schaden am Kamin selbst normalerweise nicht mitversichert, es sei denn, Sie vereinbaren den Einschluss von Nutzwärme.

→ **BÄUME:** Die Entsorgung umgestürzter Bäume, z.B. nach einem Sturm, kann mitversichert werden.

→ **MIETAUSFALL:** Bei vermieteten Häusern besteht die Möglichkeit, auch den Mietausfall zu versichern. Ob das sinnvoll ist, müssen Versicherte selbst entscheiden.

→ **INNOVATIONSKLAUSEL:** Mit dieser Klausel gilt jede Verbesserung, die der Versicherer ohne Mehrbeitrag für neue Tarife einführt, auch für Altverträge.

gelschäden sind zerborstene Scheiben ebenso enthalten wie Beschädigungen der Fassade.

Viele Versicherte wähnen sich beim Baustein Leitungswasser auf der sicheren Seite, wenn es generell um Wasserschäden geht. Allerdings beziehen sich die Versicherungsleistungen nur auf Schäden, die durch Wasserleitungen verursacht wurden, also beispielsweise durch einen Rohrbruch oder korrodierte Leitungen. Überschwemmungen, die durch Starkregen auftreten, fallen hingegen nicht darunter. Wenn Sie sich dagegen versichern wollen, benötigen Sie die bereits erwähnte erweiterte Elementarschadenversicherung.

Was unter welchen Bedingungen versichert ist, steht detailliert in Ihrer Wohngebäudeversicherung. Sie sollten Ihre Police genau kennen, damit im Schadensfall keine Versicherungslücken auftauchen. Prüfen Sie beispielsweise genau, ob Sturm- und Hagelschäden mitversichert sind und ob auch grobe Fahrlässigkeit enthalten ist (s. Kasten auf S. 181). Prüfen Sie auch, unter welchen Voraussetzungen der Versicherungsschutz gilt. Sturmklammern können beispielsweise in bestimmten Gebieten von der Versicherung vorgeschrieben sein. Fragen Sie im Zweifelsfall bei Ihrer Versicherungsgesellschaft nach.

Sollte sich herausstellen, dass der Versicherungsschutz für Ihr Haus unvollständig ist oder Ihr Haus nicht den Anforderungen in Ihrem Vertrag entspricht, sollten Sie unbedingt dafür sorgen, dass Vertrag und Haus wieder zusammenpassen. Das bedeutet unter anderem, dass Sie Schäden, die möglicherweise bereits entstanden sind, reparieren (lassen) und Maßnahmen ergreifen, um derartige Schäden in Zukunft zu vermeiden. Wichtig ist zudem, dass die Versicherungssumme dem Wert Ihres Hauses entspricht. Wenn Sie beispielsweise angebaut haben, sollten Sie das unbedingt Ihrer Versicherung melden.

Viele Hausbesitzerinnen und Hausbesitzer gehen zudem davon aus, dass die erweiterte Elementarschadenversicherung automatisch in Ihrer Police enthalten ist. Doch die muss, wie bereits erwähnt, in der Regel extra abgeschlossen werden.

Durch den Klimawandel erlangt die erweiterte Elementarschadenversicherung zusätzliche Bedeutung.

Hausratversicherung

Eine Hausratversicherung kann eine sinnvolle Ergänzung sein. Sie greift in der Regel bei Schäden an allen mobilen Dingen innerhalb des Hauses. Prüfen Sie hier, ob die Versicherungssumme dem Wert Ihrer Einrichtung entspricht. Bei größeren Neuanschaffungen müssen Sie eventuell die Versicherungssumme anpassen. Denn bei einer Unterversicherung, wenn also der versicherte Wert Ihres Hausrats unter dem tatsächlichen Wert liegt, zahlt die Versicherung den Schaden nur anteilsmäßig. Haben Sie beispielsweise Ihren Hausrat mit 50 000 Euro versichert, er ist tatsächlich aber 100 000 Euro wert, und es entsteht ein Schaden von 20 000 Euro, zahlt die Versicherung nur 10 000 Euro.

Bei der Hausratversicherung handelt es sich um eine Neuwertversicherung. Der Hausrat wird in gleicher Art und Güte zum Wiederbeschaffungspreis ersetzt. Eine Hausratversicherung deckt in der Regel auch Sturm- und Hagelschäden an Hausrat und Fenstern mit ab.

Bei einer Untersuchung im Frühjahr 2022 stellten wir fest, dass es bei Hausratversicherungen erhebliche Preisunterschiede gibt. Meist reicht der Basisschutz aus. Wer im Erdgeschoss wohnt oder im Keller die Waschmaschine aufgestellt hat oder wertvolle Gegen-

Für die bessere Risikoeinschätzung von Überschwemmungen und Starkregen hat der Gesamtverband der Deutschen Versicherungswirtschaft e. V. (GDV) aufgrund vorangegangener Schadensereignisse das Bundesgebiet in vier verschiedene Zonen eingeteilt. Das „Zonierungssystem für Überschwemmung, Rückstau und Starkregen" (ZÜRS) dient den meisten Versicherungsunternehmen als Orientierungshilfe bei der Risikobewertung. Es geht dabei um die statistische Wahrscheinlichkeit, mit der es in einem bestimmten Gebiet zu einer Überschwemmung kommt. In Zone 4 ist statistisch alle zehn Jahre mit einem Hochwasser zu rechnen, Zone 1 dagegen wird statistisch seltener als alle 200 Jahre von einem Hochwasser betroffen. Aufgrund des erwarteten Schadensrisikos sind die Versicherungsprämien in den Zonen 3 und 4 sehr hoch. Laut GDV gibt es in diesen Zonen einige Gebäude, die nicht versicherbar sind. Allerdings liegen nur rund 1,5 Prozent aller Gebäude überhaupt in einer der beiden Zonen mit hohem Risiko.

Risiko durch Hochwasser
Unterteilung von 22,2 Mio. Adressen in die vier Gefährdungsklassen (GK)

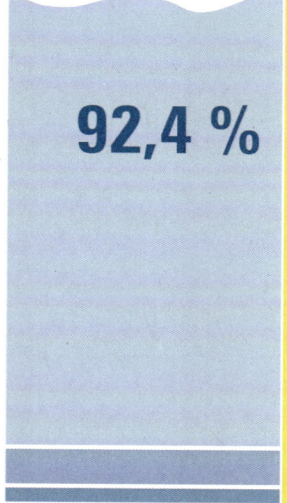

GK 1: Nicht von Hochwasser durch größere Gewässer betroffen: **92,4 %**

GK 2: Hochwasser kommt weniger als 1x in 100 Jahren vor: **6,1 %**

GK 3: Hochwasser kommt weniger als 1x in 10 bis 100 Jahren vor: **1,1 %**

GK 4: Hochwasser kommt mind. 1x in 10 Jahren vor: **0,4 %**

92,4 %

stände lagert, sollte zusätzlich einen Elementarschadenschutz in die Police aufnehmen. Denn eine Versicherung von Schäden durch Naturgefahren ist in der Regel nicht enthalten. Die Kosten für diesen Zusatz sind – abhängig von der Risikozone – vergleichsweise gering. Häufig fallen lediglich 10 bis 20 Euro jährlich an.

Erweiterte Elementarschadenversicherung

Ein besonderer Bestandteil der Wohngebäudeversicherung ist die erweiterte Elementarschadenversicherung. Damit sind Naturereignisse wie Erdbeben oder Vulkanausbrüche versichert, aber auch Ereignisse, die Folgen von Extremwetter sein können, wie Erdrutsche oder Erdsenkungen, Überschwemmungen durch Hochwasser und Starkregen, Schneedruck und Lawinen. Damit haben Sie einen Großteil der Gefahren für Ihr Haus versichert, die durch Extremwetterereignisse infolge des Klimawandels zu erwarten sind.

Laut Schätzungen des Gesamtverbands der Deutschen Versicherungswirtschaft e. V. (GDV) vom Mai 2022 fehlte zum damaligen Zeitpunkt der Schutz vor Naturgefahren bei ungefähr der Hälfte aller Verträge, vor allem bei älteren. Jedes zweite Gebäude war so nicht ausreichend vor Gefahren wie Überschwemmungen durch Starkregen geschützt. Prüfen Sie daher Ihre eventuell bereits vorhandene Versicherung und ergänzen Sie diese, falls noch nicht geschehen, um eine Elementarschadenversicherung. Der Abschluss diese Versicherung lohnt sich schon allein aufgrund der erwarteten Häufigkeit von Starkregenereignissen. Die können grundsätzlich überall auftreten und zu Schäden führen. Auch den Punkt Schneelast sollten Sie nicht unterschätzen, da die Winter zwar voraussichtlich milder werden, aber durchaus schneereich sein können. Zudem wird mit eher nassem und schwerem Schnee gerechnet, der zu größeren Schäden, vor allem am Dach, führen kann.

Sie können beim Abschluss einer Elementarschadenversicherung allerdings in der Regel nicht den Schutz vor einzelnen Naturereignis-

ELEMENTARSCHÄDEN MIT DER HAUSRAT- ODER DER WOHNGEBÄUDEVERSICHERUNG VERKNÜPFEN?

Eine Elementarschadenversicherung können Sie nicht separat abschließen, sondern immer nur im Rahmen einer anderen Versicherung. Das ist entweder die Hausratversicherung oder die Wohngebäudeversicherung beziehungsweise einer ihrer Bestandteile. Zu welcher Versicherung die erweiterte Elementarschadenversicherung hinzugenommen wird, entscheidet in der Regel auch über den Versicherungsschutz. In Verbindung mit einer Wohngebäudeversicherung sind Schäden am Gebäude und allen fest installierten Teilen versichert, in Verbindung mit der Hausratversicherung nur Schäden an beweglichen Gütern. Da Schäden am Gebäude selbst meist wesentlich mehr Kosten verursachen, empfehlen wir Ihnen, auf jeden Fall eine Elementarschadenversicherung gemeinsam mit einer Wohngebäudeversicherung abzuschließen. Wenn Sie auch Ihren Hausrat durch Elementarschäden bedroht sehen und Ihre Ersparnisse für eine Neuanschaffung vermutlich nicht ausreichen würden, sollten Sie zusätzlich auch eine Elementarschadenversicherung in Verbindung mit Ihrer Hausratversicherung abschließen. Wägen Sie gut ab, ob sich das für Sie lohnt.

sen auswählen. Selbst wenn das Risiko für Ihr Haus gegen null tendiert, sind Sie beispielsweise an der Küste dennoch gegen Schäden versichert, die eine Lawine anrichten könnte. Wie hoch Ihre Versicherungsprämie sein wird, bemessen die Versicherungsunternehmen nach der Lage und der Größe des Hauses. Es fließen auch bereits vorhergegangene Schäden ein, wenn etwa der Keller schon häufiger vollgelaufen ist, und spezifische örtliche Gegebenheiten wie ein nahe gelegener Fluss oder Bach. Nicht zuletzt orientieren sich viele Versicherungsunternehmen an den Risikozonen (s. Kasten).

Ob Ihr Antrag auf eine Elementarschadenversicherung angenommen wird, entscheidet das Versicherungsunternehmen, bei dem Sie den Antrag stellen. Ausschlaggebend dafür ist vor allem die Risikozone, in der Ihr Haus liegt. Mit steigendem Risiko für einen Schadensfall, beispielsweise eine Überschwemmung, wird es für Anbieter unattraktiver, Sie zu versichern. Das führt dazu, dass in ausgewiesenen Hochwasserrisikogebieten häufig kein Versicherungsschutz möglich ist oder nur zu sehr hohen Kosten mit sehr hohen Selbstbehalten. Das sollten Sie vor einem Haus- oder Grundstückskauf berücksichtigen.

Allerdings sind nicht allein die Risikozonen ausschlaggebend für den möglichen Abschluss einer Elementarschadenversicherung.

So kann beispielsweise auch die Tatsache, dass ein Keller bereits in der Vergangenheit überschwemmt wurde, zu einer hohen Risikobewertung führen. Dann werden Sie allenfalls eine Elementarschadenversicherung abschließen können, wenn Sie Vorsorgemaßnahmen nachweisen können. Dazu gehört etwa die Abdichtung von Kellerfenstern oder die Schaffung von Sickerflächen und Abläufen für Oberflächenwasser. Sprechen Sie mit Ihrem potenziellen Versicherungsunternehmen darüber, unter welchen Umständen eine Elementarschadenversicherung möglich wäre und welche Maßnahmen Sie dafür ergreifen müssten. In der Regel werden Sie diese Maßnahmen ohnehin umsetzen, wenn Sie Ihre Immobilie an den Klimawandel anpassen.

Wenn Sie aufgrund des erhöhten Risikos keine Elementarschadenversicherung abschließen können, sollten Sie selbst Rücklagen für den Schadensfall bilden. Ebenso sollten Sie dann selbstverständlich erst recht ausreichend Sorge dafür treffen, dass möglichst wenig Schaden entsteht.

Auch eine Elementarschadenversicherung entbindet Sie allerdings nicht von Ihrer Eigenverantwortung. Sie müssen selbst mit dieser Versicherung – und häufig auch wegen der Versicherung – Vorsorge treffen. Das sollten Sie zum einen schon aus Eigeninteresse tun, denn kein Schaden ist besser als ein versicherter Schaden. Und auch die Versicherungsunternehmen verlangen eine gewisse Fürsorge. Wenn Sie beispielsweise eine Rückstauklappe haben, muss diese auch regelmäßig gewartet werden. Fragen Sie bei Ihrem Versicherungsunternehmen nach, welche Vorsorge verlangt wird, damit die Versicherung im Schadensfall auch bezahlt.

Bevor Sie eine Elementarschadenversicherung abschließen, sollten Sie sich genau über die Versicherungsleistungen im Schadensfall informieren. Die können bei den einzelnen Versicherungsunternehmen durchaus unterschiedlich sein. Informieren Sie sich also vorab und vergleichen Sie die Angebote. Hilfreich sind dabei folgende Fragen:

WAS IST VERSICHERT?

Bei Überschwemmung greift eine Elementarschadenversicherung, in der Regel, wenn das Wasser in das Haus eindringt, etwa wenn ein Gewässer über die Ufer tritt und das Grundstück überflutet. Rückstau aus der Kanalisation ist dagegen nur dann versichert, wenn das Wasser trotz einer funktionierenden Rückstauklappe ins Haus gelangt. Nicht versichert ist ein Wasserschaden, wenn etwa Grundwasser von unten in den Keller eindringt. Auch bei Sturmfluten schützt die Versicherung nicht. Bei Schneelast sollten Sie ebenfalls genau hinschauen. Schäden durch Schnee, der von Bäumen fällt, sind in der Regel nicht mitversichert. Achten Sie auch darauf, ob etwa Schäden an Ihrer Solaranlage mitversichert sind. Viele Versicherer bieten mittlerweile spezielle Versicherungen dafür an.

WELCHE VORSORGE WIRD VON DER VERSICHERUNG VERLANGT?

Mit einer Versicherung geben Sie die Verantwortung für Ihr Haus nicht komplett ab. In der Regel verlangen Versicherungsunternehmen vor Abschluss einer Elementarschadenversicherung den Einbau einer Rückstauklappe. Auch der Nachweis über die regelmäßige Wartung ist meist Teil des Vertrags. Achten Sie darauf, welche sonstigen Vorsorgemaßnahmen Ihr Versicherer von Ihnen verlangt.

DEN WERT RICHTIG BEMESSEN

Der Wert Ihres Hauses ist ein wichtiger Bestandteil der Beitragsbemessung. Je höher der Wert der Immobilie, desto höher können auch die Versicherungsbeiträge sein. Sie sollten hier aber nicht versuchen, Ihr Haus unter Wert einzustufen. Denn im Schadensfall wird eben auch nach diesem Wert erstattet. Bei einer Unterversicherung, wenn also der tatsächliche Wert höher als der versicherte ist, zahlt die Versicherung auch nur anteilig den versicherten Wert. Sie sparen also am falschen Ende, da Sie im Schadensfall wesentlich mehr Kosten allein tragen müssen.

IST FAHRLÄSSIGKEIT MITVERSICHERT?

Manche Schäden könnten sich vermeiden lassen. Wenn etwa Fenster und Türen bei Starkregen nicht geschlossen sind und ein Schaden entsteht, zahlt die Versicherung wegen grober Fahrlässigkeit in der Regel nicht. Sie können aber darauf achten, einen Tarif auszuwählen, bei dem der Versicherungsschutz auch bei grober Fahrlässigkeit greift. Dadurch wird Ihr Versicherungsbeitrag zwar teurer, aber Sie sind besser geschützt.

WIE HOCH SIND DIE BEITRÄGE?

Die Beitragshöhe bemisst sich vor allem danach, wie hoch die Wahrscheinlichkeit für einen Schadensfall ist. Bei Überschwemmungen werden die vier Gefährdungsklassen des ZÜRS herangezogen (s. Kasten auf S. 184). Aber auch der Wert des Hauses wird berücksichtigt.

WAS MUSS IM SCHADENSFALL GETAN WERDEN?

Die meisten Versicherungsunternehmen setzen eine Frist, bis wann ein Schaden gemeldet werden muss. In der Regel ist diese sehr kurz.

Mit Fotos können Sie den Schaden auch gegenüber der Versicherung dokumentieren.

Versicherungsschutz in der Bau- und Umbauphase

Speziell für die Bauphase gibt es Versicherungen, die Bauherren unbedingt abschließen sollten. Dazu zählen die Bauherrenhaftpflichtversicherung, die Haftpflichtrisiken (Personen- und Sachschäden) in der Bauphase absichert, und die Haus- und Grundbesitzerhaftpflicht, die vor Baubeginn greift. Wir raten dazu, eine Versicherung abzuschließen, die mindestens bis zu zehn Millionen Euro bei Personen- und Sachschäden zahlt. Angesichts der zahlreichen Gefahren auf einer Baustelle ist dies der Mindestschutz.

Zusätzlich ist eine Bauleistungsversicherung empfehlenswert. Sie ist aus unserer Sicht zwar nicht unerlässlich, wie es bei der Bauherrenhaftpflichtversicherung der Fall ist. Sinnvoll ist sie aber vor allem im Hinblick auf mögliche Schäden durch Naturgefahren. Denn die Bauleistungsversicherung deckt Schäden in der Bauphase ab, zum Beispiel wenn das Dach durch Sturm beschädigt wird oder die Baugrube bei Starkregen einstürzt. Die Versicherung zahlt für diese Schäden, die erneute Bauleistung belastet nicht das Baubudget. So kann das Dach erneut gedeckt, die Baugrube erneut ausgehoben werden.

Informieren Sie sich vor Abschluss einer Bauleistungsversicherung gut über Leistungen und Preise. Wie bei unserem Test im Herbst 2022 herauskam, gibt es erhebliche Unterschiede. So schützen zwar alle 21 getesteten Bauleistungsversicherungen vor Starkregen, schließen aber Schäden durch Grundwasser oder über die Ufer tretende Seen oder Flüsse vielfach aus. Dagegen bieten sieben der Versicherungen im Test aber ohne Weiteres Schutz gegen außergewöhnliches Hochwasser, einige weitere zahlen in diesem Fall zumindest unter bestimmten Bedingungen.

Einige Schäden, wie etwa Feuer im Rohbau, können Sie auch gegen einen Mehrbeitrag in Ihre Bauleistungsversicherung integrieren oder über Ihre Wohngebäudeversicherung

In der Bau- oder Umbauphase sind Gebäude anfälliger für Wettereinflüsse. Ausreichend versichert kann zumindest der finanzielle Schaden begrenzt werden.

VERSICHERUNGEN GEGEN EXTREMWETTEREREIGNISSE

Versicherung	Welche Extremwetterereignisse sind abgedeckt?
Feuerversicherung	- Blitzschlag - Überspannung durch Blitzschlag
Leitungswasserversicherung	keine
Sturmversicherung	- Sturm - Hagel
Elementarschaden-versicherung	- Überschwemmung durch Hochwasser und Starkregen - Hochwasser - Erdrutsch - Schneedruck - Lawinen - Rückstau

abschließen. In vielen Tarifen der privaten Haftpflichtversicherung sind Bauherrenhaftpflichtrisiken bis zu einer bestimmten Bausumme mitversichert. Prüfen Sie aber genau, welche Versicherungsleistungen enthalten sind und wie hoch die Versicherungssumme ist.

MEHR ZU UNSEREM TEST VON BAULEISTUNGSVERSICHERUNGEN FINDEN SIE UNTER: test.de/bauleistungsversicherungen

SO SORGEN SIE FÜR GUTEN VERSICHERUNGSSCHUTZ

→ Vergleichen Sie die Versicherungsunternehmen vor Vertragsabschluss
und wählen Sie das für Ihre Situation beste Angebot aus.

→ Sorgen Sie selbst vor und minimieren Sie damit das Risiko eines Schadens.

→ Überlegen Sie gut, wie hoch Ihr
Selbstbehalt im Schadensfall sein
kann, was Sie im Notfall also selbst
aufbringen können.

→ Achten Sie darauf, dass die abge-
deckte Schadenssumme dem Wert

Ihrer versicherten Immobilie und
des Inventars entspricht.

→ Bauen Sie der Lage des Grundstücks
entsprechend, in hochwassergefährdeten Regionen etwa mit Weißer
Wanne, ohne Keller, erhöht oder auf
Stelzen.

→ Bestimmte Schäden, wie etwa
Rückstau, können bereits von der
Hausrat- oder Wohngebäudeversicherung abgedeckt sein. Das muss
dann aber in der Versicherungspolice explizit erwähnt werden.

→ Lesen Sie sich die Vertragsbedin-
gungen Ihrer Versicherungspolice
vor dem Vertragsabschluss gut
durch und lassen Sie sich alles aus-
führlich von Ihrer Versicherungs-
maklerin oder Ihrem Versicherungs-
makler erklären. Sie sollten das per-
sönliche Gespräch einem rein über
das Internet getätigten Abschluss
vorziehen.

Falls Sie dabei feststellen, dass einzelne Risiken nicht abgedeckt sind, schließen Sie beispielsweise eine Feuerrohbauversicherung ab.

Denken Sie auch daran, dass Sie nach der
Fertigstellung des Hauses eine Wohngebäudeversicherung mit einer erweiterten Elementarschadenversicherung abschließen, die nahtlos
an den Versicherungsschutz aus der Bauphase
anschließt. Wenn Sie ein älteres Haus kaufen,
gibt es möglicherweise bereits eine abge-
schlossene Wohngebäude- und Elementarschadenversicherung. Diese übernehmen Sie
mit dem Haus. Sie haben aber ein Sonderkün-
digungsrecht, das erst einen Monat nach dem
Kauf, also Ihrem Eintrag ins Grundbuch, erlischt.

Kosten für Ihre Versicherung

Durch einen Vergleich der Leistungen verschiedener Versicherungsunternehmen können Sie
die für Sie passende Gebäude- und erweiterte
Elementarschadenversicherung finden. Wie
hoch die Kosten letztlich sind, hängt von der
Lage und auch dem Alter und Wert Ihres Hauses ab. Das bedeutet aber auch, dass Sie
durchaus etwas tun können, um die Kosten für
eine Wohngebäude- und Elementarschaden-

versicherung zu senken. So können Sie beim
Neuerwerb eines Hauses oder eines Grundstücks schon darauf achten, in welcher Risikozone es liegt. Bei erhöhtem Risiko sollte der
Kaufpreis niedriger sein, da Sie mit Folgekosten für die Anpassung und mit höheren Versi-
cherungsbeiträgen rechnen müssen. Da sich
die Beitragshöhe nach dem Wert der Immobilie bemisst und dieser wiederum auch von der
Gebäudegröße abhängt, können Sie mit einem
kleineren Haus bei der Police ebenso sparen.
Durch geeignete Anpassungsmaßnahmen
schützen Sie nicht nur Ihr Haus, sondern mindern auch das Risiko eines Schadens. Das
wirkt sich auf die Beitragshöhe für Ihre Versicherung aus. Als weiterer Punkt, mit dem Sie
Ihre Versicherungskosten reduzieren können,
bietet sich die Höhe des Selbstbehalts an, also
des Anteils, den Sie im Schadensfall selbst
übernehmen. Häufig wird hier von zehn Prozent ausgegangen, mit einer Deckelung der
maximal selbst zu zahlenden Schadenssumme. Überlegen Sie genau, wie hoch Sie diesen
Wert ansetzen können.

→ Finanzierung – Fördermöglichkeiten nutzen: Ihr Haus an den Klimawandel anzupassen, ist mit Kosten verbunden. Doch es gibt Fördermöglichkeiten, die Sie für einige Maßnahmen beantragen können, sowohl beim Neubau als auch bei der Sanierung.

gen der bereits existierenden Programme zum Klimaschutz können Sie schon jetzt profitieren, da sich einige Maßnahmen zum Klimaschutz mit denen der Klimaanpassung decken. Zudem gibt es vor allem von Städten und Gemeinden Förderungen auch für Einfamilienhäuser, die zur Verbesserung des Stadtklimas beitragen. Bei den staatlichen Programmen muss die Förderung in der Regel vor Beginn der Maßnahme bewilligt werden. Ansonsten werden Sie die Förderung nicht erhalten oder müssen sie gegebenenfalls zurückzahlen.

Förderung durch das BAFA

Das BAFA kennen viele Hausbesitzerinnen und Hausbesitzer wegen der Förderprogramme zur energetischen Sanierung. Tatsächlich unterstützt die Bundesförderung für effiziente Gebäude – Einzelmaßnahmen (BEG EM) die Finanzierung von einzelnen Maßnahmen, durch die in Gebäuden Energie gespart werden kann. Der Austausch von Heizanlagen gehört dazu, aber eben auch die Dämmung von Dach und Fassade sowie der Austausch von Fenstern und Türen. Eigentlich für den Klimaschutz entworfen, sind einige der Maßnahmen auch für die Klimaanpassung von Gebäuden geeignet. Eine gute Dämmung beispielsweise spart nicht nur CO_2 in der Kälteperiode, sondern schützt auch gegen Hitze. Zudem kann sie, wie im Ka-

Die meisten Förderprogramme sind auf die Einsparung von CO_2 ausgelegt. Vorwiegend geht es um Energieeinsparungen im Winter durch Dämmen und Heizungstausch, teilweise auch um sommerlichen Hitzeschutz. Speziell für die Klimaanpassung von Einfamilienhäusern gibt es bislang noch keine Förderung, die diesen Namen trägt. Allerdings ist mit dem sommerlichen Wärmeschutz, der über das Bundesamt für Wirtschaft und Ausfuhrkontrolle (BAFA) gefördert wird, bereits ein Grundstein für die Unterstützung klimaresilienten Bauens und Umbauens gelegt. Auch gibt es vermehrt Bestrebungen aus Politik und Immobilienbranche, technische Regelungen und Standards künftig stärker an den Auswirkungen des Klimawandels zu orientieren. Bei eini-

pitel „Gut eingepackt gegen die Hitze" (S. 54) erläutert, auch davor bewahren, eine Klimaanlage installieren zu müssen und damit wieder Energie zu verbrauchen. Ebenso kann der eigentlich gegen Wärmeverlust geplante Austausch von Fenstern und Türen einen positiven Effekt auf die Sturm- und Regensicherheit Ihrer Immobilie haben und auch einen besseren Schutz vor ungewolltem solaren Wärmeeintrag im Sommer bringen. Speziell gefördert werden außerdem Einzelmaßnahmen für den sommerlichen Hitzeschutz. Der muss allerdings neu installiert werden, ein bloßer Ersatz oder eine Erneuerung eines bestehenden Sonnenschutzes ist nicht förderfähig. Auch jegliche Art von innen liegendem Sonnenschutz wird nicht gefördert. Bei außen liegendem Sonnenschutz werden nur Konstruktionen gefördert, die parallel zur Fensterfläche verlaufen. Dadurch sind auskragende Markisen und Überstände ebenso ausgeschlossen wie Pergolen. Gleichzeitig soll der optimale Tageslichteintrag erhalten bleiben.

Pro Wohneinheit stehen für energetische Sanierungsmaßnahmen pro Jahr maximal 60 000 Euro zur Verfügung (Stand Herbst 2022). Wobei für eine Maßnahme mindestens 2 000 Euro ausgegeben werden müssen, damit sie förderfähig ist. Interessant sind Förderungen von Maßnahmen, die sowohl Klimaschutz als auch Klimaanpassung bedeuten. Darunter fällt vor allem die Verbesserung der Gebäudehülle, die mit 15 Prozent für jede Maßnahme

bezuschusst wird. Zusätzlich kommen noch mal fünf Prozent hinzu, wenn zuvor durch einen Energieeffizienzberater oder eine Energieeffizienzberaterin ein individueller Sanierungsfahrplan (iSFP) erstellt wurde. Damit ergibt sich dann eine maximal zu erreichende Förderung von 20 Prozent. Die professionelle Fachplanung von Maßnahmen wird mit 50 Prozent bezuschusst, auch hier nur, wenn Sie eine Energieeffizienzfachkraft hinzuziehen.

Die Förderung durch das BAFA läuft in fünf Schritten ab:

→ Gegebenenfalls Energieeffizienzexperte oder Energieeffizienzexpertin beauftragen und Angebote einholen,
→ Antrag beim BAFA für die Maßnahme stellen,
→ Auftrag für die Maßnahme vergeben,
→ Verwendungsnachweis beim BAFA einreichen,
→ Prüfung durch das BAFA und Auszahlung der Fördersumme.

Bei dieser Reihenfolge müssen Sie beachten, dass Sie vor der Antragstellung Angebote einholen dürfen, ja sogar müssen. Denn bei der Antragstellung müssen Sie angeben, wie hoch die Kosten sein werden. Sie dürfen auch eine Energieeffizienzexpertin oder einen Energieeffizienzexperten beauftragen, meist geschieht dies ohnehin vorab, wenn ein iSFP erstellt wird. Auch hierfür können Sie eine Förderung bekommen. Verzichten Sie also nicht auf diese Leistung. Zumal Sie dadurch eine Unterstützung über den gesamten Förderzeitraum bekommen können, von der Auswahl der Maßnahmen über die Antragstellung bis hin zur Einreichung des Verwendungsnachweises.

Was Sie im ersten Schritt aber noch nicht dürfen: einen Auftrag vergeben, also ein Handwerksunternehmen mit den Maßnahmen beauftragen. Das dürfen Sie erst, wenn Sie den Antrag gestellt haben. Besser ist allerdings, Sie warten die Zusage der Förderung ab. Denn es besteht kein Anspruch auf die Förderung, und wenn das BAFA Ihrem Antrag nicht zustimmt, müssen Sie die Kosten für die Einzelmaßnahmen allein tragen. Nach Beendigung der Arbeiten reichen Sie einen Verwendungsnachweis

AKTUELLE INFORMATIONEN GIBT ES AUF TEST.DE

Die konkreten Zahlen, die Sie in diesem Kapitel finden, stammen von November 2022. Beim Thema Förderungen gibt es erfahrungsgemäß oft Änderungen, sodass Sie sich nicht allein auf diese Angaben verlassen sollten. Auf der Webseite test.de/foerderung-haus-heizung finden Sie alles zu den Förderbedingungen sowie einen Rechner, der Ihnen hilft, ein für Sie geeignetes Förderprogramm zu finden. Die Inhalte der Seite werden ständig aktualisiert.

EINEN PASSENDEN ENERGIEEFFIZIENZEXPERTEN FINDEN SIE AUF DER WEBSITE DER DEUTSCHEN ENERGIE-AGENTUR (DENA): www.energie-effizienz-experten.de

beim BAFA ein. Dazu gehört neben den Rechnungen auch der technische Projektnachweis, den Ihre Energieeffizienzexpertin oder Ihr Energieeffizienzexperte erstellt. Damit belegen Sie, dass die Ausführung der Maßnahmen die technischen Anforderungen der Förderrichtlinien erfüllt. Erst wenn das BAFA diese Nachweise geprüft hat, wird es den gewährten Zuschuss auszahlen.

Förderung durch die KfW

Mit der Erneuerung der Bundesförderung für effiziente Gebäude (BEG) können bei der Kreditanstalt für Wiederaufbau (KfW) keine Förderanträge für Einzelmaßnahmen zur energetischen Sanierung mehr gestellt werden. Diese Maßnahmen konnten in einzelnen Punkten für Kälte- und Hitzeschutz gleichermaßen genutzt werden. Förderanträge für Einzelmaßnahmen können seit dem 28. Juli 2022 nur noch über das BAFA gestellt werden.

Bei der KfW erhalten Sie aber nach wie vor Förderungen, wenn Sie einen energieeffizienten Neubau planen oder Ihr Haus komplett einer energetischen Sanierung unterziehen. Grundsätzlich können Sie diese Prämisse auch für die Klimaanpassung Ihres Hauses nutzen, da etwa ein Fenstertausch, die Dämmung des Daches oder der obersten Geschossdecke sowohl der Energieeinsparung im Winter als auch dem sommerlichen Wärmeschutz dienen. Bei einer Verschattung steht ohnehin der Schutz vor Überhitzung der Innenräume im Vordergrund und damit eine Maßnahme der Klimaanpassung.

Beim Neubau müssen Sie mindestens die Energieeffizienzklasse 40 erreichen, um einen Förderkredit zu erhalten. Dessen Höhe liegt bei maximal 120 000 Euro je Wohneinheit für ein Effizienzhaus (Stand Herbst 2022). Bei der Sanierung Ihres Hauses können Sie diese Summe sogar auf 150 000 Euro erhöhen, wenn Sie zusätzlich in erneuerbare Energien investieren. Durch den Tilgungszuschuss von 5 bis 25 Prozent müssen Sie zudem nicht die gesamte Summe zurückzahlen. Und auch die Konditionen sind mit einem effektiven Jahreszins zwischen 0,2 und 1,31 Prozent, je nach Laufzeitlänge, recht günstig. Zusätzlich können Sie eine Förderung der Baubegleitung durch eine Energieeffizienzexpertin oder einen Energieeffizienzexperten erhalten.

Bankkredite

Wenn Sie sich mit Ihrem Projekt eines klimaangepassten Neubaus oder einer Sanierung zur Klimaanpassung Ihrer Immobilie an eine Bank wenden, werden Sie von den Mitarbeitenden dort sicher auch auf die Fördermöglichkeiten

---

IN VIER SCHRITTEN ZUR KFW-FÖRDERUNG

→ **1. BEAUFTRAGEN SIE EINEN ENERGIEEFFIZIENZEXPERTEN.** Diese Person begleitet die Baumaßnahmen und sorgt durch ihr Fachwissen dafür, dass die angestrebte Energieeffizienz erreicht wird und keine Baumängel entstehen. Damit garantiert sie auch, dass die Förderung nach Abschluss der Bau- oder Sanierungsmaßnahmen ausgezahlt werden kann.

→ **2. SUCHEN SIE EINEN FINANZIERUNGSPARTNER.** Das kann eine Bank, eine Sparkasse oder auch eine Versicherung sein. Ihr Finanzierungspartner stellt den Kreditantrag an die KfW.

→ **3. SCHLIESSEN SIE DEN KREDITVERTRAG AB.** Das machen Sie mit Ihrem Finanzierungspartner. Danach können Sie mit den Arbeiten beginnen oder die gewünschte Immobilie erwerben. Wenn Sie schon vorher Verträge mit Handwerksbetrieben abschließen wollen, müssen Sie dies vorab mit Ihrem Finanzierungspartner besprechen. Der dokumentiert dies auf einem von der KfW zur Verfügung gestellten Formular.

→ **4. REICHEN SIE BEIM FINANZIERUNGSPARTNER DIE „BESTÄTIGUNG NACH DURCHFÜHRUNG" EIN.** Darin ist die Durchführung der Arbeiten dokumentiert. Sie erhalten diese Bestätigung von der Energieeffizienzexpertin oder dem Energieeffizienzexperten, die oder der die Maßnahmen begleitet hat, oder bei Kauf einer neuen oder sanierten Immobilie vom Verkäufer oder der Verkäuferin. Die KfW wird die Unterlagen prüfen und Ihnen danach den Tilgungszuschuss gutschreiben, wenn alle Arbeiten gemäß der Vorgaben ausgeführt wurden.

DETAILLIERTE, AKTUELLE INFORMATIONEN ERHALTEN SIE DIREKT AUF DER WEBSITE DER KFW: www.kfw.de

DIESE FÖRDERPROGRAMME KÖNNEN SIE FÜR DIE KLIMAANPASSUNG NUTZEN

Folgende Programme von KfW und BAFA kommen infrage, wenn Sie eine Klimaanpassung Ihres Gebäudes planen. Die Angaben sind auf dem Stand vom September 2022.

KfW-Wohngebäudekredit 261

Zweck des Programms ist die Förderung des Baus von energieeffizienten Wohnungen und Häusern.

→ **FÖRDERSUMME:** Förderkredit ab 0,20 Prozent effektiver Jahreszins für Sanierung, Neubau und Kauf; bis zu 150 000 Euro Kredit je Wohneinheit für ein Effizienzhaus; zwischen 5 und 25 Prozent Tilgungszuschuss; zusätzliche Förderung möglich, z. B. für Baubegleitung

→ **FÖRDERBEDINGUNGEN:** bei Neubau: Erreichen einer Effizienzhausstufe 40 mit Nachhaltigkeitsklasse

→ **KLIMAANPASSUNG DURCH:** Dachdämmung; Fassadendämmung; hochwertige Fenster; außenliegenden Sonnenschutz

KfW-Wohneigentumsprogramm 124

Das Programm fördert den Kauf oder Bau eines Eigenheims.

→ **FÖRDERSUMME:** Förderkredit ab 3,28 Prozent effektivem Jahreszins; bis zu 100 000 Euro Kreditbetrag

→ **FÖRDERBEDINGUNGEN:** Eigennutzung der Immobilie; Eigenleistungen sind nicht förderfähig

→ **KLIMAANPASSUNG DURCH:** Außenanlagen bei Neubau; Modernisierung bei Bestand

Bundesförderung für effiziente Gebäude – Einzelmaßnahmen (über BAFA)

Das Programm fördert die Erhöhung der Energieeffizienz des Gebäudes an der Gebäudehülle.

→ **FÖRDERSUMME:** Mindestinvestitionsvolumen 2 000 Euro brutto; Fördersatz 15 Prozent der förderfähigen Ausgaben; Ausgaben für energetische Sanierungsmaßnahmen von Wohngebäuden maximal 60 000 Euro pro Wohneinheit und Kalenderjahr, insgesamt maximal 600 000 Euro pro Gebäude; mit individuellem Sanierungsfahrplan (iSFP) zusätzlich fünf Prozent

→ **FÖRDERBEDINGUNGEN:** Gefördert werden alle Maßnahmen, die zur Ausführung und Funktionstüchtigkeit erforderlich sind (Material und fachgerechter Einbau)

→ **KLIMAANPASSUNG BEI FASSADENDÄMMUNG:** Schutz der Außenwände vor Wetter- und Klimaextremen; Erhalt und Neuanlage von Fassadenbegrünung; Verlängerung von Dachüberständen

→ **KLIMAANPASSUNG BEI DACHDÄMMUNG:** Einbau von Unterspannbahnen; Schneefanggitter; Änderung des Dachüberstands; Erhalt und Neuanlage von Dachbegrünungen

→ **KLIMAANPASSUNG BEI GEBÄUDEÖFFNUNGEN:** Ertüchtigung mit besserer Schließbarkeit, Fugendichtheit und Schlagregendichtheit; Abdichtung von Fugen; schlagregendichter Anschluss

→ **KLIMAANPASSUNG BEIM SONNENSCHUTZ:** sommerlicher Wärmeschutz parallel zur Gebäudehülle

---

der KfW aufmerksam gemacht. Nutzen Sie die Expertise Ihres Gegenübers und prüfen Sie genau, inwieweit Förderbedingungen und Förderhöhe zu Ihrer finanziellen Situation passen. Wenn Sie nicht über hohes Eigenkapital verfügen, werden Sie eine zusätzliche Finanzierung in Form weiterer Kredite benötigen.

Immer mehr Banken setzen Kreditprogramme für nachhaltiges Bauen oder Umbauen auf. Wer energetisch saniert oder trotz Neubau besonders auf Nachhaltigkeit Wert legt, kann dann teilweise günstigere Konditionen bei der Baufinanzierung erhalten. Auch hier lohnt es sich, bei verschiedenen Banken nachzufragen und Angebote zu vergleichen. Allein von den besonderen Angeboten sollten Sie aber nicht abhängig machen, über welche Bank Sie Ihre Sanierung oder Ihren Neubau finanzieren. Achten Sie auch auf die übrigen Rahmenbedingungen wie Zinshöhe, Tilgung, Laufzeit etc.

Hinsichtlich gängiger Hausbau- und Sanierungskredite haben Sie bei aufgeschlossenen, zukunftsorientierten Banken sicher einen Trumpf in der Hand, wenn Sie mit Klimaanpassung argumentieren können. Vor allem bei Sanierungen können Sie einen Werterhalt oder sogar eine Wertsteigerung nachweisen, wenn Sie Ihre Immobilie an den Klimawandel anpassen und auf diese Weise künftige Schäden minimieren. Das wiederum steigert die Wahrscheinlichkeit, dass Sie den Kredit zurückzahlen können und nicht neue Kredite für die Schadensbehebung aufnehmen müssen. Das gilt auch für Neubauten, die durch ihre Bauweise künftigen Extremwetterereignissen besser begegnen können.

Steuerliche Vorteile nutzen

Indirekt stellen steuerliche Vergünstigungen ebenfalls eine Förderung dar. Auch dies ist keine spezielle Förderung von Maßnahmen zur Anpassung an den Klimawandel. Dennoch können Sie diese Maßnahmen damit finanzieren. Konkret können Sie bei der Einkommensteuer Leistungen von Handwerksbetrieben absetzen, die Sie für die Renovierung und Modernisierung beauftragt haben. Darunter fallen etwa der Austausch von Fenstern oder Türen, das Anbringen einer Markise oder die Arbeiten im Garten.

Auch viele Instandsetzungs- und Wartungsarbeiten können Sie bei Ihrer Steuererklärung angeben, wie das Überprüfen der Blitzschutzanlage oder Arbeiten am Dach. Allerdings gilt dies nur für die Lohnkosten, die zu 20 Prozent absetzbar sind, gedeckelt auf eine maximale Gesamtsumme von 6 000 Euro. Letztlich sind so bis zu 1 200 Euro pro Jahr direkt abziehbar.

Wenn Sie Ihr mindestens zehn Jahre altes Haus energetisch sanieren, können Sie bis zu 20 Prozent der Kosten von Einzelmaßnahmen steuerlich absetzen, verteilt auf drei Jahre. Auch die Baubegleitung und Fachplanung können Sie über diesen Zeitraum abschreiben, in einer Höhe von 50 Prozent. Wobei Sie innerhalb von drei Jahren maximal 40 000 Euro absetzen können.

Für Neubauten gilt diese Regelung nicht, und auch, wenn Sie bereits anderweitig öffentliche Mittel in Anspruch nehmen, etwa über das BAFA oder die KfW, können Sie dieselben Leistungen nicht steuerlich geltend machen.

Förderung von Städten und Gemeinden für Begrünung

Es gibt zahlreiche Programme zur Klimaanpassung auf kommunaler Ebene. Hitzeschutz ist dabei vor allem ein Thema, hinzu kommen der Schutz vor Starkregen und daraus folgender Überflutung. Im Mittelpunkt steht dabei der Gedanke, dass ebenso wie der Klimaschutz auch die Anpassung an veränderte Klimabedingungen eine gesellschaftliche Aufgabe ist. Viele Städte und Gemeinden fördern vor diesem Hintergrund vor allem die Begrünung von Dächern und Fassaden. Insbesondere Großstädte haben entsprechende Förderprogramme. Hamburg beispielsweise fördert Dachbegrünungen von Häusern inklusive Garagen und Carports, sofern die Begrünung nicht ohnehin vorgeschrieben ist. Voraussetzung ist eine Dachfläche von mindestens 20 Quadratmetern, deren Begrünung dann mit bis zu 40 Prozent gefördert wird. Bei der Fassadenbegrünung, zu der auch Bewässerungssysteme, Pergolen und Rankhilfen zählen, beläuft sich der Anteil ebenfalls auf bis zu 40 Prozent, mit einer Deckelung der Kosten bei 100 000 Euro.

Aber auch jenseits der Metropolen fördern immer mehr Gemeinden die Rückkehr von Grün auf dem Stadtgebiet. Laut einer Erhebung des Bundesverbands Gebäudegrün e. V. hatten im Jahr 2021 immerhin 34 Prozent der Städte mit mehr als 50 000 Einwohnenden ein Förderprogramm für Fassadenbegrünungen und 42 Prozent förderten Dachbegrünungen. Indirekt wurde die Dachbegrünung sogar in 77 Städten gefördert, über eine reduzierte Abwassergebühr. Es kann sich also lohnen, wenn Sie bei Ihrer Kommune nach Fördermöglichkeiten fragen. Zumal über ein Bundesförderprogramm den Kommunen für die Anpassung an die Folgen des Klimawandels Fördermittel zur Verfügung gestellt werden. Bereits heute nutzen zahlreiche Städte und Gemeinden diese Finanzmittel, um etwa das dezentrale Niederschlagsmanagement durch die Förderung von Regenwassernutzungs- oder -versickerungsanlagen für Wohnhäuser zu stärken. Bleiben Sie also aufmerksam und informieren Sie sich regelmäßig bei Ihrer Kommune.

DER BUNDESVERBAND GEBÄUDEGRÜN E. V. STELLT AUF SEINER WEBSITE LISTEN VON STÄDTEN UND GEMEINDEN MIT FÖRDERPROGRAMMEN FÜR DACH- UND FASSADENBEGRÜNUNG ZUM DOWNLOAD BEREIT: www.gebaeudegruen.info/gruen/foerderungen/foerderung-2022

Mit den folgenden Checklisten können Sie Ihr Bestandsgebäude überprüfen. Sie helfen aber auch dabei, einen klimaangepassten Neubau zu planen. Außerdem finden Sie einen Überblick über die wichtigsten Maßnahmen für die Anpassung Ihres Hauses an die Folgen des Klimawandels.

→ Überpüfen Sie den Ist-Zustand Ihrer Immobilie

DACH

Wie steht es um Ihr Dach? Hält es Hitze ebenso ab wie Starkregen? Kann es Sturm, Hagel und Schnee widerstehen?

✓		Falls nein: Was muss getan werden?	Warum lohnt es sich?	Aufwand	Kosten
	Ist die Dacheindeckung in Ordnung?	Dach neu eindecken	Schutz der Bausubstanz und der Wohnräume	■■	■■■
	Gibt es eine zweite wasserführende Ebene?	Dach abdecken, zweite wasserführende Ebene installieren, Dach neu decken	lohnt sich, wenn Dacheindeckung und Dämmung ohnehin erneuert werden	■■■	■■■
	Ist der Kamin stabil?	reparieren oder abbauen, falls nicht mehr benötigt	bei Sturm könnte Kamin einstürzen und Schäden am Dach verursachen	■■	■■
	Sind Antennen etc. gut verankert?	Verankerung verstärken oder Aufbauten abbauen	bei Sturm könnten Dachaufbauten abgerissen werden und Folgeschäden verursachen	■	■
	Sind die Dachrinnen und Fallrohre dicht und fest montiert?	Befestigungen erneuern	bei Sturm könnten Dachrinnen und Fallrohre abgerissen werden und Folgeschäden verursachen	■	■
	Haben die Dachrinnen Laubfanggitter?	Laubfanggitter anbringen	schützt vor verstopften Dachrinnen und Fallrohren	■	■■
	Ist das Dach gedämmt?	Dämmung am Dach oder der obersten Geschossdecke anbringen	spart Energie im Winter und im Sommer	■■	■■
	Ist das Flachdach begrünt?	intensiv begrünen	intensiv begrünte Dächer haben eine zusätzliche Dämmwirkung, schützen bei Hagel und Starkregen und haben zahlreiche weitere positive Effekte	■■■	■■
	Ist die Abdichtung des Flachdaches dicht?	Abdichtung ausbessern oder erneuern	die Abdichtung schützt Bausubstanz und Wohnräume	■■	■■
	Sind die Abläufe des Flachdaches frei?	Abläufe frei machen, eventuell erneuern, eventuell zusätzliche einbauen	freie Abläufe garantieren, dass das Wasser abfließt und die Auflast bei Niederschlag nicht zu groß wird	■	■■

FASSADE UND FASSADENÖFFNUNGEN
Wie sieht Ihre Fassade aus? Ist die Hülle noch dicht?

✓		Falls nein: Was muss getan werden?	Warum lohnt es sich?	Aufwand	Kosten
	Ist die Fassade unbeschädigt?	erst die Ursache für den Schaden klären, dann Schaden beheben	Fassade schützt Bausubstanz und Wärmedämmung	■■■	■ bis ■■■
	Gibt es eine begrünte Fassade?	eventuell begrünen	Schutz vor UV-Strahlung, Starkregen und Hagelschlag, zusätzliche Dämmung, verbessert das Mikroklima und die Biodiversität	■■	■
	Lassen sich die Fenster leicht schließen?	Schließmechanismus und Rahmen ausbessern oder Fenster austauschen	reduziert Gefahr bei Sturm und Regen	■■	■■
	Schließen die Fenster dicht?	Fenster nachbessern oder austauschen	dichte Fenster sind gut gegen Wärmeverluste und schützen besser vor Starkregen	■■	■■
	Gibt es außen liegende Verschattungen an den Fenstern?	bei Fenstern an Ost- und Westseite und bedingt auch nach Süden Verschattungen anbringen	außen liegende Verschattungen halten Hitze aus Innenräumen fern	■ bis ■■■	■ bis ■■■
	Lassen sich Dachflächenfenster automatisch öffnen und schließen?	eventuell Automatik für Dachflächenfenster einbauen lassen	lohnt sich bei schwer zugänglichen Dachflächenfenstern	■■	■■■
	Gibt es außenliegende Verschattungen an den Dachflächenfenstern?	Verschattung anbringen	außen liegende Verschattungen halten Hitze aus Innenräumen fern	■■	■ bis ■■■
	Lassen sich die Außentüren leicht schließen?	Schließmechanismus erneuern oder Türen austauschen	Außentüren sollten immer gut und schnell zu schließen sein	■■	■■
	Schließen die Türen dicht?	Abdichtung verbessern, eventuell Türen tauschen	dichte Türen halten Überschwemmungen besser stand	■■	■■■
	Gibt es höhere Schwellen vor den Türen?	Türschwellen mit ánderen Mitteln vor Überschwemmungen sichern (wie Sandsäcke, Dammbalken), hochwassersichere Türen einsetzen	hält Hochwasser bis zu einem bestimmten Stand von Innenräumen fern	■ bis ■■■	■ bis ■■■
	Haben eventuell vorhandene Balkone einen Ablauf?	für Ablauf des Niederschlagswassers sorgen	Wassereintritt über Balkontür wird verhindert	■■	■■
	Haben eventuell vorhandene Terrassen ein Gefälle?	nachträglich ein Gefälle einbauen	lohnt sich nur, wenn Terrasse ohnehin neu gemacht wird	■■■	■■■

KELLER

Wasser sucht immer den einfachsten Weg. Ist Ihr Keller bei starkem Niederschlag oder abfließendem Wasser gefährdet?

✓		Falls nein: Was muss getan werden?	Warum lohnt es sich?	Aufwand	Kosten
	Sind die Kellerwände trocken?	Ursachen suchen, trockenlegen, neu abdichten außen, innen oder mit Horizontalsperren	wenn Keller nicht nur zur Lagerung genutzt wird, sonst stehen Sanierung und Nutzen nicht im Verhältnis	■■■	■■■
	Gibt es eine Drainage um das Haus?	nachträglich eine Drainage verlegen, inklusive Erdarbeiten	sinnvoll, wenn der Keller trocken sein muss	■■■	■■■
	Haben die Lichtschächte einen Ablauf?	für Wasserablauf aus den Lichtschächten sorgen oder Lichtschächte abdecken	damit Wasser nicht vom Lichtschacht in den Keller läuft	■■■	■ bis ■■■
	Haben die Lichtschächte eine Abdeckung?	Abdeckung anbringen	es kommt kein Niederschlag mehr in den Lichtschacht	■	■
	Schließen die Kellerfenster wasserdicht?	Kellerfenster besser abdichten oder tauschen	besserer Schutz vor einlaufendem Wasser	■■	■■■
	Schließen die Kelleraußentüren wasserdicht?	Kelleraußentüren tauschen oder besser abdichten	besserer Schutz vor einlaufendem Wasser	■■	■■■
	Gibt es Abläufe im Kellerboden?	mit anderen Maßnahmen dafür sorgen, dass kein Wasser in den Keller eindringt	Abläufe nachträglich einbauen ist zu kostspielig		
	Gibt es eine Rückstauklappe?	Rückstauklappe einbauen	besserer Schutz vor Rückstau	■	■

AUSSENRAUM

Offene Versickerung ist das beste Mittel gegen die Folgen von Starkregen. Wie gut unterstützen Ihre Außenanlagen hierbei?

✓		Falls nein: Was muss getan werden?	Warum lohnt es sich?	Aufwand	Kosten
	Gibt es viele unversiegelte Flächen um das Haus herum?	Außenflächen neu gestalten, Versiegelung aufbrechen	bessere Niederschlagsversickerung, besserer Hitzeschutz	■ bis ■■■	■■
	Gibt es Versickerungsmöglichkeiten im Garten?	Außenflächen neu gestalten, Versiegelung aufbrechen	bessere Niederschlagsversickerung	■ bis ■■■	■■
	Gibt es eine Zisterne?	Zisternen im Garten eingraben	Versickerungsfläche wird geringer, Wasserspeicher dafür mehr	■■■	■■
	Gibt es eine Regentonne?	Regentonnen an Fallrohre anschließen	Wasserspeicher, Puffer für Regenwasser	■	■
	Gibt es Schatten spendende Bäume im Garten?	Bäume pflanzen, für Verschattung sorgen	Kühlung des Außenraums	■	■
	Gibt es einen Teich im Garten?	Wasserspiel oder Teich anlegen	gut für Kühlung, bedingt für Niederschlagsmanagement	■■	■■

→ Die Maßnahmen im Überblick

HITZESCHUTZ

Hitze ist eines der beherrschenden Extremwetter, mit denen wir durch den Klimawandel verstärkt konfrontiert werden. Schutzmaßnahmen sind ein individuell auf Ihr Haus zugeschnittener Mix.

Maßnahme	Vor- und Nachteile	Auch für Bestand geeignet?	Was ist zu beachten?	Wer macht das?	Kosten Anschaffung	Kosten Unterhalt
außen liegender Sonnenschutz	+ Verschattung, einfach anzubringen, nachträglich möglich, große Auswahl − Montage kann zu Kältebrücken führen, muss bei Sturm gesichert werden	ja	muss wetterfest angebracht werden	üblicherweise Handwerkerbetrieb, der den Sonnenschutz verkauft	■ bis ■■■	■■
Sonnenschutzglas	+ keine zusätzliche Verschattung notwendig − relativ teuer, meist kein Klarglas	ja	aus Kostengründen nur an bestimmten Stellen verwenden: Ost-, West- oder Dachflächenfenster	Fensterbaubetrieb	■■■	keine
konstruktiver Sonnenschutz	+ wartungsarm, sehr effektiv − nicht variabel	bedingt	muss gut geplant werden, Lichteinfall und Ausblick müssen erhalten bleiben	wird beim Bau mitgemacht	■ bis ■■■	■
Klimaanlage	+ starke Kühlung − hoher Stromverbrauch, heizt die Umgebung auf, evtl. störende Luftströmung	ja	besser Ventilatoren als Monoblocks nutzen	Klimaanlagenfachbetrieb	■ bis ■■	■■ bis ■■■
Sommerbypass	+ kostengünstig, einfach − bei Luftwärmepumpen nicht möglich	bedingt	Einsatz sinnvoll, wenn Außentemperatur niedriger ist	Heizungsfachbetrieb, teilweise Eigenleistung möglich	■	■
Dämmung	+ gut gegen Hitze und Kälte − nicht jede Dämmung wirkt optimal gegen Hitze	ja	natürliche Dämmmaterialien wählen, lückenlos dämmen	Fassade: Maler- oder Zimmereibetriebe, Dach: Dachdeckerbetriebe oder Zimmereien, Eigenleistung teilweise möglich	■■ bis ■■■	keine
Garten	+ ohnehin vorhanden, zahlreiche positive Nebeneffekte (verbessert Mikroklima, Biodiversität etc.), schützt auch bei Starkregen − bedarf der Pflege	ja	Gießwasser muss vorhanden sein, gegen Sturmbruch vorsorgen	Gartenbau- und Landschaftsbaubetriebe, Gärtnereien, Eigenleistung teilweise möglich	■ bis ■■	keine bis ■■■

SCHUTZ GEGEN STARKREGEN

Starkregen kann große Schäden zur Folge haben. Bereiten Sie Ihre Immobilie bestmöglich darauf vor.

Maßnahme	Vor- und Nachteile	Auch für Bestand geeignet?	Was ist zu beachten?	Wer macht das?	Kosten Anschaffung	Kosten Unterhalt
Weiße Wanne	+ dichter Keller − kostenintensiv, nur bei Neubau	nein	korrekte Ausführung, Anschlussleitungen	Betonbauer	■■■	keine
wasserdichte Kellerfenster und -türen	+ dicht gegen Wasserdruck − schwieriger Einbau	ja	korrekte Ausführung, Wandanschlüsse	Fensterbauer	■■■	keine
Abdeckung Lichtschächte und Kellerabgänge	+ einfache Lösung, nachträglich machbar − eventuell Verdunklung	ja	muss dicht sein, bei Wasserdruck von oben	Fensterbauer, Fachbetriebe, Eigenleistung teilweise möglich	■ bis ■■■	■
Wasserabläufe vor Kellertüren und in Lichtschächten	+ kein Wasserstau − im Bestand nur bei Sanierung sinnvoll	nein	Ablauf muss ausreichend dimensioniert sein	Bauunternehmen	■	keine
Drainage um das Haus	+ Wasserableitung, Regenwasser kann Nutzung zugeführt werden − planungsaufwendig wegen Anschlüssen für Ableitung, arbeitsintensiv	ja, bedingt	funktioniert nur in Verbindung mit Ableitung, mit Erdarbeiten verbunden	Baubetrieb, Gartenbauer	■■■	■
Sandsäcke	+ einfache, schnelle Lösung − nicht dauerhaft, Sand muss bevorratet werden, nur für geringere Höhen, schnelles Handeln erforderlich	ja	nur Übergangslösung, Jute rutschfester als Plastik	Eigenleistung	■	keine
Wasserschläuche	+ einfache, schnelle Lösung Füllmaterial Wasser in der Regel verfügbar, platzsparend beim Lagern − nicht dauerhaft, nur für geringe Höhen, schnelles Handeln erforderlich	ja	Wasserschläuche nicht endlos lagerfähig	Eigenleistung	■	keine
Dammbalken	+ temporäre, dichte Lösung, relativ unauffällig − bei Hochwassergefahr muss gehandelt werden, Balken müssen gelagert werden	ja	Führungsschienen müssen fachgerecht verankert werden und sauber sein, Dammbalken müssen griffbereit sein	Fachbetriebe aus dem Maurer- oder Zimmereigewerbe	■■	■
höhere Umrandung von Lichtschächten	+ Oberflächenwasser wird vom Eintritt abgehalten − Stolperschwellen entstehen, nur bis zu einer bestimmten Höhe nutzbar	ja	auf Stolpergefahr achten	Maurerbetrieb, Betonbauer, Eigenleistung möglich	■	keine

Maßnahme	Vor- und Nachteile	Auch für Bestand geeignet?	Was ist zu beachten?	Wer macht das?	Kosten Anschaffung	Kosten Unterhalt
höherer Hauseingang	+ Überschwemmungsschutz für Erdgeschosszone, Hochparterre entsteht − Barrierefreiheit problematisch	nein	auf Barrierefreiheit achten, beeinflusst die Gestaltung der Eingangssituation	Bauunternehmen	■■	keine
Fensterläden und Rollläden	+ Wetterschutz, Verdunklung, Einbruchschutz − geschlossen wird es im Raum dunkel	ja	sturmsichere Verankerung, wetterfestes Material, Wärmebrücken vermeiden	Fensterbauer	■ bis ■■■	■
Rückstauverschluss	+ Kein Rückstau aus der Kanalisation − kann verstopfen, kann von Nagetieren beschädigt werden	ja	regelmäßige Wartung, nur unter der Rückstauebene, einige Landesbauordnungen fordern Einbau	Sanitärfachbetrieb, Eigenleistung teilweise möglich	■	■
Abwasserhebeanlage	+ kein Rückstau aus der Kanalisation, Toilette unter Rückstauebene möglich, Abwasser kann auch bei Rückstau abfließen − teurer als Rückstauverschluss	nein	Hinweise zu Raumgröße, Lüftung, Rohrverlegung und Fließrichtung müssen beachtet werden	Sanitärfachbetrieb	■■ bis ■■■	■
Mulden	+ langsame Versickerung, Regeneration des Grundwassers − großer Flächenbedarf	ja	je größer, desto besser, evtl. mit Nachbarschaft planen	Garten- und Landschaftsbaubetriebe, Eigenleistung teilweise möglich	■■	■
Rigolen	+ langsame Versickerung, Regeneration des Grundwassers − Verstopfung der Poren möglich, nicht wartungsfähig	ja	klären, wohin das Wasser versickert	Garten- und Landschaftsbaubetriebe, Eigenleistung teilweise möglich	■■	keine
Zisterne etc.	+ hält Wasser zurück, Vorrat für Trockenzeiten, bessere Regenwassernutzung − Platz muss vorhanden sein, begrenzte Kapazität	ja	Kapazität nach Regenwassernutzung berechnen, Flächennutzung gut planen, evtl. nicht überbaubar	Garten- und Landschaftsbaubetriebe, Eigenleistung möglich	■■	■
intensive Dachbegrünung	+ saugfähig, zusätzliche Dämmung, Kühlung bei Hitze, gut für Mikroklima und Biodiversität, Auflast gut bei Sturm − Auflast belastet Statik, nicht für sehr steile Dächer geeignet	ja, bedingt	Abflüsse müssen vorhanden sein und freigehalten werden, Pflanzen bei langer Trockenheit eventuell wässern	auf Gründächer spezialisierte Betriebe, Gärtnereien, Eigenleistung teilweise möglich	■ bis ■■■	■
Fassadenbegrünung	+ mildert Hagel und Starkregen, zusätzlicher Fassadenschutz, Hitzeschutz, gut für Mikroklima und Biodiversität − Haftkletterer hinterlassen Spuren, nicht jede Fassade geeignet	ja	Rank- und Kletterhilfen sturmfest verankern, Rückschnitt notwendig, keine „Würger" an Dachrinnen ranken lassen	Gärtnereien, Garten- und Landschaftsfachbetriebe, Eigenleistung teilweise möglich	■	■

SCHUTZ GEGEN STURM, HAGEL UND SCHNEE

Die Vorschriften zur Sturmsicherung sind in Deutschland vergleichsweise gut. Vor Sturm und Hagel, Schneelast und Blitzschlag müssen Sie vor allem Ihr Dach schützen.

Maßnahme	Vor- und Nachteile	Auch für Bestand geeignet?	Was ist zu beachten?	Wer macht das?	Kosten Anschaffung
Steildach	+ sturmfester als Flachdächer, Regen fließt schnell ab, Schnee rutscht von alleine vom Dach − Begrünung schwierig, Gefahr von Dachlawinen	ja	Statik muss berechnet werden, der Charakter des Hauses ändert sich, Baugenehmigung muss eingeholt werden	Zimmerei- oder Dachdeckerbetrieb	■■
zweite wasserführende Ebene	+ zusätzlicher Schutz bei Niederschlag und Wind − zusätzliche Kosten	ja	lohnt sich bei Neueindeckung, lohnt sich in Verbindung mit Aufdachdämmung	Zimmerei- oder Dachdeckerbetrieb	■■
Windwächter	+ schließt Fenster und zieht Sonnenschutz selbstständig ein, automatischer Sturmschutz auch bei Abwesenheit − Windschutz geht immer vor Sonnenschutz	ja	sinnvoll bei schlecht zugänglichen Dachflächenfenstern, bei flexiblem Sonnenschutz	Fensterbaubetrieb, Eigenleistung teilweise möglich	■
Sturmklammern	+ zusätzlicher Schutz bei Sturm, relativ günstig und sicher − Zusatzkosten (gering)	ja	Zahl der Sturmklammern variiert nach Dachneigung und Windzone	Dachdeckerbetrieb	■
hagelsichere Dacheindeckung	+ geringerer Schaden bei Hagel, Schutz vor Folgeschäden	ja	Hagelwiderstandsklassen dienen zur Orientierung	Dachdeckerbetrieb	■■
äußerer Blitzschutz	+ relativ hohe Sicherheit vor Blitzschlag	ja, bedingt	teilweise vorgeschrieben, z. B. bei reetgedeckten Dächern	Blitzschutzfachkraft	■ bis ■■
Schneefanggitter oder -balken und -haken	+ sichert Schnee vor dem Abrutschen	ja	in manchen Gegenden vorgeschrieben	Dachdeckerbetrieb	■
Schneeräumung	+ Auflast wird beseitigt − gefährlich	ja	Schneeräumen auf dem Dach Profis überlassen	Dachdeckerbetrieb, von Eigenleistung wird abgeraten	■ bis ■■

→ Weiterführende Literatur

○ Barber, Daniel A.: **Modern Architecture and Climate. Design before Air Conditioning.** Princeton, NJ: Princeton University Press, 2020.

○ Englert, Klaus: **Wie wir wohnen werden. Die Entwicklung der Wohnung und die Architektur von morgen.** 2., aktualisierte und erweiterte Auflage, Ditzingen: Reclam, 2021.

○ Fuhrhop, Daniel: **Verbietet das Bauen! Streitschrift gegen Spekulation, Abriss und Flächenfraß.** München: Oekom, 2020.

○ Meyer, Markus: **Oase kühler Garten. Miniteich, robuste Pflanzen und grüne Wände für ein gutes Klima.** Stuttgart: Kosmos, 2022.

○ Reimer, Nick; Staud, Toralf: **Deutschland 2050. Wie der Klimawandel unser Leben verändern wird.** 2. Auflage, Köln: Kiepenheuer & Witsch, 2021.

○ Seifert, Annika; Klix, Gunter: **Hitzearchitektur. Lernen von der afrikanischen Moderne.** Zürich: Gta-Verlag, 2012.

○ Sobek, Werner: **Non nobis. Über das Bauen in der Zukunft. Band 1: Ausgehen muss man von dem, was ist.** Stuttgart: Avedition, 2022.

○ Stock, Bettina: **Klimaangepasstes Bauen bei Gebäuden.** Bonn: Bundesinstitut für Bau-, Stadt- und Raumforschung im Bundesamt für Bauwesen und Raumordnung, 2015.

→ Stichwortverzeichnis

Bildnachweis:
Titel: Adobe Stock, josefkubes
Gettyimages: U4, 195 Thomas Winz 2021; 9 Reinhard Krull/EyeEm; 15 Bim; 30 RobertHoetink; 33 acilo; 43 itchySan; 81 Helge Kerler/EyeEm; 83 Tomekbudujedomek; 85 Westend61; 87 Photos by R A Kearton; 89 Julia Davila-Lampe; 98 Westend61; 132 shironosov; 151 ashley@globalwarmingimages.net; 152 Reinhard Krull / EyeEm; 163 Oleksandr Filon; 164 Westend61; 177 imageBROKER/Moritz Wolf;
Adobe Stock: 5 focus finder; 7 Ralf Geithe; 25 detailfoto; 29 DanBu.Berlin; 48 js-photo; 62 contrastwerkstatt; 71 napa74; 82 kasparart; 84 xy; 93 Bernd Schmidt; 97 beawolf; 98 mitte Loocid GmbH; 98 unten c_images; 101 Elke Krone; 102 GM Photography; 107 cunaplus; 112 24K-Production; 125 Ludmila Smite; 126 Konrad Weiss; 127 focus finder; 128 oben travelview; 128 unten Annett Seidler; 134 Elke Hötzel; 136 René Notenbomer; 137 Evelien; 143 Olga Yastremska; 150 tl6781; 153 Johnér; 156 oben liha100; 156 unten Fokke Baarssen; 156 Achim Banck; 169 oben Kara; 176 Marion Neuhauß; 179 photofranz56; 181Stephanie Eichler; 183 colorburst100; 187 photo 5000
14 Friedrich Ossenberg-Schule GmbH + Co KG (FOS); 20 Bayrisches Landesamt für Umwelt; 21 Markus Hörster; 23 Eduard Hueber, archphoto © Baumschlager Eberle Architekten; 37 Klara Architekten; 40 WikiCommons: Diego Delso; 44 Silicya Roth, 51 WikiCommons: Emzett85; 53 ONE!CONTACT-Planungsbüro GmbH/www.one-contact.de; 63 markilux; 70 Bundesverband Wärmepumpe e. V.; 90 Zsu Szabó; 96 Dallmer GmbH + Co. KG; 103 b-vier.de; 113 info@buesch.com; 114 Gutjahr Systemtechnik GmbH; 115 WikiCommons: Dr. Bernd Gross; 120 © LWG Veitshöchheim; 124 Holzbau GmbH / Siepmann Fair-Trade-Haus; 138 WikiCommons: Martin Kraft; 139 Optigrün international AG; 140 bfb; 154 Knauf/Ekkehart Reinsch

Die Stiftung Warentest wurde 1964 auf Beschluss des Deutschen Bundestages gegründet, um dem Verbraucher durch vergleichende Tests von Waren und Dienstleistungen eine unabhängige und objektive Unterstützung zu bieten.

Wir kaufen – anonym im Handel, nehmen Dienstleistungen verdeckt in Anspruch.

Wir testen – mit wissenschaftlichen Methoden in unabhängigen Instituten nach unseren Vorgaben.

Wir bewerten – von sehr gut bis mangelhaft, ausschließlich auf Basis der objektivierten Untersuchungsergebnisse.

Wir veröffentlichen – anzeigenfrei in unseren Büchern, den Zeitschriften test und Finanztest und im Internet unter www.test.de

Eva Bodenmüller schreibt als freie Architekturjournalistin zu allen Themen rund ums Wohnen, Bauen und Umbauen. Seit einigen Jahren erlebt sie in Gesprächen mit allen am Bau Beteiligten, wie die Veränderungen durch den Klimawandel auch und gerade in der Architektur immer stärker in den Vordergrund rücken.

© 2023 Stiftung Warentest, Berlin

Stiftung Warentest
Lützowplatz 11–13
10785 Berlin
Telefon 0 30/26 31–0
Fax 0 30/26 31–25 25
www.test.de
email@stiftung-warentest.de

USt-IdNr.: DE136725570

Vorstand: Hubertus Primus
Weitere Mitglieder der Geschäftsleitung:
Dr. Holger Brackemann, Julia Bönisch, Daniel Gläser

Programmleitung: Niclas Dewitz

Autorin: Eva Bodenmüller
Projektleitung/Lektorat: Eva Gößwein, Philipp Sperrle

Mitarbeit: Merit Niemeitz
Korrektorat: Nicole Woratz
Fachliche Unterstützung: Michael Bruns, Ralf Gaida, Alrun Jappe, Annegret Jende
Titelentwurf: Christian Königsmann
Layout: Christian Königsmann
Grafik, Satz: Anne-Katrin Körbi
Illustrationen/Infografiken/Diagramme: Michael Römer, außer Kati Hammling (68), Stiftung Warentest (36, 49, 47, 79, 146, 150)
Bildredaktion: Markus Enxing

Produktion: Christian Königsmann, Anne-Katrin Körbi
Verlagsherstellung: Rita Brosius (Ltg.), Romy Alig, Susanne Beeh
Litho: tiff.any, Berlin
Druckerei: Westermann Druck Zwickau GmbH

ISBN: 978-3-7471-0550-4

Wir haben für dieses Buch 100 % Recyclingpapier und mineralölfreie Druckfarben verwendet. Stiftung Warentest druckt ausschließlich in Deutschland, weil hier hohe Umweltstandards gelten und kurze Transportwege für geringe CO_2-Emissionen sorgen. Auch die Weiterverarbeitung erfolgt ausschließlich in Deutschland.